零点起飞学编程

零点起飞学

JavaScript+jQuery

刘亮亮　李文强　等编著

清华大学出版社

北京

内 容 简 介

本书立足于 JavaScript 原生语言基础，对其语法、函数和事件等作了详细介绍，并实战演练 JavaScript 对网页各个对象的控制，最后结合 jQuery 框架介绍如何用 JavaScript+jQuery 进行 Web 开发，提供了大量实战案例。本书附带 1 张光盘，收录了本书配套多媒体教学视频及涉及的源文件。

本书共 18 章，分为 5 篇。第 1 篇介绍网络与 JavaScript 的关系，涵盖 JavaScript 基础与环境搭建；第 2 篇介绍 JavaScript 编程基础，涵盖语法、运算符、表达式、流程控制语句、函数和事件等；第 3 篇介绍 JavaScript 与其他对象的交互应用，涵盖 DIV 层、图像、窗口、框架、Cookies 和调试等；第 4 篇简单介绍 jQuery 框架的使用及运行原理；第 5 篇发挥 jQuery 的优势，通过列表、导航、表单、表格和图片等几个实战案例让读者快速掌握 jQuery 在实际网页开发中的应用。

本书适合完全没有经验的 JavaScript 入门读者阅读。对于有一定基础的读者，可通过本书进一步理解 JavaScript 的重要知识点和概念。对于大、中专院校的学生和培训班的学员，本书不失为一本好教材。

本书封面贴有清华大学出版社防伪标签，无标签者不得销售。

版权所有，侵权必究。举报：010-62782989，beiqinquan@tup.tsinghua.edu.cn。

图书在版编目（CIP）数据

零点起飞学 JavaScript+jQuery / 刘亮亮，李文强等编著. —北京：清华大学出版社，2013.7（2021.8重印）
（零点起飞学编程）
ISBN 978-7-302-31733-3

Ⅰ. ①零… Ⅱ. ①刘… ②李… Ⅲ. ①JAVA 语言 – 程序设计 Ⅳ. ①TP312

中国版本图书馆 CIP 数据核字（2013）第 051293 号

责任编辑：夏兆彦
封面设计：欧振旭
责任校对：胡伟民
责任印制：沈 露

出版发行：清华大学出版社
   网 址：http://www.tup.com.cn, http://www.wqbook.com
   地 址：北京清华大学学研大厦 A 座 邮 编：100084
   社 总 机：010-62770175 邮 购：010-83470235
   投稿与读者服务：010-62776969，c-service@tup.tsinghua.edu.cn
   质 量 反 馈：010-62772015，zhiliang@tup.tsinghua.edu.cn
印 装 者：北京九州迅驰传媒文化有限公司
经 销：全国新华书店
开 本：185mm×260mm 印 张：25.75 字 数：646 千字
   附光盘 1 张
版 次：2013 年 7 月第 1 版 印 次：2021 年 8 月第 7 次印刷
定 价：56.00 元

产品编号：051514-01

前　　言

　　JavaScript 是随着 Web 技术的发展而不断发展的。尤其在移动 Web 应用越来越普遍的今天，JavaScript 原生语言不但没有衰落，反而成为众多开发人员的必然选择。使用 JavaScript 进行网页开发也将是未来的一个长期发展趋势。

　　因为 JavaScript 不仅能用在传统的网页开发中，目前它也可以普遍应用于移动开发，所以近几年 JavaScript 成了一个非常热门的技术。而且还有公司推出了一些流行的 JavaScript 框架，jQuery 便是最出名的一个框架。这些框架挖掘出了 JavaScript 的更大潜能。

　　为了让初学人员在短期内便可以掌握 JavaScript 和 jQuery 网页开发技术，我们精心编写了本书。本书改变了以往入门图书的教学方式，先把 JavaScript 的基础语法和工作原理介绍清楚，然后结合 jQuery 技术。全书从实战出发，给出了大量目前 Web 开发中非常流行的应用实例和案例。

　　本书中介绍的例子都是目前网络上比较流行的案例，这些案例涉及 Web 开发的方方面面，如动态交互、Ajax、DIV 层交互、事件驱动、导航、表单和表格等，力求让读者在学习的过程中，也能开发出自己的网站和页面。为了提升学习效率，本书也专门录制了多媒体教学视频辅助读者学习。

本书有何特色

1．配多媒体教学视频

　　本书提供配套的多媒体教学视频辅助教学，高效、直观，学习效果好。

2．门槛低，容易入门

　　本书选取了 JavaScript 和 jQuery 开发中最常见的技术进行讲解，不要求读者有太多基础，只要想学动态网页开发，就可以一步步学习下去。

3．内容全面、系统

　　本书详细介绍了 JavaScript 开发所需要的知识，包括语法、函数、事件与浏览器各种对象的交互等等，还特别介绍了多个 jQuery 网页开发实战案例，通过学习这些技术，读者就可以轻松开发动态页面。

4．讲解由浅入深，循序渐进

　　本书的编排采用循序渐进的方式，内容梯度从易到难，讲解由浅入深，适合各个层次的读者阅读，并均有所获。

5．写作细致，处处为读者着想

本书内容编排、概念表述、语法讲解、示例讲解及源代码注释等都很细致，作者不厌其烦，细致入微，将问题讲解得很清楚，扫清了读者的学习障碍。

6．贯穿大量的开发实例和技巧

本书在讲解知识点时贯穿了大量短小精悍的典型实例，并给出了大量的开发技巧，力求让读者获得真正实用的知识。

7．提供教学PPT，方便老师教学

本书适合大中专院校和职业学校作为职业技能的教学用书，所以专门制作了教学 PPT，以方便各院校的老师教学时使用。

本书内容安排

第1篇　认识JavaScript语言（第1、2章）

本篇主要内容包括网络与 JavaScript 基础、开始 JavaScript 编程。本篇主要是让读者先从概念上认识 JavaScript 的应用环境。了解了什么是网站及什么是页面后，才能在其中使用 JavaScript 进行开发。

第2篇　JavaScript编程基础（第3～6章）

本篇主要内容包括语言基础、运算符和表达式、流程控制语句、函数和事件。主要从 JavaScript 的语法基础入手，让读者先了解什么是 JavaScript 语言，然后掌握如何编写简单的 JavaScript 代码，继而实现在网页中的编程。

第3篇　JavaScript进阶应用（第7～10章）

本篇主要内容包括 DIV 层与图像、窗口和框架、使用 JavaScript 操作 Cookies、JavaScript 的调试与实例运用。本篇已经进入实战阶段，读者可以从这些技术中学习到如何用 JavaScript 与表单元素进行交互，如何实现有趣的 JavaScript 特效。

第4篇　jQuery基础理论（第11、12章）

本篇主要内容包括了解 jQuery、jQuery 原理与运行机制。jQuery 是一个 JavaScript 的框架，读者从本篇要了解到其工作原理，以及 jQuery 如何下载和使用。

第5篇　jQuery实战开发与应用（第13～18章）

本篇主要内容包括控制 DIV 层、设计列表、网站导航、设计表格、设计表单和设计图片。本篇内容都是与实战结合的案例，通过学习这些 jQuery 案例，读者可以开发出美轮美奂的网页效果，同时还能减少工作量，快速有效地开发程序。

本书光盘内容

- ❑ 本书重点内容的配套教学视频；
- ❑ 本书实例涉及的源代码。

本书读者对象

- ❑ Web 前端开发入门人员；
- ❑ JavaScript 开发人员；
- ❑ 网页专业设计人员；
- ❑ 网页维护人员；
- ❑ 网站建设和开发人员；
- ❑ 网站制作爱好者；
- ❑ 网站制作培训机构人员；
- ❑ 大中专院校的学生。

本书阅读建议

- ❑ 建议没有基础的读者，从前往后顺次阅读，尽量不要跳跃。
- ❑ 书中的实例和示例建议读者都要亲自上机动手实践，学习效果更好。
- ❑ 课后习题都动手做一做，以检查自己对本章内容的掌握程度，如果不能顺利完成，建议回过头来重新学习一下本章内容。
- ❑ 学习每章内容时，建议读者先仔细阅读书中的讲解，然后再结合本章教学视频，学习效果更佳。

本书作者

本书第 1~17 章主要由刘亮亮编写，第 18 章由李文强编写，其他参与编写的人员有毕梦飞、蔡成立、陈涛、陈晓莉、陈燕、崔栋栋、冯国良、高岱明、黄成、黄会、纪奎秀、江莹、靳华、李凌、李胜君、李雅娟、刘大林、刘惠萍、刘水珍、马月桂、闵智和、秦兰、汪文君、文龙、陈冠军、张昆。

阅读本书的过程中，若有任何疑问，请发 E-mail 和我们联系。E-mail：bookservice2008@163.com。

编著者

目　　录

第 1 篇　认识 JavaScript 语言

第 2 篇　JavaScript 编程基础

第 3 篇　JavaScript 进阶应用

第 4 篇 jQuery 基础理论

第 5 篇　jQuery 实战开发与应用

第 1 篇　认识 JavaScript 语言

第 1 章　网络与 JavaScript 基础

如果读者没有一点点网络编程的概念，那么建议读者务必从第 1 章仔细阅读，这里会让你了解到什么是网络、网页、网站和 WWW。了解了这些概念后，才可以开发出漂亮的网页，从而组成有特色的网站。读者还可以从本章了解到静态网页、动态网页、HTML 及 JavaScript 等网络基础技术。

本章涉及到的知识点有：

- ❑　认识 HTML 网页
- ❑　了解 JavaScript 的发展史
- ❑　学会用 JavaScript 实现网页的简单交互
- ❑　掌握不同浏览器下 JavaScript 的开发

1.1　静态网页的定义

万维网的创建，目的就是用于访问共享资源，这些资源包括文字、图片和音视频等。如果能够正常地访问这些资源，需要使用一个统一的标准来描述这些信息，这种标准就是一种用于定位和打开这些信息的超文本语言，也就是 HTML 语言。本节主要对 HTML 语言及万维网的知识作简要介绍。

1.1.1　你必须知道的万维网

万维网（World Wide Web，简称 WWW 或者 W3）又称环球网，也被叫作 Web。万维网的历史不长，1989 年，它创建于瑞士日内瓦的 CERN（欧洲量子物理实验室）。最开始的时候，是研究人员为了研究的需要，希望能够轻松地远程访问共享的资源，能够开发出这样的系统，这种系统通过一个统一的方式来访问各类信息，比如图片、文字、音频、视频等，而这种统一的方式就是超文本链接（HyperTextLink），所有这些信息的定位和打开，都使用超文本链接。

为了设计含有各类信息资源超文本链接的 Web 页面，产生了超文本标记语言（HyperText Markup Language），即通常说的 HTML，它使用 Web 浏览器来进行访问并显示效果。目前，最流行的几种浏览器分别是 Microsoft Internet Explorer、Netscape Navigator 和 Mozilla Firefox。

为了能够远程访问 Web 页面，每个页面都有一个唯一的地址，称为统一资源定位符（Uniform Resource Locator），简称 URL。为了更好地理解 URL，读者可以理解为一个门牌号码。正如门牌号码一样，URL 同样也有自己的命名规则，每一个 URL 都要包括 4 个部分，分别是协议、服务、域名或者 IP 地址以及文件名。

通常访问 Web 页面时，协议一般为 HTTP 协议，即超文本传输协议（Hypertext Transfer Protocol），HTTP 协议确保了浏览器能够正确处理，并显示出 HTML 页面包含的各类信息；接下来第二部分是服务，在万维网上通常就是 WWW，也就是平常在访问网站时首先要敲的前三个字母；第三部分是域名，域名本身也包含两个子部分，第一个子部分是一个标识串，第二个子部分是网站的类型（比如：com 代表私营公司，gov 代表政府，edu 代表教育机构等），两个子部分通过一个点连接为一个整体形成域名，比如 163.com、sina.com 等等；最后一个部分是文件名，文件名精确定位了要访问的 Web 页面，通常情况下，不指定文件名时，处理请求的 Web 服务器就会根据服务器本身的配置，来找默认文件名，常见的如 index.html、default.html 等等，可以定义多个默认文件名，也可以定义它们之间的优先顺序，当缺少优先级最高的文件名时，会自动寻找下一个优先级的文件名。有的时候，当网站结构庞大时，在文件名和域名之间，会有一层或者多层的目录名。

最后，通过几个例子来熟悉一下 URL 的组成部分。

（1）http://www.163.com：其中 http 是协议，www 是服务，163.com 是域名。

（2）http://www.163.com/sports/index.html：与（1）比起来，在域名最后多了两个部分，一个是目录 sports，一个是文件名 index.html。

（3）http://191.168.1.3：本例中，少了通常的 www 服务和域名，取代这两个部分的是一段同样具有 Web 页面地址定义功能的 IP 地址"191.168.1.3"。

（4）http://191.168.1.3/article/default.html：与（3）相比，多了一个 article 目录和 default.html 的文件名。

⌂注意：现在大多数的网站，因为运用了各种各样的技术，文件名的后缀会不仅仅是 HTML，常见的有 htm、ASP、ASPx、JSP、php、shtml 等。

1.1.2　静态网页 HTML

JavaScript 是在 Web 页面里运行的，而 Web 页面是用超文本标记语言 HTML 来编写和设计的，所以，了解基本的 HTML 语法，是非常有必要的。由于本书的目的不是专门讲解 HTML 语法，因此，本节仅仅对使用 JavaScript 需要了解的 HTML 语法进行针对性讲解，若读者希望更加深入地了解 HTML 语法的各种详细特性，请参阅相关的书籍。

在学习之前，首先看一个例子（见源代码中的 1-1.html），通过浏览器打开如图 1.1 所示的界面。单击"查看"|"源文件"命令，或者右击页面，从右键菜单中选择"查看源文件"命令，对该网页源文件进行查看，如图 1.2 所示。

如果把页面效果和 HTML 源代码作比较，会发现，通过使用一些标记把要显示的文字或者图片进行修饰，便能得到不同的效果，还能直接显示出图片，比如字体的粗细、斜体字、给文字添加下划线、改变文字大小、给文字添加超文本链接等。这就是 HTML 语言。

图 1.1　一个简单的 HTML 页面　　　　　　　图 1.2　查看 HTML 页面源代码

HTML 页面是纯文本的，因此 Windows 操作系统下，最简单的编辑 HTML 页面的工具，就是记事本。按照 HTML 语言的语法，编写好 Web 页面后，存为 HTML 文档即可，HTML 文档的后缀名必须是 html 或者 htm。编写好一个 HTML 文档以后，在浏览器中打开，浏览器就会根据文档中的标签进行解释和处理，最终显示给用户一个实际的页面效果，这个过程可以理解为翻译。

HTML 文档的基本组成部分是标签。标签包含在一对尖括号（<>）中，查看图 1.2 可以发现很多标签，比如<h1>...</h1>、...、
、<img>等等。标签通常成对出现，一个开始标签，一个结束标签，中间是显示的内容。例如图 1.2 中：<i>斜体字</i>显示的效果就是将斜体标签对<i></i>中包含的"斜体字"显示为斜体，开始标签和结束标签的符号相同，结束标签多了一个"/"，同样类似的还有<a>...</a>。其中最外层的一个标签是<html>标签，任何的 HTML 文档都必须以<html>开始，以</html>结束。只有这样，才能被浏览器认识，并开始解析这对标签中间的内容。

一个 HTML 文档又分为两部分：HEAD 和 BODY，它们通过标签对<head></head>和<body></body>来表示。其中 HEAD 部分主要包含了提供给浏览器使用的信息，比如页面标题、作者信息、页面描述说明信息等附加信息；而 BODY 则包含了页面需要显示的内容，比如图片、文字、超文本链接、音视频等等。

🔔说明：当 HTML 页面需要使用到 JavaScript 时，通常将 JavaScript 脚本放置在 HEAD 部分。

除了不同的标签代表了不同的修饰效果外，不同的标签还有自身的属性，从而来设定更多细节。比如超文本链接标签<a></a>的属性 href 就是用来指定超文本链接所要指定的 URL 地址，语法如下所示：

```
<a href="http://www.163.com">单击进入网易主页</a>
```

是给"单击进入网易主页"这几个字添加了超文本链接，链接到了网易的主页。图片标签<img>的属性 src 是用来指定需要显示图片的地址，如下所示：

```
<img src="winter.jpg" width="100">
```

是告诉浏览器在页面里显示 winter.jpg 这张图片，并且使这张图片的显示宽度为 100像素。

并不是所有的标签都有结束标签，如<img>标签，没有</img>来结束，这类标签通常自身就代表了结束。比较标准的写法是在开始标签的第二个尖括号前增加一个"/"来代表标签的结束，如下所示：

```
<img src="winter.jpg">
```

和

```
<img src="winter.jpg"/>
```

效果完全一样。

表 1.1 为常用的 HTML 标签。

表 1.1　常用HTML标签

标　　签	说　　明
<html></html>	标志了 html 文档的开始和结束
<head></head>	页面首部，包含了整个页面的信息
<body></body>	页面主体，html 需要显示的内容
<hn></hn>	为表单指定一个名称
<img src="...">	插入图片
<hr>	插入水平线
<b></b>	将字体加粗
<i></i>	将字体变为斜体
<p></p>	把文字以段落划分
<title></title>	设置页面标题
<u></u>	给文字添加下划线
 	插入换行

表 1.1 为 HTML 基本的标签，读者可以结合前面给出的例子，或者互联网上一些简单的网页，参考其源代码和表现形式来进行体会。

除了<html>标签外，其中<head>和<body>是比较重要的标签，任何一个 HTML 文档都离不开这两个标签。HTML 标签是允许嵌套的，在 HTML 文档里，<head>和</head>之间还能放置一些常用的标签，用来提供信息给浏览器使用，具体如表 1.2 所示。

表 1.2　<head></head>之间可以嵌套的HTML标签

标　　签	说　　明
<title>...</title>	页面标题，在浏览器标题栏显示

续表

标　签	说　　明
<style>...</style>	在页面嵌入样式代码
<script></script>	在页面嵌入 JavaScript 代码
<link>	引用一个外部的样式表文件
<meta>	设置 html 文档的属性

【范例 1-1】 以 1-1.html 为例，代码如下所示：

```
01  <html>
02  <head>
03      <title>第一章: html 例子</title>
04      <meta name="Generator" content="EditPlus">
05      <meta name="Author" content="">
06      <meta name="Keywords" content="">
07      <meta name="Description" content="">
08  </head>
09  <body>
10      <h1><b>第一章</b></h1>
11      <h2><b>一个简单的 html 页面例子</b></h2>
12      <p>
13      单击下面的链接，就可以进入 163 的主页。
14      </p>
15      <a href="http://www.163.com">进入网易 163</a>
16      <br>
17      <i>斜体字</i>
18      <br>
19      <u>下划线</u>
20      <br>
21      <u>下划线</u>
22      <br>
23      <br>图片显示: <br>
24      <img src="winter.jpg" width="100">
25  </body>
26  </html>
```

第 3 行是页面标题的定义部分，浏览器访问的时候，浏览器标题栏部分就显示"第一章: html 例子"；第 4~7 行的<meta>标签是一个扩展度和自由度都较高的标签，可以使用其对 HTML 文档的相关信息或属性来进行描述，常见的有页面关键字、作者及描述信息等，看如下的代码片段可以进一步了解。

```
01  <html>
02  <head>
03      <title>第一章: html 例子</title>
04      <meta name="Generator" content="EditPlus"> <!--对编辑工具的说明 -->
05      <meta name="Author" content="张三">          <!--对作者的设置 -->
06      <meta name="Keywords" content="示例,html"> <!--对关键字的定义 -->
07      <meta name="Description" content="一个 html 文档的简单示例">
                                                      <!--对文档整体描述 -->
08  </head>
09  <body>
10      <h1><b>第一章</b></h1>
11  ...
```

🔔注意：以上代码中 "<!-- 内容 -->" 表示注释，浏览器遇到这样的代码段会将其忽略，注释常常被用来对某些代码片段进行补充说明。

1.1.3　HTML 页面的 body 属性

一个 HTML 文档真正的内容体，是由<body></body>这对标签对来包含的，在这对标签里包含的所有内容构成了一个网页的信息主体，通过<body>标签的一些属性，还能对整个页面的属性进行控制，比如背景色和背景图案等，常用的属性如表 1.3 所示。

表 1.3　<body>标签的常用属性

标　　签	说　　明
background	设置页面的背景图案
bgcolor	设置页面的背景色
text	设置页面的文字颜色
topmargin	页面最顶部元素距离浏览器可见内容区域顶部边框的像素
leftmargin	页面最顶部元素距离浏览器可见内容区域左部边框的像素

很多网页都有自己独特的样式，比如一张漂亮的背景图案、适宜的背景和字体颜色等等，这些页面的设置，如果得当，会给网页增添不少的吸引力。

background 属性用法示例如下所示，设置页面的背景图案为当前 HTML 文档同一目录的 winter.jpg 这个图片：

```
<body background="winter.jpg">
```

bgcolor 属性用法示例如下所示，表示设置页面的背景色为 "#eeeeee"：

```
<body bgcolor="#eeeeee">
```

text 属性用法示例如下所示，设置页面的字体颜色为 "#ff0000"：

```
<body text="#ff0000">
```

topmargin 属性用法示例如下所示，设置页面最顶部元素距离浏览器可见内容区域顶部边框为 20 像素：

```
<body topmargin ="20">
```

leftmargin 属性用法示例如下所示，设置页面最左部元素距离浏览器可见内容区域左边框为 30 像素：

```
<body leftmargin ="30">
```

【范例 1-2】　为了更详细了解 body 的常见属性，对范例 1-1.html 文件中 body 部分进行属性扩充修改，保存为 1-2.html，其中 body 部分代码片段如下所示：

```
<body background="bluehills.jpg" bgcolor="#eeeeee" leftmargin="30"
topmargin="20" text="#ff0000">
```

通过浏览器查看效果如图 1.3 所示。

细心的读者会发现，背景色的设置似乎没有产生效果，是因为 backgroud 比 bgcolor

要优先，可以理解为是两层玻璃，当同时设置了 background 和 bgcolor 属性时，背景图案就会出现在 bgcolor 的上面一层。如果读者想要查看每个属性的效果，可以试着去掉其中一个属性，再用浏览器进行查看。

图 1.3　修改 body 属性后的效果

1.1.4　跟网页打个招呼"Hello 网页"

通过以上内容的学习，大家对 HTML 的常用语法应该有所了解。下面将和读者一起，一步一步地来创建学习过程中的第一个 HTML 文档。HTML 文档可以通过任何文本编辑器来编写和创建，Windows 自带的记事本便是其中之一，但是使用记事本来编写和创建，不能在编写时实现所见即所得的编辑效果，必须得保存以后，用浏览器查看才能看到最终的 HTML 页面。目前还有其他很多种类的编辑工具，能够在编写代码的同时，无需借助浏览器，就能查看到大致的效果。由于本小节的重点不是讲解编辑工具，因此这些工具的使用及介绍放在后面作详细说明。

在创建页面之前，大概要先想象一下要创建的页面是什么样子，读者可以回忆一下上小节学习的内容，看是否能够马上就在动手的过程中使用到。为了简单起见，笔者将和大家一起创建一个具有一些简单的说明文字、一个超文本链接及常见文字效果的页面。

【范例 1-3】　为了更加清楚地描述整个过程，将整个过程分为不同的步骤来实现，具体如下所示：

（1）单击"开始"|"所有程序"|"附件"|"记事本"命令。

（2）将此空白文件保存为 1-3.html。

（3）在第一行输入"<html>"，按 Enter 键，这表示了一个 html 的开始。

（4）输入"<head><title>"，按 Enter 键，这表示了 head 部分的开始。

（5）输入自定义的文档标题"我的第一个 HTML 页面"，按 Enter 键。

（6）输入"</title></head>"，按 Enter 键，这表示了 head 部分的结束。

（7）输入"<body>"，按 Enter 键，这表示了内容部分的开始。

（8）输入以下代码，并按 Enter 键。

```
01  <h1>hello，这是我的第一个 HTML 页面！</h1>
02  <p>超文本链接</p>
03  <a href="http://www.163.com">单击这里进入 163 网易</a>
04  <hr>
05  <p>文字效果</p>
06  <b>我被加粗了</b>
07  <i>我是斜的</i>
08  <u>我有下划线</u>
```

（9）输入"</body></html>"结束整个 HTML 文档，并保存文件。

（10）双击 1-3.html 用浏览器查看效果。

读者亲自来试试，看看效果是否和图 1.4 所示一样。

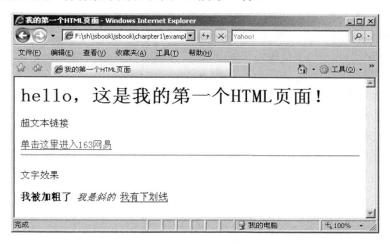

图 1.4　我的第一个 HTML 页面运行效果图

具体代码参见 1-3.html。感兴趣的读者，可以尝试在此基础上进行扩展和修改，熟悉其他的 HTML 标签的用法。

🔍注意：HTML 文档是不区分大小写的，即<html>和<HTML>是一样的效果，但是，普遍的规范是，html 代码全部使用小写，因此，本书里所有涉及到的示例里的代码，均为小写，希望读者也能养成这样的习惯。

1.1.5　查看网页的工具

要能够访问 HTML 文档查看效果及上网冲浪，就得使用浏览器，在 1.1.1 小节里，讲到目前最流行的几种浏览器分别是 Microsoft Internet Explorer、Netscape Navigator 及 Mozilla Firefox。其中以微软的 IE（Internet Explorer）使用范围最广，近一段时间，Mozilla 公司的火狐（Firefox）浏览器的使用份额正呈上升趋势。具体使用哪一种浏览器来访问网页，要看各位读者自己的喜好，建议大家都下载后进行试用，找出适合自己的一款浏览器。

因为浏览器厂家的不同，部分 HTML 网页在不同的浏览器中，执行的效果并不是完全一样的。因此，这也给读者带来一个值得注意的问题，那就是如何让编写出来的 HTML 代码和 JavaScript 脚本，在任何浏览器里都能够正常运行，并且效果和我们想象中一致，也就是通常所说的"跨浏览器"，如果要达到这样的目的，就需要对各种浏览器的特性，如 HTML 语法、CSS 样式规则等了如指掌，这需要一个不断积累的过程。

不过，随着浏览器的不断更新和升级，最新的浏览器厂商们都在兼容性上做得越来越好，因此，在绝大多数的情况下，使用什么浏览器来浏览网页，并没有多大的差别。关于浏览器的一些具体参数，将在后面的章节进一步说明。

1.2　认识 JavaScript 语言

计算机程序设计语言有很多的种类，比如 Java、C 语言、C++等，这些程序设计语言编写好之后都需要在相应的环境中得以运行。JavaScript 也是程序的一种，但是 JavaScript 可以嵌入到 HTML 页面中，直接通过浏览器就得以运行，通常情况下，把 JavaScript 这种语言称为 Web 脚本。本节就认识一些程序和 Web 脚本的片段示例。

这里所谈到的程序，特指计算机程序。计算机程序是利用相应的程序设计语言，按照一定的逻辑和语法进行编写和组织，通过程序的运行，使得计算机实现某种特定的功能。现在的程序设计语言很多，有 VB、VC、Java、C 语言等等。它们的运行环境，以及编写语法规则各不相同。与 Web 有关的，常见的有 ASP、JSP、PHP 等几种。下面，列举一段 PHP 程序代码片段，让大家对程序有一个初步的认识。

```
01  if($num > 0){
02      //num 为正数
03      echo   "您输入的是正数！";
04  }else{
05      // num 为负数或者 0
06      echo   "您输入的是负数或0！";
07  }
```

上面这个代码片段，其实功能很简单，就是判断 num 这个变量，如果大于 0，则打印出"您输入的是正数！"提示；如果为负数或者 0，则打印"您输入的是负数或0！"。

if 在英文里的含义是"如果"，在程序的语句就是一个条件判断语句，也表示如果的意思；$num 是一个名称为 num 的变量书写方式，echo 则是在页面上打印内容的语句。

认识了一段程序设计语言，现在来认识一下 Web 脚本。其实 Web 脚本也不止 JavaScript 一种，还有 VbScript 等其他的脚本语言，它们像通常的程序设计语言一样，通过一定的逻辑，对脚本进行编写，实现网页中的特殊效果。为了能够对比出效果，笔者特意编写了一段和上面的 PHP 程序设计语言类似的 JavaScript 脚本片段，如下所示：

```
01  if( num > 0 ){
02      //num 为正数
03      alert("JavaScript 提示：您输入的是正数！");
04  }else{
05      //num 为负数或 0
```

```
06      alert("JavaScript 提示：您输入的是负数或 0！");
07   }
```

上面的 JavaScript 代码段具体运行的一个结果如图 1.5 所示。

图 1.5　JavaScript 脚本示例结果

读者们对比一下可以看出来，两段程序非常相似，都是判断 num 这个变量的正负关系，并且作出相应的反应，一个是 echo 一个是 alert。目前，不需要了解这两个具体的区别在哪里，只需要明白，无论是程序设计语言还是 Web 脚本，它们都是融会贯通的。如果读者有过其他程序设计语言学习的基础，那么对于 JavaScript 的学习将是一个不小的帮助；如果没有相关的学习经历，那也没有关系，学习了 JavaScript 以后，再学习其他的语言，也应该是得心应手的。

此时读者会发现，上面的两个程序片段，都具有很强的逻辑性和可读性，如果不是因为不熟悉具体的语法的缘故，简直就像阅读一段小学生的英语课文一样简单。实际上，无论是程序设计语言，还是类似即将要学习的 JavaScript 之类的 Web 脚本，都非常简单！

1.3　JavaScript 语言的历史与工作原理

JavaScript 是一种轻型的、解释性的脚本语言，是一种由 Web 浏览器内的解释器解释执行的程序语言。JavaScript 是在 1995 年出现的，主要为了进行用户输入的合法性验证（比如不允许空值、输入的字符超长、输入的内容不是要求的数字类型等）。本章会从 JavaScript 的历史说起，了解 JavaScript 的作用，逐渐认识 JavaScript。

在 1995 年以前，Web 页面的一些验证的工作都是由一些服务器端的语言来完成的。这就要求用户输入的值必须通过网络传输到服务器端，进行相应的处理后，再返回客户端结果。在当时的网络还不是非常良好的情况下，这显然不是一个最好的办法（没有谁希望看到这样一种情况：辛苦地填写完一个表单后提交，过了几十秒后，服务器接收后处理使页面返回一句输入错误的提示）。Netscape Navigator 引入了 JavaScript，试图对这种状况有所改善，当时被称为 LiveScript。随着 Navigator 新版本（1.0）的发行，被改名为 JavaScript 1.0。JavaScript 的诞生，使得页面不再是一成不变的静态页面，增加了更多的用户交互、控制浏览器以及动态创建页面内容的诸多功能，最主要的是，使合法性验证之类的工作在客户端就得以实现。

接着，微软公司也发行了用于 Internet Explorer 的 JavaScript 语言（被称为 JScript）。随着浏览器版本的不断更新，JavaScript 的版本也在更新，每个浏览器支持的版本也各不一样，但是，编写 JavaScript 得考虑到不同浏览器的兼容性。欧洲计算机制造商联合会（EMCA），创造了一个国际通用的标准化版本的 JavaScript——EMCAScript。所以，为了编写出浏览器通用的 JavaScript 代码，都以这个版本为主要实现标准。

1.4 JavaScript 为网页扩展功能

JavaScript 的诞生无疑给网页注入了新的活力,越来越多的网页大量而广泛地使用了这一脚本语言,除了普通的表单验证外,还有各种漂亮的页面特效等,随着 Web 技术的发展和成熟,JavaScript 还被用在与服务器的通信上,也就是近年来越来越火热的 Ajax 技术。

1.4.1 实现 Form 表单的验证

JavaScript 最开始出现的目的,就是为了解决验证方面的工作,这也正是 JavaScript 最基本和最重要的作用。大部分人学习 JavaScript,都是从学习表单验证开始的。

【范例 1-4】 本小节将会结合实例来看看 JavaScript 在表单验证上的强大作用。

1. 一个简单的验证页面

先看一个简单的表单页面 1-4.html,如图 1.6 所示。

图 1.6 简单表单示例

这个页面是一个简单的个人资料填写表单,表单里有 4 个输入框,分别是姓名、年龄、密码、重复密码和备注。网页上有成千上万个表单,表单的输入项个数、排列样式以及输入的规范都各不相同。这里,对这个简单的表单也作一个简单的输入合法性规定,如下所示:

(1)姓名栏不允许为空。

(2)年龄栏只允许输入阿拉伯数字。

(3)密码栏必须是 6 位,超过或者少于都不行。

(4)密码重复输入栏必须和上次密码输入一致。

(5)对备注说明栏不作要求。

为了实现以上的效果,需要借助 JavaScript 来实现,本例中编写了两个函数来实现验证,完整的页面代码如下所示:

```
01  <html>
```

```
02  <head>
03  <title>第二章：JavaScript 表单验证</title>
04  <script language="JavaScript">
05  <!--
06  //是否为数字验证函数
07  function isNumber(oNum){
08      //oNum 变量不存在时，返回 false
09      if(!oNum){
10          return false;
11      }
12      var strP=/^\d+(\.\d+)?$/;
13      //不符合验证标准时，返回 false
14      if(!strP.test(oNum)){
15          return false;
16      }
17      //使用 try...catch 语句来进行错误处理
18      try{
19          if(parseFloat(oNum)!=oNum){
20              return false;
21          }
22      }catch(ex){
23          return false;
24      }
25      return true;
26  }
27  //表单验证
28  function cheForm(){
29      //验证姓名
30      var myname = document.myform.myname.value;
31      if( myname == "" ){
32          alert("姓名不允许空值！");
33          return false;
34      }
35      //验证年龄
36      var myage = document.myform.myage.value;
37      if( !isNumber(myage) ){
38          alert("年龄必须是阿拉伯数字！");
39          return false;
40      }
41      //验证密码
42      var mypassword = document.myform.mypassword.value;
43      var mypassword1 = document.myform.mypassword1.value;
44      if( mypassword.length != 6 ){
45          alert("密码必须是 6 位！");
46          return false;
47      }
48      if( mypassword1 != mypassword ){
49          alert("两次密码输入不一致！");
50          return false;
51      }
52  }
53  //-->
54  </script>
55  </head>
56  <body>
57      <form name="myform" onsubmit="return cheForm()">
58      请输入姓名：<input name="myname" type="text">（不允许空值）<br>
59      请输入年龄：<input name="myage" type="text">（必须是阿拉伯数字）<br>
60      请输入密码：<input name="mypassword" type="password">（必须是 6 位）<br>
```

```
61        填重复密码：<input name="mypassword1" type="password">（和上面要一致）
          <br>
62        填备注说明：<textarea name="myremark"></textarea><br>
63        <input name="sub" type="submit" value="提交">
64        </form>
65    </body>
66    </html>
```

　　第 7～26 行的 isNumber 函数为子函数，用来判断一个变量是否是数字。第 28～52 行的 cheForm 是主函数，在判断年龄是否为阿拉伯数字时调用了 isNumber，在验证不通过时，通过 alert 语句从页面显示提示框给用户相应提醒。

　　2．验证表单

　　下面，通过不同情况下的输入测试，来看一下 JavaScript 的表单验证是如何起作用的。

　　（1）不输入名称，单击"提交"按钮，如图 1.7 所示。JavaScript 会进行验证工作，发现姓名栏不允许空值的输入框没有输入值，则向用户发出提示，如图 1.8 所示。

图 1.7　不输入姓名时的情况

图 1.8　不输入姓名提交时的合法性提示

　　（2）在年龄处填写汉字，单击"提交"按钮，如图 1.9 所示。JavaScript 进行验证，发现输入的年龄值不是数字，向用户发出提示，如图 1.10 所示。

图 1.9　年龄处输入汉字

图 1.10　年龄处输入汉字时的合法性提示

　　（3）如果输入的密码位数错误，单击"提交"按钮，如图 1.11 所示。JavaScript 进行位数验证，发现位数不符合，弹出提示框，如图 1.12 所示。

　　（4）如果两次密码输入不一致，单击"提交"按钮，如图 1.13 所示。JavaScript 进行两次密码比对验证，发现不一致，弹出提示框，如图 1.14 所示。

图 1.11　密码位数输入错误　　　　　　　图 1.12　密码位数输入错误的合法性提示

图 1.13　密码输入不一致　　　　　　　图 1.14　密码输入不一致时的合法性提示

通过以上的 4 种情况的验证输入测试，应该对 JavaScript 的表单验证作用有了一定的了解，感兴趣的读者，可以把 1-4.html 文件稍作调整，也可以对其中的 JavaScript 代码进行调整，来进行更为深入的体会。

1.4.2　实现酷炫网页的特效

除了最基本的表单验证外，JavaScript 还能实现页面上一些复杂的效果，这些效果越来越多地被运用，按照性质，分类如下所示。

1．文字特效

文字效果有很多，常见的有闪烁文字、滚动文字、打字机效果、文字大小变化等等。图 1.15 所示为文字特效的效果图，HTML 文档见 1-5.html。图中，灰色的文字"欢迎访问我的网站！"从左至右变成红色。

2．鼠标特效

鼠标是浏览网页的重要工具，因此关于鼠标的特效是非常多的，常见的有鼠标点击（单击、双击、右击）后出现特效、鼠标移上去后显示不同的提示、鼠标周围跟随文字或者图片、鼠标键屏蔽等等。图 1.16 所示为鼠标特效的效果图，HTML 文档见 1-6.html。图中鼠标的周围环绕着自定义的文字"欢迎来到网站"，而且还会围绕鼠标旋转。

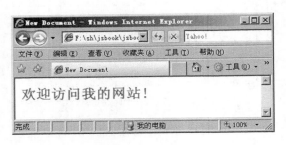

图 1.15　文字变色特效示例　　　　　　图 1.16　鼠标特效示例

3. 图片特效

图片的出现，丰富了页面的组成，有关于图片的特效也越来越多，常见的比如图片抖动、图片若隐若现、图片缩放、图片轮换等等。图 1.17 所示为图片产生旗帜飘动效果，HTML文档见 1-7.html。图中一张正常的图片被制作成随风飘动的旗帜效果。

4. 页面特效

页面特效常见的有页面加载动画效果、页面滚屏、页面窗口大小改变等等。图 1.18 所示为页面加载效果，HTML 文档见 1-8.html。图中页面从中间往上下两端拉开，像幕布一样的效果。

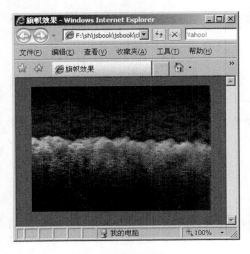

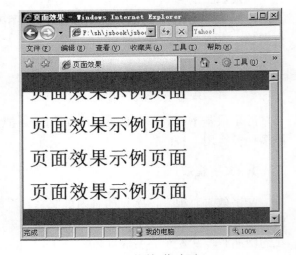

图 1.17　图片旗帜飘动效果示例　　　　图 1.18　页面加载动画

5. 时间特效

时间日期特效在网页上效果很多，比如日历显示、时间显示、倒计时、记住页面访问时间等等。图 1.19 所示为日历效果，HTML 文档见 1-9.html。页面显示了一个类似日历的效果，有农历和公历以及星期的显示，非常方便实用。

图 1.19　日历效果示例

6. 状态特效

浏览器的状态栏是对网页加载情况的一个提示，但是可以通过 JavaScript 来控制，比如可以在状态栏显示提示文字、显示时钟、使文字一个一个在状态栏逐渐出现等。图 1.20 所示就是文字一个一个逐步出现的效果，HTML 文档见 1-10.html。图中的状态栏位置，文字一个一个地从右往左弹出，效果也不错。

图 1.20　状态栏效果示例

7. 导航特效

导航是一个网页很重要的组成部分，能使得页面的位置更加清晰，能让访问者不会在网站里迷失方向，感觉很轻松。使用 JavaScript 来制作导航条，能让导航更加的方便，效果也比普通的文字导航好很多。图 1.21 所示为导航示例，HTML 文档见 1-11.html。图中导航菜单最开始隐藏在页面的左边，只留下红色部分提供给用户，这样使得导航菜单不至于挡住页面的其他内容，节省了空间。鼠标移到红色部分后导航菜单即展开。

8. 综合特效

以上提到的是常见的效果，分别针对各个不同的方面运用 JavaScript 来实现各种特效，但更多的时候，常常需要综合运用，以达到需要的效果。

图 1.21　导航菜单示例

1.4.3　动态改变页面的样式

页面的样式通常是通过样式表（CSS）来定义的，通过样式表，能够随着页面的加载定义页面元素的表现形式，但是有的时候，需要根据实际的情况，动态地改变页面的样式，这就需要用到 JavaScript。比如单击某个按钮，会使得某段文字的颜色改变；鼠标移到一个链接上，会有不一样的样式效果；选择不同的选项后，内容会切换显示等等。

通过 JavaScript 来控制页面的样式，增强了用户的体验性，这对制作一个友好的网页是很重要的。通常 JavaScript 做得最多的是控制颜色、图案、文字和可见性等。

下面看一个 JavaScript 来控制可见性的例子，HTML 文档见 1-12.html。图 1.22 所示是页面的初始状态，是一个男女性别的选择。图 1.23 是选择了男生选项后，页面的状态发生了改变，前面的性别选择提示文字被隐藏，同时男生选项被选择。

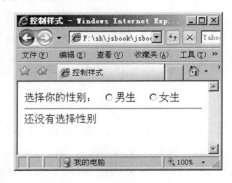

图 1.22　页面初始状态

图 1.23　选择了男生选项后

图 1.24 为选择了女生选项后，页面的状态发生了改变，前面的性别选择提示文字被隐藏，同时女生选项部分显示，男生部分隐藏。

通过 JavaScript 控制样式，使得页面更加有趣生动，熟练地使用这一特性，会使得页面的效果的制作事半功倍。

图 1.24　选择了女生选项后

1.4.4　使用 Ajax 实现网页动态交互

近年来，随着 Web 2.0 概念的出现，JavaScript 的一个高级应用（Ajax）也风靡起来，Ajax 并不是一种新的语言，而是 JavaScript、XMLHTTP、CSS、XHTML、XML 等的综合应用，其优势主要体现在数据异步传输从而减少用户交互时间、改善用户体验等方面，它颠覆了传统的 Web 应用里数据传输的方式（由同步改为异步）。正是因为这些优势，Ajax 技术被广泛地使用起来，甚至有的人怀疑这是不是互联网的另一场泡沫。但是，它本身的优势是毋庸置疑的，至于是否采用这样一种技术来应用到 Web 中去，是仁者见仁、智者见智的。

下面，先看看几个 Ajax 的实际应用，让读者对 Ajax 的应用有所了解，本小节只是对 JavaScript 的高级应用——Ajax 技术的简单介绍，具体的 Ajax 技术，将在后面章节会有详细说明。

图 1.25 所示是一个通过 Ajax 技术实现数据异步加载的例子。通过图 1.25 可以看到，页面整个布局先加载完毕，页面内产品列表区域和公司新闻区域的数据却正在加载，并友好地显示了动画小图和提示文字，而且数据是异步加载的，也就是说，可能是公司新闻的数据加载完毕后，产品列表的数据再加载完毕。通常情况下，必须等到所有数据加载完成后，页面才能够被正常访问。通过 Ajax 技术的运用，页面的多块区域能分时异步加载。

从图 1.26 可以看到，其中的产品列表信息加载完毕，公司新闻部分还在加载。这样一来，访问者每隔一段时间就能获得新的信息，而不是像通常情况下需要等待所有数据的加载时间。变相减少了等待时间，这无疑是访问者最看重的。

下面再看一个关于新用户注册的例子，如图 1.27 所示。

用户注册需要判断用户名是否被占用，一般的做法是提交后，到服务器端验证，然后返回用户信息。较好一点的做法是，在用户名后面，放置一个按钮，用户单击后弹开一个单独的用户名验证页面，验证用户名是否合法。但是，上面两种方式，都无形中增加了用户的操作（需要提交后等待服务器的验证和返回，需要单击按钮）。使用 Ajax 技术，可以很好地解决这个问题，当用户在用户名处输入用户名后，鼠标离开用户名输入框开始其他信息的填写时，通过 JavaScript 的 Ajax 应用，可以实时地对用户名进行验证并在页面上通过文字给用户提示，如图 1.28 所示。

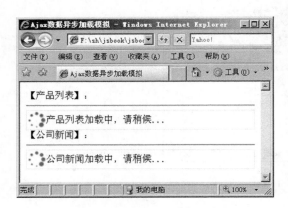

图 1.25　Ajax 实现数据异步加载示例

图 1.26　Ajax 数据异步加载情况

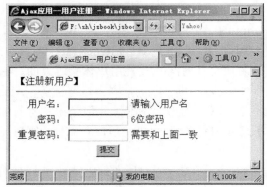

图 1.27　用户注册表单

图 1.28　通过 Ajax 异步验证用户名的合法性

可以看到，用户名被占用时，用户名输入框后面的文字内容提示也变了，并加粗以红色显示。而整个过程用户并没有额外的操作。

1.5　了解网页中的 JavaScript 代码

本节的目标是：认识在网页嵌入 JavaScript 的标签<script>...</script>；学会将一段 JavaScript 嵌入网页并运行；编写单独的 JavaScript 文件并在网页里引用；使用 JavaScript 的事件。

1.5.1　JavaScript 代码的栖身之地<script></script>

JavaScript 是嵌入到 HTML 文档里得以执行的，HTML 文档主要由标签组成，因此需要认识<script>这个标签，通过<script>和</script>这对标签，可以将 JavaScript 脚本嵌入到 HTML 页面中，使其产生作用。

【范例 1-5】　在继续说明这个标签的细节之前，先看下面的一段代码，这段代码是前面章节的一个例子，HTML 文档为 1-12.html，效果见图 1.22。

```
01  <html>
02  <head>
03  <title>控制样式</title>
04  <script language="JavaScript">
05  <!--
06  //判断单击类型作相应样式控制
07  function checkType(f){
08      //获得需要控制的对象
09      var div0 = document.getElementById("div0");
10      var div1 = document.getElementById("div1");
11      var div2 = document.getElementById("div2");
12      //根据 f 标记变量值进行样式控制
13      if( f == 1 ){
14          div0.style.display = "none";
15          div1.style.display = "block";
16          div1.style.display = "none";
17      }else{
18          div0.style.display = "none";
19          div1.style.display = "none";
20          div1.style.display = "block";
21      }
22  }
23  //-->
24  </script>
25  </head>
26  <body>
27  选择你的性别：
28  <input name="mytype" type="radio" value="1" onclick="checkType(1)">
    男生 
29  <input name="mytype" type="radio" value="2" onclick="checkType(2)">
    女生
30  <hr>
31  <div id="div0">
32  还没有选择性别
33  </div>
34  <div id="div1" style="display:none;">
35  你选择了男生，单击此处进入男生选项<input name="" type="button" value="进入
    男生选项">
36  </div>
37  <div id="div2" style="display:none;">
38  你选择了女生，单击此处进入女生选项<input name="" type="button" value="进入
    女生选项">
39  </div>
40  </body>
41  </html>
```

　　上面的代码，当用户单击"性别"后，用 JavaScript 改变页面元素的可见性，切换显示不同的内容。在代码的前面部分，第 4 行使用了<script>标签将实现页面功能的 JavaScript 代码嵌入到了网页中，一般来说，JavaScript 都是嵌入到<head>和</head>中间，但是如果有特殊的需要，也可以使用<script>和</script>标签将 JavaScript 代码嵌入到页面的任何位置，甚至是最开始和最结束部分。

🖢**说明：**现在的绝大部分浏览器都能够很好地处理这种不规范的嵌入，使得最后实现的效果与按照标准嵌入方式实现的效果没什么两样。

在紧接着<script>后以及在</script>标签之前的位置，第 5~6 行有这样的两段代码：<!--和//-->。有一定 HTML 基础的读者会知道<!-- ...-->这对标签是用来对 HTML 代码进行注释的，但这里的<!--和//-->并不是为了注释。有的浏览器，不支持 JavaScript（现在的浏览器几乎都支持了，这里只是说明较早时候的情况），这个时候<script>和</script>之间的代码就会被当作文本内容直接显示到页面，但是 HTML 文档编写者并不能替用户决定使用什么类型的浏览器。因此为了考虑到 HTML 页面的兼容性，使得当遇到不支持 JavaScript 的浏览器时，不会把 JavaScript 代码显示给用户（和页面内容毫无相关的代码会给用户带来极大的困惑），这个时候使用<!--和//-->来将 JavaScript 代码包含，让不支持 JavaScript 的浏览器忽略这一段代码。

1.5.2　在网页中嵌入 JavaScript 代码

在学习如何将一段 JavaScript 代码嵌入到网页之前，先学习一个最简单的 JavaScript 函数——alert()。这个函数一个示例用法是：

```
alert("内容");
```

该函数的功能是向网页弹出一个包含了一个"确定"按钮的提示框，其中的双引号部分的内容显示在提示框中央。用户单击"确定"按钮后，提示框消失。

现在，试着将这个最简单的语句嵌入到页面里，记得使用<script>标签。

【范例 1-6】　嵌入 JavaScript 代码后的 HTML 文档如下，见 1-13.html。

```
01  <html>
02  <head>
03      <title>嵌入 JavaScript </title>
04      <script language="JavaScript">
05      <!--
06      alert("你好！");
07      //-->
08      </script>
09  </head>
10  <body>
11  </body>
12  </html>
```

试着运行上面这段代码，会看到页面的一个提示框，如图 1.29 所示。

图 1.29　简单的 JavaScript 嵌入

当然，上面的例子，仅仅是最简单的一个嵌入示例，随着学习的不断深入，掌握的可以嵌入的代码会越来越复杂，实现更多的功能。

1.5.3　在网页中引用外来的 JavaScript 代码文件

当 JavaScript 的代码较少时，完全可以使用<script>标签将代码嵌入到页面，也很方便。但是，当页面需要嵌入的 JavaScript 代码很多时，如果直接嵌入到页面，会让整个页面的可读性变得比较复杂。因此，可以将篇幅较多的 JavaScript 代码创建为一个单独的文件，并保存，然后在 HTML 文档里指定文件路径进行引用，这样使得页面变得更加清晰。

当然，通过使页面变得清晰更容易阅读，并不是引用单独的 JavaScript 文件的主要意义，更大的意义在于，这样的方式，使得代码能够重复使用，不需要在每个页面都书写同样的代码，只要写在同一个文件里，然后引用即可。这种方式同时也减少了维护的工作量，代码有所调整时，只要修改这个文件即可，不需要在每个页面都进行同样的修改了。

同时，通过使用文件引用的方式来在 HTML 文档里使用 JavaScript，也能把实现不同功能的 JavaScript 分成若干个独立的文件，这样无疑使得整个网页的结构变得清晰，修改和调整网页时也更加有针对性。

引用单独 JavaScript 文件的标签仍然是<script>，但是使用方法略有不同，需要使用这个标签的 src 属性，用来指定 JavaScript 文件的路径，可以是绝对路径，也可以是相对路径。

【范例 1-7】　将上面小节的例子文档 1-13.html 改为单独文件引用方式，把一个文件分解为两个文件，一个是 JavaScript 代码文件 alert.js，一个是 HTML 文件 1-14.html。

alert.js 代码如下所示：

```
<!--
alert("你好！");
//-->
```

可以看到，就是把前面的<script>和</script>中间的代码提取出来了（连同<!--、//-->）。

1-14.html 的代码如下所示：

```
01  <html>
02  <head>
03      <title>嵌入 JavaScript </title>
04      <script src="alert.js"></script>
05  </head>
06  <body>
07  </body>
08  </html>
```

第 4 行使用<script>标签的 src 属性，指定了 alert.js 文件的路径（本例中和 1-14.html 处于同一目录）。使用浏览器访问 1-14.html，会发现效果和上一小节的效果是相同的。

这里的 JavaScript 文件使用了 js 作为扩展名，主要是 JavaScript 的缩写，这只是一种约定的习惯，读者完全可以使用其他的扩展名，因为只要通过<script>来引用，就已经表明了该文件是一个 JavaScript 文件。读者可以尝试着使用其他的扩展名，再试试效果。

1.5.4　JavaScript 的事件驱动原理

在 HTML 文档中使用 JavaScript 来实现各种各样的效果，离不开一个很重要的途径

——事件。事件是由 JavaScript 时刻监视的某些特定条件，当 JavaScript 发现满足这样的条件发生后，便会根据具体的 JavaScript 来对事件进行响应。比如单击某个按钮，实际上就是触发了这个按钮具有的 click（单击）事件。当用户将光标移到某个输入框，实际上触发了这个输入框的 focus（获得焦点）事件。除了上述由用户的行为来触发的事件外，JavaScript 也响应某些不由用户触发的事件，比如整个 HTML 页面加载完毕后的 load（加载）事件。

事件，使得操作 JavaScript 更加方便，能够按照实际的需要，针对不同的事件，编写事件处理代码，来实现不同的功能。本小节主要的目的是简单了解事件，不会对事件的使用讲解得很详细，更全面的关于事件的内容，将会放在后面的章节。通过下面的例子，用来结束本小节的内容。

【范例 1-8】　本例会接触两个事件，一个是按钮的单击（click）事件，一个是输入框的获得焦点（focus）事件。具体流程如下所示：

（1）当用户将光标移动到输入框时，触发 focus 事件，给用户一个简单提示。

（2）当用户单击按钮时，触发 click 事件，给用户一个简单提示。

看下面的代码，HTML 源文件见 1-15.html。

```
01  <html>
02  <head>
03  <title>事件示例</title>
04  </head>
05  <body>
06  <input name="txt" type="text" onfocus="alert('请在此输入姓名！')"><br>
07  <input name="sub" type="button" value="确定" onclick="alert('你单击了
    按钮')">
08  </body>
09  </html>
```

上面的代码，第 6~7 行分别给输入框和按钮增加了事件触发代码，触发事件的代码写在相应的 HTML 标签中，对需要触发的事件，用了前缀 on 加上相应的事件名称来组成了事件触发代码，用来表明"当……"的意思，紧接着的"="后面的内容，就是事件触发程序的具体内容，用来定义该事件被触发后需要做的事情。

（3）页面加载完毕后的情况，如图 1.30 所示。定义了事件触发的输入框和按钮看起来没有什么不同。

（4）当把光标移动到输入框后的情况，如图 1.31 所示。当把光标移动到输入框时，立即响应了 focus 事件，并按照事先定义的内容显示出一个提示。

图 1.30　定义了事件触发的输入框和按钮

图 1.31　输入框的获取焦点事件被触发

（5）按钮被单击时的情况，如图 1.32 所示。当单击了按钮，按钮的 click 事件被触发，弹出定义好的提示。

图 1.32　按钮的单击事件被触发

看完这个例子，是不是发现自己也能控制一些 JavaScript 了？是的，学习最终的目的，就是要完全掌控 JavaScript，让它能按照自己的意愿来运行，在什么时候做什么事情。同时，还需要明白的一个道理就是，JavaScript 的事件处理是非常重要的。在以后的学习中，读者还会体会到 JavaScript 事件处理的强大。

1.6　深入解剖 JavaScript

随着 Internet 的发展，很多公司也都开发出了自己的浏览器，各个不同的浏览器都有不同的版本，它们对 JavaScript 的支持都不尽相同，也就意味着，同样的 JavaScript 代码在不同的浏览器上运行达到的效果是不一样的。与此同时，JavaScript 也在不断的发展，版本也不断地更新。为了对浏览器与 JavaScript 之间的兼容性有所了解，本节会对它们之间的关系进行说明。

1.6.1　认识文档对象模型

文档对象模型（Document Object Model，DOM）是表示文档（如 HTML 文档）和访问、操作构成文档的各种元素（如 HTML 标记和文本串）的应用程序接口（API）。DOM 把整个页面规划成为由节点分层级构成的文档。

【范例 1-9】　为了直观地理解，请查看下面的一个简单 HTML 页面，HTML 文档见 1-16.html。

```
01   <html>
02      <head>
03          <title> DOM 示例</title>
04      </head>
05      <body>
06          <h1> DOM 示例</h1>
```

```
07            <p>
08                简单的
09                <b>DOM</b>
10                示例页面
11            </p>
12        </body>
13    </html>
```

为了更好地理解 DOM 的节点和层次的概念，特意将上述代码做了缩进处理，使得其代码结构层次更加清晰。这个文档的树形表示如图 1.33 所示。

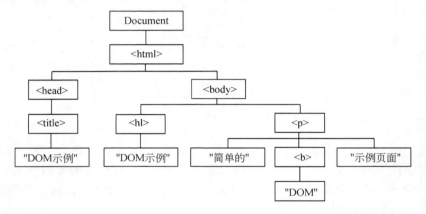

图 1.33　一个简单 HTML 页面的树形表示

DOM 通过创建树来表示一个 HTML 文档，从而使得控制文档内容及结构变得异常的容易。使用 DOM 可以非常容易地创建、删除或者更新一个节点。

1.6.2　JavaScript 的进化史

JavaScript 已经发展了很久，在 JavaScript 发展的历程中，各个浏览器公司都发布了不同的版本。其中微软公司发布了 JavaScript 的相似版本，命名为 Jscript。ECMA 也发布了若干个版本。

下面，对各个版本的 JavaScript 进行了列举（如表 1.4 所示），并且对各个版本也作了简要的说明。希望这样读者能对 JavaScript 的发展有所了解。

表 1.4　JavaScript的版本列表

版　　本	说　　明
JavaScript 1.0	JavaScript 语言的原始版本，目前基本上被废弃。由 Netscape 2 实现
JavaScript 1.1	引入了真正的 Array 对象，消除了大量重要的错误。由 Netscape 3 实现
JavaScript 1.2	引入了 switch 语句、正则表达式和大量其他特性，基本上符合 ECMA v1，但是还有一些不兼容。由 Netscape 4 实现
JavaScript 1.3	修正了 JavaScript 1.2 的不兼容性，符合 ECMA v1。由 Netscape 4.5 实现
JavaScript 1.4	只在 Netscape 的服务器产品中出现
JavaScript 1.5	引入了异常处理，符合 ECMA v3。由 Mozilla 和 Netscape 6 实现
JScriot 1.0	基本上相当于 JavaScript 1.0，由 IE3 的早期版本实现
JScriot 1.0	基本上相当于 JavaScript 1.1，由 IE3 的后期版本实现

续表

版　　本	说　　明
JScriot 3.0	基本上相当于 JavaScript1.3，符合 ECMA v1。由 IE4 实现
JScriot 4.0	还没有任何 Web 浏览器实现它
JScriot 5.0	支持异常处理。部分符合 ECMA v3.由 IE5 实现
JScriot 5.5	基本上相当于 JavaScript 1.5，完全符合 ECMA v3。由 IE5.5 和 IE6 实现
ECMA v1	JavaScript 语言的一个标准版本，标准化了 JavaScript 1.1 的基本特性，并添加了一些新特性。没有标准化 switch 语句和正则表达式。与 JavaScript 1.3 和 Jscript 3.0 的实现一致
ECMA v2	该标准的维护版本，添加了说明，但没有定义任何新特性
ECMA v3	标准化了 switch 语句、正则表达式和异常处理。与 JavaScript 1.5 和 Jscript 5.5 的实现一致

1.6.3　老版本浏览器对 JavaScript 的兼容问题

DOM 在浏览器实现 DOM 之前就已经成为一个标准。微软公司的 Internet Explorer 5.0 版本开始首次支持 DOM，但是一直到 5.5 版本才真正支持 DOM；Opera 也是到了 7.0 版本才开始支持 DOM；目前对 DOM 支持最好的浏览器是 Mozilla Netscape，Netscape 是在 6.0 版本开始支持 DOM 的，Mozilla 开发人员们正朝着与标准 100%兼容的目标而不断努力。

不同的浏览器，除了对 DOM 的支持不一样外，对 JavaScript 的支持也有所不同。各种浏览器对 JavaScript 的支持及 DOM 的功能对比列举如表 1.5 所示。

表 1.5　各种常见浏览器支持的 JavaScript 及 DOM 功能列表

浏览器版本	JavaScript 版本	DOM 功能
Netscape 2	JavaScript 1.0	表单操作
Netscape 3	JavaScript 1.1	图像翻转
Netscape 4	JavaScript 1.2	具有层的 DHTML
Netscape 4.5	JavaScript 1.3	具有层的 DHTML
Netscape6/Mozilla	JavaScript 1.5	对 W3C DOM 标准的大量支持，废止了对层的支持
IE3	Jscript 1.0/1.0	表单操作
IE4	Jscript 3.0	图像翻转，具有 document.all[]性质的 DHTML
IE5	Jscript 5.0	具有 document.all[]性质的 DHTML
IE5.5	Jscript 5.5	部分支持 W3C DOM 标准
IE6	Jscript 5.5	部分支持 W3C DOM 标准，缺乏对 W3C DOM 标准的事件模型的支持

1.7　小　　结

本章在学习 JavaScript 知识之前，讲解了需要了解的一些基础知识，包括了万维网的发展历史、HTML 语言的简单语法、JavaScript 的形式，以及 JavaScript 是如何在 HTML 页面中发挥作用的，同时还介绍了其他的 Web 程序和脚本。本章最后学习了各种浏览器下 JavaScript 可能存在的不同，以及版本标准化的发展，读者一定要了解各种浏览器对

JavaScript 的支持，否则开发的页面可能不通用。

1.8 习　　题

一、填空题

1．万维网的英文全称是＿＿＿＿＿＿＿＿＿＿。

2．\<hn>\</hn>标签的意思是＿＿＿＿＿＿＿＿。

3．JavaScript 嵌入到 HTML 文档里用的是＿＿＿＿标签。

二、选择题

1．\<p>\</p>标签的意思是（　　　）。

    A　段落标记　　　　　　　　B　黑体标记

    C　五号字体标记　　　　　　D　表单主题标记

2．下面哪个不是 JavaScript 的作用？（　　　）

    A　实现表单验证　　　　　　B　实现网页特效

    C　标记页面的数据格式　　　D　改善页面样式

3．　下面哪种不是 Web 脚本？（　　　）

    A　VbScript　　　　　　　　B　JavaScript

    C　Jscript　　　　　　　　　D　Java

三、实践题

实现一个用户注册页面。

【提示】先用 HTML 标签生成页面形式，然后用 JavaScript 实现表单。

第 2 章　开始 JavaScript 编程

第 1 章我们已经了解了 JavaScript 的历史，以及如何在网页中嵌入 JavaScript。本章将编写一段真正的 JavaScript 程序，让读者了解 JavaScript 从编写到执行的整个过程。

本章涉及到的知识点有：
- ❑ JavaScript 的开发工具
- ❑ 动手实践 JavaScript 编程
- ❑ HTML 文档与 JavaScript 的整合

2.1　学习几个 JavaScript 开发工具

工欲善其事，必先利其器。在编写网页及 JavaScript 程序之前，应该对一些常用的工具有所了解。选择一个好的适合自己的工具，一定会起到事半功倍的效果，反之，将会花费大量的时间在其他无关紧要的地方。本节将会为读者介绍几个常见的工具，以便读者根据自己的情况进行挑选。

2.1.1　Windows 自带的记事本

记事本是 Windows 操作系统自带的一个小的纯文本编辑软件，用它可以来编辑纯文本文件、HTML 文档、JavaScript 程序和其他各种类型的文本文件，界面如图 2.1 所示。

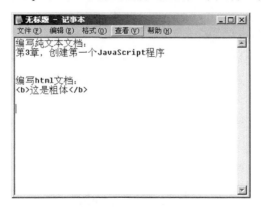

图 2.1　记事本界面

记事本的常用操作如下。

（1）记事本的启动：要打开记事本，不同类型的操作系统步骤略有不同。在 Windows

XP 操作系统中记事本的打开步骤为选择"开始"菜单|"所有程序"|"附件"|"记事本"命令，如图 2.2 所示。

图 2.2　打开记事本的步骤

（2）编辑后的保存：编辑不同的文本内容（程序、脚本或者文章等），只需要在保存时选择相应的文件类型即可，如图 2.3 所示。

图 2.3　保存界面

保存时，需要先选择保存的路径，填写文件名，选择保存的文件类型以及文件编码。

（3）使用合适的保存选项：在使用记事本编写网页和 JavaScript 时，需要关注的是"保存类型"这个选项，详细列表如图 2.4 所示。

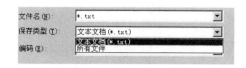

图 2.4　保存类型选项

在图 2.4 中可以看到，保存类型有"文本文档（*.txt）"和"所有文件"两种类型。编写完网页或者 JavaScript 后，需要选择"所有文件"，并且在文件名处填写完整相应文件的扩展名。

如果是网页文件，则如图 2.5 所示。在保存网页文件时，"保存类型"选择了"所有文件"，文件名处填写了文件名为 example.htm 的文件，填写为 example.html 亦可；如果是 JavaScript 文件，则如图 2.6 所示。在保存 JavaScript 文件时，"保存类型"同样也选择了"所有文件"，文件名处则填写为 example.js。

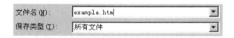

图 2.5　网页格式保存选项示例　　　　　图 2.6　JavaScript 文件保存选项示例

2.1.2　EditPlus 文本编辑器

EditPlus 是 ES-Computing 公司开发的一套强大的、可取代记事本的文字编辑器，拥有无限制的撤消与重做、英文拼字检查、自动换行、列数标记、搜寻取代、同时编辑多文件、全屏幕浏览功能，而且它还有一个好用的功能，就是它有监视剪贴板的功能，能够同步于剪贴板自动将文字粘贴进 EditPlus 的编辑窗口中，省去粘贴的步骤。另外，它也是一个非常好用的 HTML 编辑器，除了支持颜色标记、HTML 标记，同时还支持 C、C++、Perl、Java 标记等。

另外，它还内建完整的 HTML & CSS 指令功能，对于习惯用记事本编辑网页的读者，它可节省一半以上的网页制作时间，若有安装 IE5.0 以上版本，它还会结合 IE 浏览器于 EditPlus 窗口中，可以直接预览编辑好的网页（若没安装 IE，也可指定浏览器路径）。EditPlus 产品的官方网站是 http://www.editplus.com，可以从上面下载最新的版本，获取相应的帮助文档等。在网上也有关于 EditPlus 的汉化包，能把 EditPlus 进行汉化，不习惯英文的读者可以尝试搜索并下载安装。EditPlus 界面如图 2.7 所示。

图 2.7 是分别使用 EditPlus 编辑 Java 文件、文本文件以及网页文件时的情况，允许多窗口并存。在界面顶部，有很多实用的功能按钮（比如无限次撤销与重做按钮）。EditPlus 还允许使用者对功能进行扩展。更多的功能，还需要在使用的过程中慢慢体会和熟悉。

总之，使用 EditPlus 来编辑网页和 JavaScript，是非常方便的。

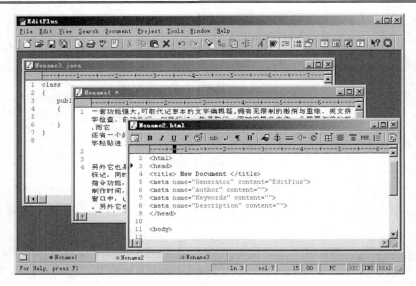

图 2.7　EditPlus 编辑器界面

2.1.3　Derameaver 网页编辑工具

Dreameaver 最早由 Macromedia 公司开发并发展到了较高的版本,同 flash 动画制作软件 Flash 和图片处理软件 Fireworks 并列称为"网页制作三剑客"。三者搭配起来,的确能起到很好的辅助作用。但是目前这三个产品已经被 Adobe 公司收购,所以,现在的 Dreameaver、Flash、Freworks 这三剑客,属于 Adobe 公司。而且,版本还在不断的升级和开发当中。

Dreameaver 是一个所见即所得的集设计和编码为一体的网页制作工具,是建立 Web 站点和应用程序的专业工具。它将可视布局工具、应用程序开发功能和代码编辑支持组合在一起,其功能强大,方便各个层次的开发人员及设计人员使用,能够快速创建网站及应用程序。拥有对 CSS 设计的智能支持及手工编码等功能,Dreamweaver 提供了专业人员在一个集成、高效的环境中所需的工具。开发人员可以使用 Dreamweaver 及所选择的服务器技术来创建功能强大的 Internet 应用程序,从而使用户能连接到数据库、Web 服务和旧式系统。

Dreameaver 的界面如图 2.8 所示(本例以 Dreameaver CS6 版本为例)。

从图 2.8 可以看到,Dreameaver 支持多种文件类型,还有很多强大的功能。因此,对于网页设计者以及程序开发人员,都无疑是一个好的工具。

Dreamweaver 对于网页制作以及学习 JavaScript 的读者,至少有以下几个特点。

1．能够方便地设计

能够像搭积木一样在页面里搭建页面需要的元素(如表格、输入框、按钮、Flash 动画、图片文件、层等等),而且能够通过界面的方式对这些页面元素进行属性配置,比如定义尺寸、颜色、样式等等,下面通过界面截图来进行简单说明。如图 2.9 所示,是插入表格时的属性配置,可以看到,Dreameaver 对表格提供了强大而全面的属性配置,能够使用户非常方便地控制页面的元素。

图 2.8　Dreameaver CS6 界面一览

图 2.9　插入表格的属性配置

在页面设计时对插入图片的属性配置界面，如图 2.10 所示，图片的属性配置同样非常详尽和完善。

2．能够可视化编辑

Dreameaver 提供了代码模式、设计模式以及代码/设计并存模式（拆分模式）3 种方式，方便在任何时候切换到所需要的模式下，在编辑时，就能够对页面的显示样式进行查看。模式切换界面如图 2.11 所示。

图 2.10　图片属性配置

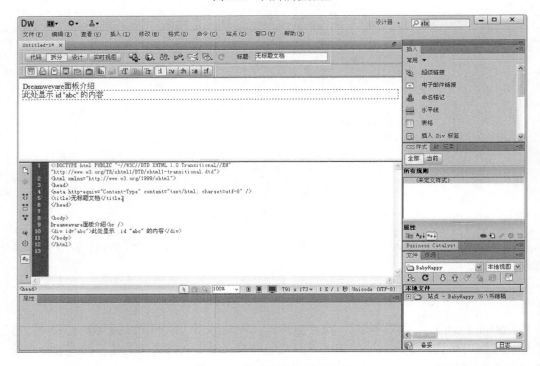

图 2.11　代码和设计界面并存

图 2.11 是设计和代码模式并存时的情况，单击选项卡的"代码"及"设计"选项按钮即可切换到相应的模式下，给网页的制作和设计、代码的编写都带来了极大的方便。

3. 强大的JavaScript和CSS支持

Dreameaver 提供了强大的 JavaScript 功能，可以直接通过鼠标和功能菜单动态地生成代码，制作出复杂的 JavaScript 特效。这对于学习 JavaScript 也有好的参考作用，对比动态生成的代码能够对 JavaScript 进行很好的理解和学习。同时，也提供了界面方式对 CSS 样式进行配置，在设置的同时，对比动态生成的代码，也能够很好地理解样式表语法和意义。实现 JavaScript 的某功能配置，如图 2.12 所示。

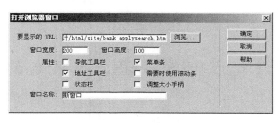

图 2.12　打开浏览器窗口的 JavaScript 功能配置

图 2.12 是利用 Dreameaver 实现打开一个新的浏览器窗口的配置界面，配置完毕后，页面内自动根据配置情况动态生成相应的 JavaScript 代码，如图 2.13 所示，软件根据用户的操作，在页面内自动生成了相关的功能函数，并且对函数进行了调用以实现功能。

图 2.14 是对 CSS 的配置。从左边的类型选项中可以看出，可以配置的属性的强大和完善。图 2.15 是进行简单配置后生成的样式代码。

```
6  <title>无标题文档</title>
7  <script language="JavaScript" type="text/JavaScript">
8  <!--
9  function MM_openBrWindow(theURL,winName,features) { //v2.0
10   window.open(theURL,winName,features);
11  }
12  //-->
13  </script>
14  </head>
15  <body onLoad="MM_openBrWindow('./bank_applysearch.htm','新窗口
   ','location=yes,status=yes,menubar=yes,width=200,height=100')">
```

图 2.13　自动生成的 JavaScript 功能代码

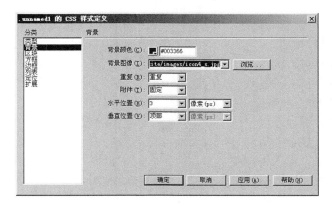

图 2.14　对 CSS 的配置

```
14 <style type="text/css">
15 <!--
16 .unnamed1 {
17     background-attachment: fixed;
18     background-color: #003366;
19     background-image: url(images/icon4_s.jpg);
20     background-repeat: repeat;
21     background-position: 3px top;
22 }
23 -->
24 </style>
```

图 2.15　自动生成的样式代码

总之，Dreameaver 是一个功能非常强大，也非常好用的软件，当然，如果仅仅是为了进行简单的 HTML 或 JavaScript 代码的编写，那么也未必是最佳的选择，因为功能的强大意味着运行速度的下降。所以，选用什么工具，由读者自己决定。

2.2　设计第一个 JavaScript 案例的功能

本章的目标，是创建第一个完整的 JavaScript 程序，因此，需要事先对要实现的功能进行设计，为了能够与前面的内容有所关联，也不至于太复杂，设计的功能将在前面讲解的例子里挑选并进行完善。本节设计要实现的功能，以第 1 章中的 1-12.html 为原型。

为了使功能更加完善，对 1-12.html 的界面和功能都进行扩展，对将要实现的功能进行设计。我们准备实现一个针对用户的一个调查表单，主要用来收集用户的性别、年龄以及针对不同性别的一些日常习惯。具体规定在下面进行详细说明。

（1）页面包含的元素

❑ 一个名称为 myform 的表单

❑ 一个"性别"单选按钮

❑ 一个"姓名"输入框（男女都适用）

❑ 一个"年龄"输入框（男女都适用）

❑ 一个"月收入"输入框（男女都适用）

❑ 一个"月抽烟花费"输入框（针对男性）

❑ 一个"月喝酒花费"输入框（针对男性）

❑ 一个"月美容花费"输入框（针对女性）

❑ 一个"月购置衣物花费"输入框（针对女性）

❑ 一个"提交"按钮

❑ 一个"重填"按钮

（2）页面元素的初始状态

❑ 性别单选按钮均未选中，等待用户操作

❑ "姓名"输入框显示

❑ "年龄"输入框显示

❑ "月收入"框显示

❑ "月抽烟花费"输入框隐藏

❑ "月喝酒花费"输入框隐藏

❑ "月美容花费"输入框隐藏

- ❑ "月购置衣物花费"输入框隐藏
- ❑ "提交"按钮显示
- ❑ "重填"按钮显示

（3）用户单击"男性"单选按钮功能设计

- ❑ "月抽烟花费"输入框显示
- ❑ "月喝酒花费"输入框显示
- ❑ "月美容花费"输入框仍然隐藏
- ❑ "月购置衣物花费"输入框仍然隐藏
- ❑ 其他元素与初始状态相比仍保持原状

（4）用户单击"女性"单选按钮功能设计

- ❑ "月抽烟花费"输入框隐藏
- ❑ "月喝酒花费"输入框隐藏
- ❑ "月美容花费"输入框显示
- ❑ "月购置衣物花费"输入框显示
- ❑ 其他元素与初始状态相比仍保持原状

（5）表单验证工作

- ❑ 当选择了"男性"选项时，所有显示的输入项都为必填（即"姓名"、"年龄"、"月抽烟花费"、"月喝酒花费"）。
- ❑ 当选择了"女性"选项时，所有显示的输入项也必填（即"姓名"、"年龄"、"月美容花费"、"月购置衣物花费"）。

（6）按钮事件

- ❑ 单击"提交"按钮后，根据目前的选项，显示给用户一个弹出提示框，里面包含了用户填写的信息，并进行简单的计算处理，给出每月结余（月收入除去花费后结余）。
- ❑ 单击"重填"按钮后，表单恢复到页面最初状态。

以上为我们要实现的 JavaScript 功能的规定。具体的实现和代码的编写，将在下一节里讲解。图 2.16 是一个操作流程图，方便读者对功能和流程进行理解。

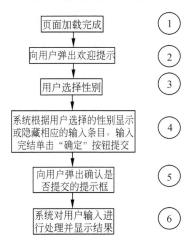

图 2.16 功能流程图

如图 2.16 所示的流程图，为了简单起见，没有考虑分支（也就是用户不同的选择下）的情况。为了在后面的章节方便讲解，在每一个步骤旁边标注了序号。

2.3　实现 JavaScript 案例的功能模块

上一节里，已经对需要实现的功能进行了设计，也列出了页面需要的元素以及一些常见的功能和事件效果。在本节里，将要按照设计好的功能进行具体的实现，包括 HTML 页面和相关 JavaScript 的编写。为了能够顺利地完成这个示例，本节的前面部分将按照要实现的功能性质进行划分，把每个具体的功能点所需要的 JavaScript 知识分别介绍，实现单独的功能。随后，将整合这些知识点和单独的功能，以完成整个设计的目标。

2.3.1　给用户提示信息

现在 Web 上的网页，再也不是很久以前死板静态的网页了，加入了很多动态元素，比如 Flash 动画，GIF 动画，还有很多特殊的效果。好的网页除了有合适的动态内容外，还应该有好的交互性，所谓交互性，就是使用户能够在访问网页的过程中，得到提示或者在用户不知所措的时候给用户一些选择，这些小小的细节，往往会决定用户下一次是否会再次访问。本小节将介绍如何使用 JavaScript 来向用户显示普通的提示信息。在继续讲解之前先看一个普通提示框的例子，如图 2.17 所示。

图 2.17　普通提示框示例

相信读者对这种提示框一定不会陌生，使用这个提示框的 JavaScript 语句也很简单，在前面的例子里已经有提及，就是使用 alert()。上述示例的 JavaScript 代码如下所示：

```
<script language="JavaScript">
<!--
alert("这是一个简单的普通用户提示框。");
//-->
</script>
```

读者可以将这段语句放入一个 HTML 文档内，便可以看到和上面一模一样的提示框。

alert()函数是 JavaScript 的一个内置函数，该函数接受一个参数，就是需要显示的提示内容，如上面例子里的"这是一个简单的普通用户提示框。"。有兴趣的读者可以尝试着把提示内容进行调整，查看运行效果，可以对这个简单的函数有所体会。

在 2.2 节设计好的流程中，第 2 个步骤里的"向用户弹出欢迎提示"这一功能即可用本小节讲述的普通提示框 alert()来实现。

2.3.2　页面内容的显示和隐藏

JavaScript 的几个主要作用之一就是能够控制页面元素的样式，样式包括很多的内容，比如颜色、背景、边框、透明度、尺寸、字体、对齐、可见性等等。为了配合实现 2.2 节中设计好的功能，本小节主要介绍 JavaScript 如何控制页面元素的可见性。

元素的可见性是靠样式来定义的，控制元素可见性的样式有两个，一个是 visibility，一个是 display。它们可以分别加上不同的值实现可见性效果。visibility 的属性值有两个：visible 和 hidden，分别代表了显示和隐藏；display 的属性值也有两个：block 和 none，也分别表示了显示和隐藏。参见下面的代码，可以对这两个样式有更深的体会。

```
01  <html>
02  <head>
03      <title>JavaScript 控制页面元素的显示与隐藏</title>
04  </head>
05  <body>
06      使用 visibility: <br>
07      1、正常的输入框
08      <hr>
09      <input name="txt1" style="visibility:visible">
10      <hr>
11      2、隐藏的输入框
12      <hr>
13      <input name="txt1" style="visibility:hidden">
14      <hr>
15      <br>
16      使用 display:
17      <hr>
18      1、正常的输入框
19      <hr>
20      <input name="txt1" style="display:block">
21      <hr>
22      2、隐藏的输入框
23      <hr>
24      <input name="txt1" style="display:none">
25      <hr>
26  </body>
27  </html>
```

上面的代码文件见 2-1.html，第 6~15 行和第 16~25 行分别使用了两个样式来控制输入框的隐藏和显示，页面效果如图 2.18 所示。

既然使用这两种样式都能控制页面元素的可见性，那么它们之间有没有区别，细心的读者可以对照图 2.18 来发现它们的区别，那就是使用 visibility 来隐藏的元素，虽然元素被隐藏了，但是元素占用的位置并没有隐藏，而使用 display 隐藏的元素，连同元素占用的位置也一起隐藏了。因此，在不同的情况下，需要选择不同的隐藏方式。

学会了使用样式来控制元素的可见性，那么如何用 JavaScript 来操作样式来控制呢。首先得需要两个条件：

（1）获取需要控制的元素对象

获取对象的方式有很多，本小节只介绍一种通过元素 id 来获取元素对象的方式，代码如下：

图 2.18　用样式来控制页面元素的可见性

```
document.getElementById("txt1");
```

其中 **txt1** 即为某元素的 **id** 值，如下面的输入框即可通过上述语句获取：

```
<input id="txt1" type="text">
```

（2）使用对象的 **style** 属性来操作样式

获取对象后，就可以使用下面的语句：

```
document.getElementById("txt1").style.display = "block";
                                        //这里可选的值为 block 和 none
document.getElementById("txt1").style.visibility = "visible";
                                        //这里可选的值为 visible 和 hidden
```

下面是一个完整的使用 JavaScript 来控制元素的例子，这里使用了按钮的单击作为触发条件。

```
01  <html>
02  <head>
03      <title>JavaScript 控制页面元素的显示与隐藏</title>
04  </head>
05  <body>
06      需要控制的输入框元素：
07      <hr>
08      <input id="txt1" type="text">
09      <hr>
10      <input name="but" type="button" value="visibility 隐藏"
11      onclick="document.getElementById('txt1').style.visibility=
        'hidden';">
12      <input name="but" type="button" value="visibility 显示"
13      onclick="document.getElementById('txt1').style.visibility=
        'visible';">
14      <input name="but" type="button" value="display 隐藏"
15      onclick="document.getElementById('txt1').style.display='none';">
```

```
16       <input name="but" type="button" value="display 显示"
17
   onclick="document.getElementById('txt1').style.display='block';">
18 </body>
19 </html>
```

上述代码第 10～17 行设置了 4 个按钮的单击事件，使用两种样式来展现了 JavaScript 在样式控制上的功能，HTML 文件见 2-2.html。读者可以用浏览器访问和查看。

在 2.2 节中设计的用户选择了不同的性别，从而切换显示不同输入内容的功能，即可使用本小节介绍的知识来实现。

2.3.3　给用户确认消息

上一小节提到的普通提示对话框，目的是给用户显示一下提示，用户单击"确定"按钮后就关闭，这其实是单向通信，仅仅是网页向用户发出了提示，网页根本接收不到用户的任何反馈，还没有真正实现交互。有的时候，需要获取用户的选择，网页再根据用户的选择进行相应的操作，这就需要用到本小节要讲解的确认提示对话框。首先看一下确认提示框的示例，如图 2.19 所示。

图 2.19　确认提示对话框示例

把图 2.19 和 2.3.1 小节的普通提示框（如图 2.17）进行比较，可以发现，除了外观上有较少的改变外，最大的改变就是多出了一个按钮，这表明，用户可以进行选择了，更重要的是，使用这样的确认提示对话框，用户的选择能够反馈给网页。这才真正实现了交互。

实现这个对话框的 JavaScript 语句是 confirm()，要实现上述效果，代码如下所示：

```
<script language="JavaScript">
<!--
confirm("你吃过饭了吗？");
//-->
</script>
```

读者可以试着将这段代码运行查看效果，也可以对内容作相应改变。confirm()函数也是 JavaScript 的一个内置函数，同样接收一个参数用来显示提示，与 alert()不同的是，此函数有返回值。用户单击"确定"按钮，函数返回 true；用户单击"取消"按钮，函数返回 false。为了进一步对函数的返回值进行了解，可以结合 alert()函数来学习。代码如下所示：

```
<script language="JavaScript">
<!--
alert(confirm("你吃过饭了吗？"));
//-->
</script>
```

上面的代码，在 confirm()函数外，套了一个 alert()函数，也就是把 confirm()作为 alert() 函数的参数。当用户单击确认提示框的按钮时，就产生了返回值，这个返回值，就当作参数传递给了 alert()函数。

上面的代码运行后，用户单击"确定"按钮的情况，如图 2.20 所示。用户单击"取消"按钮的情况，如图 2.21 所示。

图 2.20　单击"确定"按钮后的情况　　　　图 2.21　单击"取消"按钮后的情况

根据用户的操作，对话框产生的返回值，可以帮助 JavaScript 作出判断，进行更多的操作，从而实现交互。

2.3.4　在网页中显示信息

通常情况下，要在网页里显示内容，需要在 HTML 文档里的<body>和</body>标签内填写相关的内容，这就需要事先确定要输出的内容并且在网页加载完毕后即显示。这有两个局限性，一是输出的内容必须事先确定，二是不能控制显示的时机。

JavaScript 提供了在网页显示内容的方法，就是使用 document.write()语句。

先看一段普通的 HTML 代码如下，HTML 文件见 2-3.html。

```
01  <html>
02  <head>
03      <title>简单文档示例</title>
04  </head>
05  <body>
06      直接使用 HTML 向网页显示内容
07  </body>
08  </html>
```

上面的 HTML 文档第 6 行显示的效果就是一段简单的文字"直接使用 HTML 向网页显示内容"。

下面看看 JavaScript 的实现代码如下，包含此 JavaScript 脚本的 HTML 文档见 2-4.html。

```
01  <html>
02  <head>
03      <title>简单文档示例</title>
04  </head>
05  <body>
06  <script language="JavaScript">
07  <!--
08      document.write("使用 JavaScript 向网页显示内容");
09  //-->
10  </script>
11  </body>
12  </html>
```

从上述代码可以看见，第 8 行使用 JavaScript 的 document.write()语句同样可以向网页输出内容。为了对两种方式进行比较，下面将实际运行后的情况进行对比。使用 HTML 方式的运行效果如图 2.22 所示，使用 JavaScript 的运行效果如图 2.23 所示。

图 2.22　使用 HTML 方式显示内容　　　　图 2.23　使用 JavaScript 方式显示内容

由图 2.22 和图 2.23 对比可以看出，除了为了区分而使用的不同的提示内容外，其余效果一摸一样。需要说明的是，本例仅仅为了说明 document.write() 的功能，没有结合事件来控制此 JavaScript 语句执行的时机。具体的结合，将在最后进行功能整合时实现。

2.2 节中设计的流程第 6 步，向用户显示处理结果时，将会使用本小节介绍的知识来实现这一功能。

2.3.5　使用 JavaScript 的变量

任何程序语言都离不开变量，JavaScript 也不例外，使用变量能够进行判断，从而决定后继的操作；使用变量还能对数据进行存储，以便在需要的时候调用。利用变量，还有其他更多的好处，具体变量的详细内容在下面的章节里会详细讲解。本节主要讲解的内容是利用变量对数据进行简单的存储。

JavaScript 是一种弱类型的语言，所谓弱类型，是指 JavaScript 不像其他语言那样对整型、字符型等数据类型有严格的要求，准确点说，JavaScript 并没有使用严格的数据类型。因此，JavaScript 的变量定义变得随意而简单。

定义 JavaScript 变量的语句是 var。参看下面的语句：

```
var str = "你好";
```

上面的语句定义了一个名为 str 的变量，并且将该变量赋值为字符串"你好"。

再看下面的语句：

```
var i = 0;
```

上面的语句定义了一个名为 i 的变量，并且将该变量赋值为整数 0。

JavaScript 是弱类型语言，因此 JavaScript 的变量之间实际上是没有类型的区分的，它们完全可以任意组合转换。参看下面的代码：

```
01  <html>
02  <head>
03      <title>变量示例</title>
04  </head>
05  <body>
06  <script language="JavaScript">
07  <!--
08      var i = 0;
09      var str ="你好";
10      alert(str + i);                //提示信息
```

```
11  //-->
12  </script>
13  </body>
14  </html>
```

上面的代码第 8 行定义了一个整型 i 赋值为 0，第 9 行定义了一个字符串 str 赋值为"你好"，最后第 10 行用"+"运算符进行连接。本 HTML 代码见 2-5.html，运行结果如图 2.24。

图 2.24　不同类型变量连接后的结果

关于 JavaScript 变量的更多特性，将会随着学习的深入有更深的了解。在 2.2 节设计的功能中，将会使用到变量的知识。

2.3.6　使用 JavaScript 的运算符

程序给人类带来的好处就是能代替人类做事，尤其是重复烦琐而枯燥的事情，各种数学运算就是最为典型的一类事情。JavaScript 同样能实现数学运算。同其他程序设计语言一样，JavaScript 也支持常见的"+"、"-"、"*"、"/"等运算符。还有更多的运算符可支持，但这不是本小节主要讲解的内容，感兴趣的读者可以翻阅后面的章节进行学习。

下面，通过一个简单的程序段来体会 JavaScript 的计算功能，HTML 文档见 2-6.html，代码如下所示：

```
01  <html>
02  <head>
03      <title>javaScript 计算示例</title>
04  </head>
05  <body>
06  <script language="JavaScript">
07  <!--
08      var i = 10;
09      var j = 100;
10      var k = 3;
11      alert(i-j*k);              //提示信息
12  //-->
13  </script>
14  </body>
15  </html>
```

读者可以先凭着自己的感觉，对本段程序运行后的结果进行计算，看看算出来的结果是否和图 2.25 的一样。

图 2.25　简单计算示例

从上面的代码以及运算结果可以看到，JavaScript 的运算同样也是遵循了四则运算的法则，有优先级的区分。关于运算符的种类以及运算符的优先级关系，请参见后面的章节。

2.2 节中设计的功能，最后需要对用户输入的数据进行处理，处理的过程中，需要用到一些简单的 JavaScript 计算。

2.3.7 使用 JavaScript 函数

为了能够在合适的情况下方便地使用定义好的 JavaScript 代码，一个好的办法是将代码写成函数，这样就能在需要的时候以函数的方式进行调用。

将代码写成函数的方法就是使用 function 来定义一个函数名，并在函数名的后面跟上一对括号 "()"，括号里可以留空实现单一的功能，也可以放置参数，然后根据参数来实现不同的功能；括号后面紧跟一对花括弧 "{}"，花括弧里就可以编写 JavaScript 语句了。

下面将 2.3.6 小节中的计算功能写为一个函数，取名为 fun1，将里面的 i、j、k 都作为函数的参数，具体代码如下所示：

```
<script language="JavaScript">
<!--
function fun1(i,j,k){
    alert(i-j*k);                //提示信息
}
//-->
</script>
```

在使用的时候，只需要进行调用即可。如果按照 2.3.6 小节里的情况，则调用方法如下所示：

```
<script language="JavaScript">
<!--
fun1(10,100,3);
//-->
</script>
```

使用函数的好处不仅是调用方便，而且同样的功能多次使用时，相同的代码只需要编写一次即可。使用函数还有更多的好处，关于函数部分的内容，在后面的章节会详细讲述。

2.4 实现 JavaScript 案例的网页

有了上述 JavaScript 的支持，下面要做的就是把 HTML 页面编写出来，然后将 JavaScript 嵌入其中，对页面的元素进行控制，对用户的操作进行响应，按照事先设计好的流程将功能实现。

2.4.1 设计页面

参照 2.2 节里的设计，HTML 文件见 2-7.html，编写出的 HTML 代码如下所示：

```
01   <html>
```

```
02  <head>
03      <title>第一个 JavaScript 程序</title>
04  </head>
05  <body>
06      <form name="myform">
07      性别:
08      <input type="radio" id="sex1" name="sex" value="先生">男 
09      <input type="radio" id="sex2" name="sex" value="小姐">女<br/>
10      姓名: <br/>
11      <input type="text" id="yourname" name="yourname" value=""><br/>
12      年龄: <br/>
13      <input type="text" id="yourage" name="yourage" value=""><br/>
14      月收入: <br/>
15      <input type="text" id="yourmoney" name="yourmoney" value=""><br/>
16      月抽烟花费: <br/>
17      <input type="text" id="yoursmoke" name="yoursmoke" value=""><br/>
18      月喝酒花费: <br/>
19      <input type="text" id="yourwine" name="yourwine" value=""><br/>
20      月美容花费: <br/>
21      <input type="text" id="yourface" name="yourface" value=""><br/>
22      月购置衣物花费: <br/>
23      <input type="text" id="yourclothe" name="yourclothe" value="">
        <br/>
24      <hr>
25      <input type="button" value="提交">
26      <input type="reset" value="重填">
27      </form>
28  </body>
29  </html>
```

上述代码仅仅是列出了所有的元素，预览后如图 2.26 所示。

图 2.26　页面里创建好所有元素

按照 2.2 节的设计情况，部分元素需要事先隐藏起来，HTML 文档见 2-8.html，修改过的代码如下所示：

```
01  <html>
02  <head>
03      <title>第一个 JavaScript 程序</title>
04  </head>
05  <body>
06      <form name="myform">
07      性别：
08      <input type="radio" id="sex1" name="sex" value="先生">男 
09      <input type="radio" id="sex2" name="sex" value="小姐">女<br/>
10      姓名：<br/>
11      <input type="text" id="yourname" name="yourname" value=""><br/>
12      年龄：<br/>
13      <input type="text" id="yourage" name="yourage" value=""><br/>
14      月收入：<br/>
15      <input type="text" id="yourmoney" name="yourmoney" value=""><br/>
16      <div id="man" style="display:none">
17      月抽烟花费：<br/>
18      <input type="text" id="yoursmoke" name="yoursmoke" value=""><br/>
19      月喝酒花费：<br/>
20      <input type="text" id="yourwine" name="yourwine" value=""><br/>
21      </div>
22      <div id="miss" style="display:none">
23      月美容花费：<br/>
24      <input type="text" id="yourface" name="yourface" value=""><br/>
25      月购置衣物花费：<br/>
26      <input type="text" id="yourclothe" name="yourclothe" value="">
        <br/>
27      </div>
28      <hr>
29      <input type="button" value="提交">
30      <input type="reset" value="重填">
31      </form>
32  </body>
33  </html>
```

注意：这里利用了<div>标签来对某些元素进行批量隐藏，这主要是为了批量控制可见性时更加方便。

　　上述代码，把先生需要填写的个性化内容（第 16~21 行）和小姐需要填写的个性化内容（第 22~27 行）分别用<div>隐藏起来了，基本达到页面的效果，如图 2.27 所示。
　　在后续小节里，将会把 JavaScript 的功能一步步嵌入到页面，以完善 2.2 节的设计。

2.4.2　添加性别单选按钮

　　本小节主要实现的功能是，选择了性别单选按钮后，根据选择的情况，改变隐藏元素的可见性，让符合选择项目的内容显示出来给用户输入。
　　（1）如果单击了"男"按钮，应该让"月抽烟花费"和"月喝酒花费"显示，而"月美容花费"和"月购置衣物花费"继续隐藏。结合 2.3.2 小节里的方式，JavaScript 代码如下所示：

图 2.27　经过部分隐藏后的页面情况

```
<script language="JavaScript">
<!--
document.getElementById("man").style.display = "block";
document.getElementById("miss").style.display = "none";
//-->
</script>
```

　　上述代码通过控制 id 为 man 和 miss 的 div 的可见性，达到控制每个 div 所包含的元素的可见性目的。

　　（2）如果单击了"女"按钮，应该让"月抽烟花费"和"月喝酒花费"隐藏，而"月美容花费"和"月购置衣物花费"显示。结合 2.3.2 小节里的方式，JavaScript 代码如下所示：

```
<script language="JavaScript">
<!--
document.getElementById("man").style.display = "none";
document.getElementById("miss").style.display = "block";
//-->
</script>
```

　　（3）将代码写成函数。为了能够在合适的情况下能方便地使用上面的代码，需要将代码写成函数，按照 2.3.7 小节里的方式，给该函数取名为 clickSex 并带上用来判断单击类型的参数 ctype，具体代码如下所示：

```
<script language="JavaScript">
<!--
function clickSex(ctype){
    if( ctype == "man" ){
        document.getElementById("man").style.display = "block";
        document.getElementById("miss").style.display = "none";
    }
    if( ctype == "miss" ){
        document.getElementById("man").style.display = "none";
        document.getElementById("miss").style.display = "block";
    }
}
//-->
</script>
```

🔔**注意：** 上面的函数使用了条件判断语句 if()来判断传入的参数的不同值，从而控制页面的不同内容的可见性。这是一个新的知识，目前不作详细讲解，只需要了解这是起着判断的作用即可。关于条件判断语句的详细内容请查看后面章节。

（4）给单选按钮加上事件和 JavaScript 功能关联。目前，最后一步就是把单选按钮的单击事件和 JavaScript 进行关联，按钮的单击事件就是 click。下面的代码段，就是关联了事件的功能：

```
性别：
<input type="radio" id="sex1" name="sex" value="先生" onclick="clickSex
('man')">男 
<input type="radio" id="sex2" name="sex" value="小姐" onclick="clickSex
('miss')">女
```

最后，将以上 4 步进行整理，完整的代码如下，HTML 文档见 2-9.html。

```
01  <html>
02  <head>
03      <title>第一个 JavaScript 程序</title>
04  <script language="JavaScript">
05  <!--
06  function clickSex(ctype){
07      if( ctype == "man" ){
08          document.getElementById("man").style.display = "block";
            //显示
09          document.getElementById("miss").style.display = "none";
            //隐藏
10      }
11      if( ctype == "miss" ){
12          document.getElementById("man").style.display = "none";
        //显示
13          document.getElementById("miss").style.display = "block";
            //隐藏
14      }
15  }
16  //-->
17  </script>
18  </head>
19  <body>
20  <form name="myform">
21  性别：
22  <input type="radio" id="sex1" name="sex" value="先生" onclick="clickSex
    ('man')">男 
23  <input type="radio" id="sex2" name="sex" value="小姐" onclick="clickSex
    ('miss')">女<br/>
24  姓名：<br/>
25  <input type="text" id="yourname" name="yourname" value=""><br/>
26  年龄：<br/>
27  <input type="text" id="yourage" name="yourage" value=""><br/>
28  月收入：<br/>
29  <input type="text" id="yourmoney" name="yourmoney" value=""><br/>
30  <div id="man" style="display:none">
31  月抽烟花费：<br/>
32  <input type="text" id="yoursmoke" name="yoursmoke" value=""><br/>
33  月喝酒花费：<br/>
```

```
34    <input type="text" id="yourwine" name="yourwine" value=""><br/>
35    </div>
36    <div id="miss" style="display:none">
37    月美容花费：<br/>
38    <input type="text" id="yourface" name="yourface" value=""><br/>
39    月购置衣物花费：<br/>
40    <input type="text" id="yourclothe" name="yourclothe" value=""><br/>
41    </div>
42    <hr>
43    <input type="button" value="提交">
44    <input type="reset" value="重填">
45    </form>
46    </body>
47    </html>
```

具体的运行效果便达到了控制页面内容可见性的要求，其中单击了“女”选项后的效果如图 2.28 所示。选择了“女”选项后，“男”性的个性化输入框隐藏，女性的“月美容花费”和“月购置衣物花费”出现。

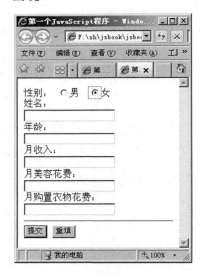

图 2.28　单击了“女”选项的情况

2.4.3　添加提交按钮

当用户选择了符合性别的选项，并且填写了相关的信息以后，单击“提交”按钮提交输入情况，按照 2.2 节的设计要求，这个时候需要向用户弹出一个确认是否提交的提示框。

1．实现单纯的确认提示

根据 2.3.3 小节的内容，确认提示框很容易实现，规定提示语句为“是否确认提交数据？点【确定】提交，点【取消】放弃”，实现的代码如下所示：

```
<script language="JavaScript">
<!--
confirm("是否确认提交数据？点【确定】提交，点【取消】放弃");
//-->
```

```
</script>
```

2．将确认提示框写入函数

为了方便调用，将上面语句写入一个函数命名为 isOk()，并将用户的结果返回，代码如下所示：

```
<script language="JavaScript">
<!--
function isOk(){
    return confirm("是否确认提交数据？点【确定】提交，点【取消】放弃");
}
//-->
</script>
```

3．将按钮的单击与确认提示相关联

按钮的单击要与确认提示相关联，同样需要 click 事件，函数关联后的代码如下所示：

```
<input type="button" value="提交" onclick="isOk()">
```

运行后，效果如图 2.29 所示。

图 2.29　关联了确认提示按钮后的情况

2.4.4　使用 JavaScript 函数进行计算

1．明确计算规则

本次计算主要根据月收入及月消费额计算月余额，在运算前，先指定一下计算的规则。计算的规则如下所示：

```
结果=月收入-月消费额
```

根据用户的选择，参加运算的用户消费额是不一样的，当用户选择的是"男"后，用户的消费额是"月抽烟花费"与"月喝酒花费"之和；当选择的是"女"时，用户的消费额是"月美容花费"与"月购置衣物花费"之和。

因此，选择了"男"和"女"后的计算公式如下。

选择了"男"后情况如下所示：

```
月余额=月收入-月抽烟花费-月喝酒花费
```

选择了"女"后情况如下所示：

```
月余额=月收入-月美容花费-月购置衣物费用
```

2．获取用户的选择

为了知道应该采用那一个公式计算结果，需要知道用户在单选按钮的选择，这需要利用下面一句 JavaScript 语句：

```
document.getElementById("单选按钮 id").checked
```

这个语句用来判断一个单选按钮是否被选择，如果被选择，则返回 true，否则返回 false。

3．获取用户的输入值

获取用户的输入值，是利用输入框的 value 属性来获取的。代码如下所示：

```
document.getElementById("输入框 id").value
```

如果输入框被表单包含，还可以使用下面的语句：

```
document.[表单名].[输入框名].value
```

上面中括弧部分，用中文代替了实际的名称，如果一个名称为 mymoney 的输入框包含在一个名称为 myform 的表单里，则获取输入框值的语句如下所示：

```
document.myform.mymoney.value
```

4．组织整个函数

确认用户的选择后，使用简单的条件判断语句即可组织好整个函数（给函数命名为 getResult），如下所示：

```
01  <script language="JavaScript">
02  <!--
03  function getResult(){
04      //用变量分别获取两个单选按钮的选择情况
05      var sex1 = document.getElementById("sex1").checked;
06      var sex2 = document.getElementById("sex2").checked;
07      //用变量分别获取输入框的值
08      var yourmoney = document.getElementById("yourmoney").value;
09      var yoursmoke = document.getElementById("yoursmoke").value;
10      var yourwine = document.getElementById("yourwine").value;
11      var yourface = document.getElementById("yourface").value;
12      var yourclothe = document.getElementById("yourclothe").value;
13      //用变量来保存结果，设置初始值为 0
14      var result = 0;
15      //根据不同情况作相应计算
16      if( sex1 == true ){
17          //选择了"男"时
18          result = yourmoney - yoursmoke - yourwine;
19      }
20      if( sex2 == true ){
21          //选择了"女"时
22          result = yourmoney - yourface - yourclothe;
23      }
24      //使用 return 语句返回值
25      return result;
26  }
```

```
27  //-->
28  </script>
```

上面的代码第 5～6 行通过设置变量来保存选择按钮的状态和值，通过第 16 行和第 20 行的条件判断执行不同的计算，并且最后返回一个保存结果的变量作为函数的返回值。

2.4.5　显示用户选择的结果

通过以上几个小节的讲解，主要的工作已经完成了，最后的一步就是把这些结果进行组织，并显示给客户。显示给客户的方式有很多种，比如使用提示框和直接显示在网页上，这里采用直接显示在网页的方式，即使用 2.3.4 小节讲解的 document.write()。

1．格式化需要显示给用户的数据

在输出给用户前，先对需要显示的数据格式进行规定，如下所示：

```
您好[替换为输入的姓名]
您现在[替换为年龄]岁
您的月收入为：[替换为输入的月收入]
根据计算您的月结余为：[替换为计算出来的结果]
谢谢参与！
```

2．将输出以参数的形式进行组织，并写为带有参数的函数

为了能够动态地显示结果，将使用参数来将结果进行组织，写入函数如下所示：

```
<script language="JavaScript">
<!--
function outPrint( name, age, money, result ){
    var str = "您好"+name +"<br>您现在"+age+"岁<br>您的月收入为："+money+"<br>
    根据计算您的月结余为："+result+"<br>谢谢参与！";
    document.write(str);
}
//-->
</script>
```

从上面可见，定义了一个名为 **outPrint** 的函数，使用了 4 个分别代表"姓名"、"称谓"、"月收入"及"月结余"的参数，将输出结果格式化为一个字符串，并使用 document.write() 语句显示出来。

2.4.6　最终的案例效果

到目前为止，所有的准备工作，所有要实现的功能，都已经完成，现在需要做的，就是将这些功能都关联起来，随着用户的单击，按照规定触发所有的事件完成功能。这就需要借助一个主函数，将前面的所有的功能组织起来，函数如下所示：

```
01  <script language="JavaScript">
02  <!--
03  //主函数
04  function mainClick(){
05      //确认提示结果
```

```
06        var isok = isOk();
07        //确认后才继续
08        if( isok == true ){
09            //获得姓名、年龄、月收入
10            var yourname = document.getElementById("yourname").value;
11            var yourage = document.getElementById("yourage").value;
12            var yourmoney = document.getElementById("yourmoney").value;
13            //计算结余
14            var yourresult = getResult();
15            //输出结果
16            outPrint(yourname, yourage, yourmoney, yourresult);
17        }
18    }
19    //-->
20    </script>
```

以上的代码，第 6 行先调用 isOk()子函数，给用户显示一个确认提示框，并使用变量 isok 获取用户对确认提示框的单击返回值；然后第 8 行使用条件语句限定只有用户单击了 "确认"按钮，且返回 true 值时才执行接下来的计算；第 10~12 行通过语句获得姓名、年龄、性别的输入；第 14 行通过函数获得计算出来的值，这 4 个值分别保存到 4 个变量里；将 4 个变量以参数形式传入 outPrintl()函数，将结果输出到页面。

整合后，最终的 HTML 页面代码如下，HTML 文档见 2-10.html。

```
01    <html>
02    <head>
03        <title>第一个 JavaScript 程序</title>
04    <script language="JavaScript">
05    <!--
06    //单击性别按钮
07    function clickSex(ctype){
08        //如果选择了"男"
09        if( ctype == "man" ){
10            document.getElementById("man").style.display = "block";
11            document.getElementById("miss").style.display = "none";
12        }
13        //如果选择了"女"
14        if( ctype == "miss" ){
15            document.getElementById("man").style.display = "none";
16            document.getElementById("miss").style.display = "block";
17        }
18    }
19
20    //获得结果
21    function getResult(){
22        //用变量分别获取两个单选按钮的选择情况
23        var sex1 = document.getElementById("sex1").checked;
24        var sex2 = document.getElementById("sex2").checked;
25        //用变量分别获取输入框的值
26        var yourmoney = document.getElementById("yourmoney").value;
27        var yoursmoke = document.getElementById("yoursmoke").value;
28        var yourwine = document.getElementById("yourwine").value;
29        var yourface = document.getElementById("yourface").value;
30        var yourclothe = document.getElementById("yourclothe").value;
31        //用变量来保存结果，设置初始值为 0
32        var result = 0;
33        //根据不同情况作相应计算
34        if( sex1 == true ){
```

```
35          //选择了"男"时
36          result = yourmoney - yoursmoke - yourwine;
37      }
38      if( sex2 == true ){
39          //选择了"女"时
40          result = yourmoney - yourface - yourclothe;
41      }
42      //使用 return 语句返回值
43      return result;
44  }
45
46  //格式化的输出
47  function outPrint( name, age,  money, result ){
48      var str = "您好"+name+"<br>您现在"+age+"岁<br>您的月收入为："+money+"
49      <br>根据计算您的月结余为："+result+"<br>谢谢参与！";
50      document.write(str);
51  }
52
53  //确认提交
54  function isOk(){
55      return confirm("是否确认提交数据？点【确定】提交，点【取消】放弃");
56  }
57
58  //主函数
59  function mainClick(){
60      //确认提示结果
61      var isok = isOk();
62      //确认后才继续
63      if( isok == true ){
64          //获得姓名、年龄、月收入
65          var yourname = document.getElementById("yourname").value;
66          var yourage = document.getElementById("yourage").value;
67          var yourmoney = document.getElementById("yourmoney").value;
68          //计算结余
69          var yourresult = getResult();
70          //输出结果
71          outPrint(yourname, yourage, yourmoney, yourresult);
72      }
73  }
74  //-->
75  </script>
76  </head>
77  <body>
78  <form name="myform">
79  性别：
80  <input type="radio" id="sex1" name="sex" value="先生" onclick="clickSex
    ('man')">男 
81  <input type="radio" id="sex2" name="sex" value="小姐" onclick="clickSex
    ('miss')">女<br/>
82  姓名：<br/>
83  <input type="text" id="yourname" name="yourname" value=""><br/>
84  年龄：<br/>
85  <input type="text" id="yourage" name="yourage" value=""><br/>
86  月收入：<br/>
87  <input type="text" id="yourmoney" name="yourmoney" value=""><br/>
88  <div id="man" style="display:none">
```

```
89    月抽烟花费：<br/>
90    <input type="text" id="yoursmoke" name="yoursmoke" value=""><br/>
91    月喝酒花费：<br/>
92    <input type="text" id="yourwine" name="yourwine" value=""><br/>
93    </div>
94    <div id="miss" style="display:none">
95    月美容花费：<br/>
96    <input type="text" id="yourface" name="yourface" value=""><br/>
97    月购置衣物花费：<br/>
98    <input type="text" id="yourclothe" name="yourclothe" value=""><br/>
99    </div>
100   <hr>
101   <input type="button" value="提交" onclick="mainClick()">
102   <input type="reset" value="重填">
103   </form>
104   </body>
105   </html>
```

运行后，当选择了"男"后，输入姓名"小明"，输入年龄"25"，输入月收入"3000"，输入月抽烟花费"200"，输入月喝酒消费"20"，即如图 2.30 所示。单击"提交"按钮，会弹出如图 2.31 所示的确认提示框。单击"确定"按钮后，JavaScript 按照指定的规定执行计算处理，并将结果显示在页面，如图 2.32 所示。

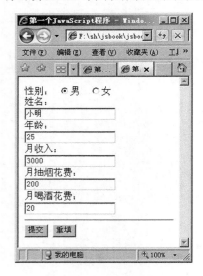

图 2.30　一个输入示例

图 2.31　确认提示框

图 2.32　页面显示出的结果

到目前为止，第一个 JavaScript 程序就已经全部完成，它已经随着 HTML 页面的执行和用户的操作顺利运行。

2.5　小　　结

本章主要根据一个实际的例子，对 JavaScript 的设计、编写、整合到网页的整个步骤进行了完整的学习。通过本章的学习，读者可以对 JavaScript 的开发过程有所体会。这里读者要注意的是 JavaScript 的函数、JavaScript 与 HTML 控件的交互、JavaScript 的控制样式能力，以及 JavaScript 的操作事件，如单击等等。

2.6　习　　题

一、填空题

1．常用的提示框函数是＿＿＿＿＿＿＿＿＿＿＿＿＿＿。

2．JavaScript 提供了在网页显示内容的方法，就是使用＿＿＿＿＿＿＿＿＿＿＿＿语句。

二、选择题

以下哪种不是 JavaScript 的提示框？（　　　）

    A　confirm

    B　alert

    C　write

三、实践题

1．制作一个简单的网页（包含一个文本框、一个按钮），在页面上输出用户在文本框输入的内容。

【提示】获取文本框内容要用到 JavaScript。

2．制作一个计数器的简单网页，只有加、减、乘、除 4 种算法。

【提示】考虑下使用 JavaScript 输出各种计算结果。

第 2 篇 JavaScript 编程基础

第 3 章　JavaScript 的语言基础

前面已经实现了一个比较完整的 JavaScript 案例，读者已经看到一些 JavaScript 的运算符、函数、表达式、变量等常用的基础语法了，本节会详细地讲解这些最最基础的语法形式。

从本章开始，也就是本书的第 2 篇，将会对 JavaScript 作一个系统地学习。本章涉及的知识点有：

- ❑ 学习 JavaScript 语言的语法结构、变量、数据类型
- ❑ 认识 JavaScript 对象
- ❑ 掌握良好的编程习惯
- ❑ 学习 JavaScript 中的字符串和数组

3.1　基 础 语 法

程序设计语言的语法结构是一套基本规则，这种基本规则用来说明如何使用这种语言来进行程序编写。JavaScript 同其他程序设计语言一样，有着自己的语法结构，主要包含变量名的命名、注释的使用以及语句之间通过什么进行分隔等。

3.1.1　敏感的大小写

JavaScript 是对大小写敏感的一种语言。这就意味着，在使用变量、关键字、函数以及其他标识符时，都必须保持大小写的一致。比如对于以下变量名：mynum、Mynum、MyNum以及 MUNUM 来说，是完全不同的 4 个变量。

但是值得注意的是，在前面的学习中，说明了 html 是不区分大小写的，而 JavaScript是嵌入到 html 中去的。因此，通常在书写带有 JavaScript 的 html 时，常常容易混淆，这点需要读者引起注意。比如对于事件处理程序 onsubmit，在 html 代码中，通常被声明为onSubmit，但是在 JavaScript 里只能使用小写的 onsubmit。

3.1.2　特殊的空格、制表符和换行符

关键字、变量名、数字、函数名或者其他的标识符中间的空格、制表符，以及换行符在 JavaScript 程序中是会被忽略的，除非这个空格是属于字符串或者其他变量的一部分。但是如果在一个关键字、变量名、数字、函数名或者其他标识符之间加入了空格、制表符或者换行符后，就会变成两个了。例如 abc 是一个变量名，而 ab c 就变成了两个独立的变

量名了，这样就产生了语法错误。

空格、制表符或者换行符既然正常使用时能被忽略，那么它们的作用就体现出来了，在编写 JavaScript 的过程当中，可以使用这些分隔符来使程序语句对齐，或者将一条长语句分成几行编写，这样对于程序的美观整洁是很有好处的，也增加了程序的可读性。

例如下面的一段代码就使用了空格、制表符和换行符来对程序进行布局：

```
if( document.getElementById("text1").display == "block"   //第 1 行
&& document.getElementById("text2").value == "JavaScript" //第 2 行
&& thisFlag == true){                                     //第 3 行
    var fText1       = document.myform.mymoney.value;     //第 4 行
    var thisNewFlag    = document.myform.myage.value;     //第 5 行
}                                                         //第 6 行
```

上面的代码段，第 1～3 行其实是一条判断语句，但是里面有 3 个比较长的判断子语句，为了美观可读，编写 JavaScript 的开发人员将这条较长的判断语句使用换行符分布在 3 行里，使得判断条件也变得清楚了许多。同时在第 4 行和第 5 两行，为了使两个赋值语句的等号"="对齐，使用了制表符。另外，在等于条件符"=="、条件与符号"&&"以及赋值语句"="的前后，都使用了一个空格来将运算符和前后的语句隔开，使得结构更加清晰。通过这个例子，对于这几个分隔符应该有所理解了。

3.1.3　JavaScript 的直接量

直接量就是程序里直接显示出来的数值，直接量可以充当变量的值。原则上，直接量是任何一种程序设计语言必不可少的一部分。下面是直接量的一些例子：

```
30              //数字
0.8             //小数
"你好！"         //字符串
"hello. "       //字符串
true            //布尔值真
false           //布尔值假
```

另外，ECMAScript v3 版本还支持两种特殊的直接量：对象和数组。下面是两个例子：

```
{top:100, left:30}  //对象初始化
[2,4,6,8]           //数组初始化
```

以上的代码段分别初始化了一个具有两个属性（top 和 left）的对象，以及一个有 4 个元素（2、4、6、8）的数组。

3.1.4　JavaScript 语句里的分号

JavaScript 里的分号";"跟在很多程序语言里的作用一样，是用来分隔两条程序语句的。JavaScript 里的分号，也可以省略，使用换行来代替。代码如下所示：

```
var a = 5
var b = 6
```

则用换行实现了两条赋值语句的分隔，使用分号的情况如下所示：

```
var a = 5;
var b = 6;
```

使用分号，还可以使得两条语句在同一行被分隔，如下所示：

```
var a = 5;var b = 6
```

上面的 3 个代码段，都实现了同样的效果，都是被 JavaScript 所接受的。

但是，为了养成良好的编程习惯，最好每条语句的结束，都使用一个分号 ";"。

3.1.5　JavaScript 标识符

标识符，相当于一个名称，在程序设计语言中，标识符用来命名变量或者函数等等。JavaScript 和其他程序设计语言一样，有同样的标识符命名规则，必须以字母、下划线 "_"或者美元符 "$" 开始的字母、数字或者下划线以及美元符号的任意组合。数字不允许作为变量名的开始。

下面是几个合法的标识符：

```
a
_num
b2
$int
all_num_1
```

标识符只要满足命名规则，就可以任意地定义，但是有一点必须注意的是，不能和 JavaScript 的保留字重名。保留字的列表将在下一小节详细介绍。

3.1.6　JavaScript 的保留字

保留字也可以称作关键字，关键字对 JavaScript 来说是具有特殊意义的，是 JavaScript 语言的一部分，因此，是不能用来作为标识符使用的。表 3.1 为 JavaScript 的保留字。

表 3.1　JavaScript的保留字

Break	Case	catch	continue	default
Delete	Do	else	false	finally
For	function	if	in	instanceof
New	null	return	switch	this
Throw	true	try	typeof	var
Void	while	with		

另外，ECMAScript 还保留了一些 JavaScript 已经不再使用的保留字，虽然现在这些已经不是 JavaScript 的保留字了，但是为了以后的扩展，ECMAScript v3 还是保留了它们，具体见表 3.2。

表 3.2　ECMA保留字

abstract	boolean	byte	char	class
const	debugger	double	enum	export
extends	final	float	goto	implements
import	int	interface	long	native
package	private	protected	public	short
static	super	synchronized	throws	transient
volatile				

　　另外，除了表 3.1 和表 3.2 里列出的保留字以外，ECMAScript v3 标准还有针对全局变量和全局函数的一些标识符，这些标识符也应当避免使用，如表 3.3 所示。

表 3.3　避免使用的其他标识符

arguments	Array	Boolean	Date	decodeURI
decodeURIComponent	encodeURI	Error	escape	eval
EvalError	Function	Infinity	isfinite	Math
NaN	Number	Object	parseInt	RangeError
ReferenceError	RegExp	String	SyntaxError	TypeError
undefined	unescape	URIError		

3.2　JavaScript 也可以面向对象

　　对象是人们要进行研究的任何事物，从最简单的整数到复杂的飞机等均可看作对象，它不仅能表示具体的事物，还能表示抽象的规则、计划或事件。JavaScript 同其他程序设计语言比如 Java、C++ 等一样，是一个面向对象的语言，因此，本节会介绍 JavaScript 面向对象的一些概念。

3.2.1　JavaScript 中的面向对象

　　面向对象（Object Oriented，OO）是当前计算机软件领域关心的重点，它是 90 年代软件开发方法的主流。面向对象的概念和应用已超越了程序设计和软件开发，扩展到很宽的范围，如数据库系统、交互式界面、应用结构、应用平台、分布式系统、网络管理结构、CAD 技术、人工智能等领域。

　　简单地来说，面向对象就是尽可能模拟人类习惯的思维方式，使程序设计的方法与过程尽可能地接近人类。面向对象的思想最终要的是对于类的理解，对象，实际上只是类的一个实例，类是对对象的抽象。举个简单的例子，如果把"狗"比作一个类，那么"杜宾狗"就是"狗"这个类的一个实例化的"对象"。在程序设计中，类是不能直接访问的，只能去访问类实例化后的对象。这就好比说，动物学家不能去研究一个叫"狗"的品种，只能去研究"杜宾狗"这种实际存在的品种。

　　JavaScript 对象基于构造器函数。使用构造器函数创建一个新的对象时，实际上是实例化了一个新的对象，或者是扩展了先前旧的对象。

构造器函数包含两个基本的元素，那就是属性和方法。属性实际上用于存储对象的数据，方法是在对象内部调用的函数，用于实现一些功能，或者对属性进行访问或更改。

3.2.2　创建对象

JavaScript 的对象，是通过运算符 new 来进行创建的，除了使用 new 外，还需要用于初始化对象的构造器函数名来完成对象的创建。查看下面的代码段：

```
var cat = new Cat();
```

即使用 new 以及 Cat()这个构造器函数来创建了一个名为 cat 的对象。但是 Cat()这个构造器函数必须是事先存在的。

下面的代码段实现了一个简单的名为 Dog 的构造器函数：

```
function Dog(type, weight, name){
    this.dog_type = type;          //狗的类型
    this.dog_weight = weight;      //狗的重量，单位 kg
    this.dog_name = name;          //狗的名称
}
```

🔔注意：类名通常以大写字母开头，而构造器函数相当于类，因此，构造器函数也通常以大写字母开头。

针对上述构造器函数，创建一个对象的语句如下所示：

```
var dog = new Dog("宠物", 30, "杜宾");
```

上述代码的意义为，创建了一个类型为"宠物"的、重量为"30kg"的、名称为"杜宾"的对象。

在创建了对象后，便可以通过程序进行操作，实现相应的功能。另外，使用下面的语句，可以创建一个没有任何属性的空对象：

```
var obj = new Object();
```

JavaScript 还可以使用内部构造函数来创建对象，例如下面的代码：

```
var date = new Date();
```

上面的代码创建了一个表示日期和时间的对象。

3.2.3　设置对象的属性

JavaScript 通常使用"."这个运算符来实现属性的存取。"."左边的值表示该对象引用的变量名，"."右边的值是属性名称。举例来说，要引用对象 dog 的属性 weight，就要使用 dog.weight。为了便于理解，可以把对象的属性看作是变量，可以将值存储到属性里，也可以从属性里读取里面已经保存的值。查看下面的代码段：

```
01  //创建一个名为 dog 的对象
02  var dog = new Dog();
03  //设置对象的重量属性
```

```
04    dog.dog_weight = 50;
05    //设置其他属性
06    dog. dog_type = "大型";
07    dog. dog_name = "狼狗";
08    //使用 alert 函数读取属性
09    alert("狗的类型是: "+ dog.dog_type);
10    alert("狗的重量是: "+ dog. dog_weight + "kg");
11    alert("狗的名称是: "+ dog. dog_name);
```

上述代码实现了从对象的创建（第 2 行），到对象属性的设置（第 4～7 行），再到对象属性的读取（第 9～11 行）的整个过程。

3.2.4　设计对象的方法

对象的方法，其实就是一个函数，这个函数与一个特定对象相关，通过对象进行调用。方法可以实现单纯的其他功能，也能对对象的属性进行访问，比如读取或者改变属性值。在方法里，可以使用和构造器函数一样的方法来访问属性，也就是通过 this。下面的代码即是一个方法的定义：

```
//定义一个简单方法
function showDogInfo(){
    alert("狗的类型是: "+ this. dog_type);
alert("狗的重量是: "+ this. dog_weight + "kg");
alert("狗的名称是: "+ this. dog_name);
}
```

上面的代码段，定义了一个名为 showDogInfo 的方法，这个方法的功能是使用提示框向用户显示对象的属性信息。可以看出，这个方法从外观上看与普通的函数没有什么两样，只是使用了 this 来对对象的属性进行访问。

注意：与构造器函数不同的是，这里的函数名没有使用大写字母开头，因为对于除了构造器函数外的名称，没有大小写的限制。

定义好方法后，就可以在程序中进行调用，下面的代码即为一个简单的示例：

```
//创建对象
var dog = new Dog("宠物", 30, "杜宾");

//调用方法
dog.showDogInfo();
```

上面的代码创建了一个名为 dog 的对象，并且使用"."来调用了其中的方法。

3.2.5　继承和原型

继承是对象的一个很重要的特征。对象会从实例化它的构造器函数中继承属性和方法。在理解继承概念之前，首先看一个新的构造器函数示例：

```
//动物（Animal）构造器函数定义
function Animal(type , sound, food ){
```

```
    this.animal_type = type;
    this.animal_sound = sound;
    this.animal_food = food;
}
```

上面是一个定义动物（Animal）对象的构造器函数，分别对动物的类型、声音以及食物进行了初始化。

如果基于这个 Animal 构造器函数实例化一个对象 dog，那么这个 dog 的对象中就会自动包含属性 animal_type、animal_sound 以及 animal_food。这就称为继承，继承并不仅仅限于属性的继承，还包括方法的继承。

在实例化这个 dog 对象后，为了达到和前面小节的 dog 同样的属性，可以使用 "." 来为这个对象增加新的属性。下面的代码是增加属性的一个示例：

```
//实例化对象
var dog = new Animal("dog", "汪汪", "杂食");
//增加属性
dog.dog_type = "宠物";
dog.dog_weight = 30;
dog.dog_name = "杜宾";
```

上面的代码，先是基于 Animal 构造器函数实例化了一个名为 dog 的对象，随后使用 "." 来增加了 3 个属性。这样一来，这里的 dog 对象就具有了 6 个属性，与前面小节里的 dog 对象相比，多出了 3 个属性，这是继承了 3 个属性的原因。

如果为一个从构造器扩展的对象增加一个新的属性，这个属性则只能在这个特定的对象里使用，这个属性在构造器函数中，以及其他的从构造器扩展的对象中都是不能使用的。看下面的代码：

```
//实例化对象 dog
var dog = new Animal("dog", "汪汪", "杂食");
//增加属性
dog.dog_type = "宠物";
//实例化对象 dog1
var dog1 = new Animal("dog", "汪汪", "杂食");
alert(dog1.dog_type);
```

执行了上面的代码后，会得到 undefined 这个结果，如图 3.1 所示。

图 3.1　提示属性未定义

这是因为属性 dog_type 只是在 dog 这个特定的对象里增加了，dog1 并没有这个属性。为了解决这个问题，这里需要引出原型属性的概念。原型属性是一个内置的属性，它指定了对象所扩展的构造器函数，看下面的代码：

```
//实例化对象 dog
var dog = new Animal("dog", "汪汪", "杂食");
//增加属性
```

```
dog.prototype.detail_type = "宠物";
//实例化对象 cat
var cat = new Animal("cat", "喵喵", "杂食");
alert(cat.detail_type);
```

上面的代码执行后会发现，能够访问到值了，如图 3.2 所示。

图 3.2　通过原型属性访问值

在这样的情况下，所有 Animal 对象的 detail_type 属性都是"宠物"。但是通常情况下，不是所有的动物都是宠物，所以，通常在使用原型属性时，会把属性值初始化为空，如下所示：

```
//增加属性
dog.prototype.detail_type = "";
```

具体的属性值，在具体的实例化对象中去设置。使用原型属性，可以实现使用附加对象定义来扩展对象定义。

3.3　JavaScript 编程规范

在学习这一节之前，得先了解一个事实，那就是在程序开发中，维护的成本通常远远高于开发的成本，这里的成本主要包括时间、人力、物力等。维护工作，大多数的情况下，需要直接对程序进行阅读，理解程序流程，查找错误或者进行调试。这个时候，良好的编程习惯变得尤为重要，因为不论是自己编写的程序，还是别人编写的程序，能够迅速地了解程序实现的功能，以及设计的思路是非常重要的。良好的编程习惯，恰恰能够帮助维护者减少很多的时间在理解程序和功能上，将更多的时间放在纠正错误上。

3.3.1　命名规范

一个应用程序的命名风格必须保持一致性和可读性。任何一个实体的主要功能或用途必须能够根据命名明显地看出来。因为 JavaScript 是一个动态类型的语言，命名最好是包含意义的单词，或者是包含多个单词的组合。对于函数和变量名等，需要采取不同的命名风格。

对于函数，主要是实现功能，那么通常建议使用"动词+名词"的形式。例如下面的几个例子：

```
showInfo()
makeDir()
alertTip()
```

对于变量名，通常是存储值，通常建议使用"名词"或者"形容词+名词"性质的词语，或者使用多个名词的组合形式，例如下面的几个例子：

```
age
allMoney
userName
bookPrice
dog_weight
```

通常情况下，变量名常常以小写字母开头，对于有多个词组合的情况，如果多个词语间无分隔符，则第二个词语起每个词语第一个字母大写；否则，多个词语小写，中间使用下划线"_"等分隔符进行分隔。

对于类的命名，通常是名词，但是正像前面提到的，类名应该以大写字母开头，这已经不仅仅是一种命名风格，而且是一种规定，如下所示：

```
Dog
Animal
Book
```

命名风格不是规定，有一定的灵活性。每个人在编写一段时间的程序后，都可能会形成自己的命名规则，但是为了让程序更加通用易读，使用常见的命名风格，绝对不是一个坏的选择。

3.3.2　注释规范

JavaScript 和很多语言，比如 Java、C、PHP 和 C++一样，都支持同样的注释形式。

1. 使用"//"实现单行注释

JavaScript 会忽略某一行从"//"开始到该行结尾的任何内容。该注释符通常用于单行注释，通常用于行尾。查看下面的代码，则为一个单行注释：

```
var a = 5;//定义一个变量a，赋值为5
```

2. 使用"/*"和"*/"实现块注释

"/*"和"*/"之间的内容也会被当作注释忽略。这对注释符之间可以跨越多行，但是之间不能有嵌套。跨越多行时，称为块注释。查看下面的代码段：

```
/* 变量定义部分 */
var a = 5;                //定义一个变量a，赋值为5
var b = "JavaScript";
var c = 0
```

以上代码使用"/*"和"*/"对代码段的某个部分进行了注释。再看如下的代码段：

```
/*
功能：显示提示
参数：str，需要显示的字符内容
*/
function sysAlert(str){
```

```
    alert(str);
}
```

以上代码实现了函数的功能及参数注释，占用了多行，为块注释。块注释通常用来解释一个函数或者对某段代码进行较为复杂的多行说明。块注释有时候也会使用在调试的过程当中，注释掉大块的代码，以找出问题。

3．使用整体注释

通常情况下，编写的代码不仅仅保存在一个文件里，还有可能保存在多个文件里，如果多个文件相互之间有关联，除了编写者自己心里清楚以外，最好在每个文件的开始，编写类似下面的注释：

```
/*********************************************************
// 购物功能函数库文件-基础部分
// Copyright ©2007 Danshu inc. All rights reserved.
// 完 善：小明，xiaoming@126.com
*********************************************************/
```

这样，每个关联的文件之间，就有了整体性。在不同的场合，合适地使用注释，是非常重要的。

注：虽然注释很重要，但是并不是注释越多越好，注释也要讲究一个度，为每一条语句都写一条注释，显然也是不好的。

3.4　给变量命名

变量，是存储数据的基本单位，JavaScript 可以利用变量来参与各种运算，实现动态的效果。关于变量的命名，在前面章节有简单的介绍。本节将结合前面的章节，用具体的示例来针对各种情况进行讲解。

3.4.1　有意义的名称

变量名都代表了所存储数据的具体含义，比如"名称"、"平均数"、"价格"、"重量"等等。给变量名取合适的名字，能够帮助理解变量的含义，进而使程序的编写和理解更加清楚明了。以下是几个变量的声明示例：

```
var name = "小明";     //定义 name 变量，表示名称
var age = 16;          //定义 age 变量，表示年龄
var price = 32.8;      //定义 price 变量，表示价格
var weight = 55;       //定义 weight 变量，表示重量
```

以上的 4 行变量声明语句，分别定义了 name、age、price 和 weight 4 个变量名，根据变量的名称，可以很容易理解出变量名代表的"名称"、"年龄"、"价格"以及"重量"等意义。因此，变量名使用有意义的名称，其作用是显而易见的。

3.4.2　多个单词与分隔符

简单的程序，可以很容易定义好需要的变量名。对于较为庞大的程序，变量名用单个的简单词语，已经达不到完全表示出变量意义的作用，因此，就需要用到多个单词的组合，使用多个单词的组合，表达的意义更加精确，多个词语的组合，变量能够表达的意义范围也相应扩大了。不过为了便于理解，多个单词组合成的变量，通常会采取不同的方法来对变量名进行处理以方便准确地理解。可以采取的方法是，第二个单词的首字母大写，或者在多个单词间使用分隔符，分隔符通常以下划线"_"居多。

看下面的几个变量：

```
var userName = "小明";
var maxAge = 16;
var bookPrice = 32.8;
var dog_weight = 55;
```

3.4.3　全部大写

变量名字母全部大写，如下代码所示：

```
//配置全局变量，名称
var NAME = "变量测试示例";
```

变量名全部大写的方式，并没有什么语法规定非要这样来命名。但是通常情况下，全部大写表明该变量的级别比较高，比如在后面小节将要讲到的全局变量，建议使用这样的命名方式。

3.4.4　增加前缀

当程序比较简单时，可以直接使用一些简单的变量名，但是稍微复杂一些的程序，就要考虑变量的处理了，因为稍不留意就容易造成变量名"重名"或者"混淆"的情况。使用合适的前缀，能有效地防止这种情况。前缀，可以是有意义的字母组合，也可以是简单的无意义单一字符前缀。

使用有意义的前缀，通常可以把具有相关联性质的变量名进行统一命名，这样，无论在程序的编写过程还是读程序的过程中都能够很好地理解变量之间的关联关系，比如下面的变量名就使用了统一的前缀：

```
book_price
book_name
book_author
```

上面的 3 个变量，统一使用了 book 这个前缀，针对书本的"价格"、"名称"以及"作者"3 个变量，增加了前缀。这样的方式，对一组有关联的变量名之间的关系，做了明确的定义。

另外，在有的时候，前缀也不需要有意义的单词或者字母。比如在很多情况下，可以仅仅使用单一的下划线"_"来作为前缀，比如下面的几个变量名：

```
_price
_name
_author
```

仅仅在表示变量名意义的单词前加了一个简单的"_"作为前缀，这种方式一般用来区分变量的作用范围。比如通常的局部变量会使用这种方式，让人一看就知道这种变量名是在函数体，或者某一小段程序里使用的，和其他的函数或者程序段没有关联。

3.4.5　综合示例

以上的 4 个变量的命名规则，也仅仅是对读者的习惯提出的建议，读者不仅可以单独使用，也可以对上述规则进行综合，以适合更多的情况。通过一段时间的学习和编写代码后，读者应该会有自己的体会，逐渐养成自己的习惯。

【范例 3-1】　结合一个具体的实例，来对变量的命名进行体会。在这个例子里，可能不会涵盖所有的情况，但是，能够对一些基本的情况有实际的表现，这个例子的 JavaScript 代码，是嵌入到 HTML 页面里的，HTML 文档见 3-1.html。

```
01  <html>
02  <head>
03  <title>JavaScript 变量命名示例</title>
04  <script language="JavaScript">
05  <!--
06  /*全局变量，大写*/
07  var DISCOUNT = 0.7;//折扣
08
09  //计算书本折扣后价格，并弹出提示
10  function getPrice(){
11      /*局部变量，使用"book_"前缀，为了表明是局部变量，前面统一再增加"_"前缀*/
12      var _book_name = document.myform.bookname.value;
13      var _book_author = document.myform.bookauthor.value;
14      var _book_price = document.myform.bookprice.value;
15      /*局部变量，使用"_"前缀*/
16      var _price = _book_price * DISCOUNT;
17      var _alert = "这本书名为《"+_book_name+"》, "+_book_author+"编著的书, 折扣后价格为: "+_price;
18      alert(_alert);
19  }
20  //-->
21  </script>
22  </head>
23  <body>
24  <form name="myform">
25  价格:
26  <input type="text" name="bookprice" value="50"><br/>
27  书名:
28  <input type="text" name="bookname" value="JavaScript 入门教程"><br/>
29  作者:
30  <input type="text" name="bookauthor" value="小明"><br/>
31  <input type="button" onclick="getPrice()" value="计算折扣价">
32  </form>
```

```
33  </body>
34  </html>
```

上述代码，涵盖了全局变量（第 7 行）、局部变量（第 12~17 行）和前缀的综合运用，读者可以在浏览器中运行以查看效果。

3.5　给变量赋值

变量的作用，就是用来存储数据，在程序的编写过程中，除了要随时定义变量外，做得比较多的一件事情，就是赋值给变量。赋值给变量，需要使用赋值运算符"="。左边是需要赋值的变量名，右边是具体的值或者表示值的表达式。变量可以先定义，在需要赋值时进行赋值；也可以在定义变量的同时直接给变量赋值，一般有初始值或者默认值的变量，通常采用这种方式。本节列举几种变量的赋值方式。

3.5.1　先定义后赋值

直接看一段代码，如下所示：

```
var book_name;
var book_price;
....//其他程序段
book_name = "JavaScript 入门教程";
book_price = 0.7 * allPrice;
```

在上面的代码中，最后一句里的 **allPrice** 是一个已经有值的变量，是使用表达式来赋值的方式。

3.5.2　定义的同时赋值

定义时直接赋值，其实是不建议采用的方式，虽然各种语言都支持这种方式。同时它也比较便于阅读变量的值，但先定义变量是良好的编程习惯。

下面是直接赋值的代码：

```
var book_name = "JavaScript 入门教程";
```

3.6　给变量设置作用域

在 JavaScript 中使用变量的时候，变量的作用域是值得特别注意的地方，尤其是稍微复杂的程序，比如有多个函数、很长的代码等情况。变量的作用域主要分为全局和局部两种。全局变量是在函数体外部声明的，可以在任何地方包括函数的内部使用；局部变量是在函数体内声明的，只能在函数体内使用。局部变量随着函数的结束而消失。如果错误地使用变量，不注意作用域的话，有可能会使得程序产生错误，并且很难发现。

3.6.1　局部变量

局部变量是指在函数体内声明的变量，如下面代码段的函数里，使用了局部变量：

```
01  <script language="JavaScript">
02  <!--
03  function showAlert(sex, name, age){
04      var _alert = "您好，您的名字是"+name;
05      _alert = _alert + "，您的性别是"+sex;
06      _alert = _alert + "，您的年龄是"+age;
07      alert(_alert);                          //提示信息
08  }
09  //-->
10  </script>
```

代码中的_alert 即为函数体内声明的局部变量，另外，值得注意的是，在上面的函数里，几个函数的参数 sex、name、age，也被当作局部变量来处理。它们同样都是在函数结束以后，就不存在了。声明变量需要用到 var，但是，声明局部变量的时候，var 是可以省略掉的。比如下面的局部变量声明语句：

```
var book_price = 50;
```

也可以写成下面的形式：

```
book_price = 50;
```

但是，为了养成良好的编程习惯，最好在任何情况下都不要省略 var。

3.6.2　全局变量

全局变量是在函数体外声明的，声明后即可以在任何的地方使用，可以直接读取变量的值，也可以赋新值。声明全局变量时，按照前面小节介绍的规则，变量名使用全部大写的方式。当然，也有仅将首字母大写的方式。如下的代码声明并使用了全局变量：

```
01  <script language="JavaScript">
02  <!--
03  var BOOKNAME = "JavaScript 入门教程";
04  function showAlert(){
05      alert("书名: " + BOOKNAME + "。");       //提示书的信息
06  }
07  showAlert();
08  //-->
09  </script>
```

上面的代码，第 3 行声明了一个名为 BOOKNAME 的变量，并赋值为 "JavaScript 入门教程"，在函数 showAlert 里进行使用。上述代码执行后效果如图 3.3 所示。

图 3.3　全局变量示例

　　如果全局变量和局部变量遇到重名的情况，局部变量会优先一些，但是，无论局部变量的值怎么改变，全局变量的值不会受到影响。通过下面的代码或许能够理解变量的优先次序：

```
01  <script language="JavaScript">
02  <!--
03  var BOOKNAME = "JavaScript 入门教程";
04  function showAlert(){
05      var BOOKNAME = "JavaScript 从入门到精通";
06      alert("书名：" + BOOKNAME + "。");        //提示书的信息
07  }
08  showAlert();
09  alert("书名：" + BOOKNAME + "。");
10  //-->
11  </script>
```

　　上述代码运行后，会先显示第 5 行局部变量重新赋值后的书名，执行完函数后，第 3 行全局变量的值并不会因为函数内同名局部变量的重新赋值而发生改变。

3.7　在 JavaScript 中使用数字

　　计算机最早的作用就是用于计算，因此，计算尤其是算术运算是程序编写里一个重要的组成部分，JavaScript 也不例外。JavaScript 支持两种数字型数据类型：一个是整型，一个是浮点型。整型数字是没有小数的正数、负数和零（范围从-9007199254740992～9007199254740992）。如下所示的都是整型数字：

```
-235, -3, 0, 45, 100, 105
```

　　带有小数位的都属于浮点型数字，比如下面的几个示例：

```
-1.01, 0.01, 350.9
```

　　浮点数字在小数位较少时可以直接书写，当小数位过多时，通常采用科学计数法书写。科学计数法，也称为指数计数法，是一种使用较短的格式来表示位数较多的小数或者整数的方法。科学计数法表示的数字是由 1~10 之间的数值乘以 10 的 N 次幂，数值 10 用大写 E 或者小写 e 代替。比如对于以下的数字：

```
3,000,000,000,000
```

　　下面使用科学计数法，表示的值为"3 乘以 10 的 12 次方"。

```
3.0e12
```

　　【范例 3-2】　下面的例子是一个使用数字的示例，HTML 文件见 3-2.html。

```
01  <html>
02  <head>
03      <title>JavaScript 数字使用示例</title>
04  <script language="JavaScript">
05  <!--
06      //声明整数
07      var int_num = 100;
```

```
08        //声明浮点数
09        var float_num = 7.0e9;
10        //输出值
11        var str_alert = "[整数]: \nint_num=" + int_num;
12        str_alert += "\n[浮点数]: \nfloat_num=" + float_num;
13        alert(str_alert);
14    //-->
15    </script>
16    </head>
17    <body>
18    </body>
19    </html>
```

上述代码第 7 行和第 9 行分别定义了一个整数和一个浮点数，第 13 行通过 alert 提示框显示给用户，在浏览器里运行效果如图 3.4 所示。

上述代码仅仅显示了数字类型，并没有真正将其运用到运算中去，下面通过一个简单的计算书的折扣价的例子来加深理解。

```
01    <html>
02    <head>
03    <title>JavaScript 数字运算使用示例</title>
04    <script language="JavaScript">
05    <!--
06        //声明整数
07        var int_book_price = 111;
08        //按照 0.73 折扣的方式计算折扣
09        var float_book_price = int_book_price * 0.73;
10        //输出值
11        var str_alert = "[折扣价]: " + float_book_price;
12        alert(str_alert);
13    //-->
14    </script>
15    </head>
16    <body>
17    </body>
18    </html>
```

上述代码第 11 行对图书的价格 111 进行 0.73 折扣方式计算，HTML 文件见 3-3.html，运行后结果如图 3.5 所示。

图 3.4　数字使用示例

图 3.5　数字运算示例

3.8　在 JavaScript 中使用布尔值

布尔值是一个逻辑值，其值有两个，分别是 true 和 false。但是，从逻辑上，可以按照自己的方式来理解，比如"对"和"错"、"真"和"假"、"开"和"关"等等。布尔值常常用在条件判断语句里，来控制程序的流程。通常在有返回值的函数里，也会使用 return 语句返回一个布尔值，以提供给调用的代码进行条件判断。

在其他的程序里，布尔值不仅仅为 true 和 false，有的语言也会使用 1 和 0 来代表布尔值，但是在 JavaScript 语言里，代表布尔值的只能是 true 和 false，而 1 和 0 通常被认为是数字或者是字符。在必要的时候，对于某些代表逻辑值的 1 和 0，JavaScript 会自动进行转化。看下面的两段程序：

```
<script language="JavaScript">
<!--
var flag = 1;
if( flag ){
    alert("true");
}else{
    alert("false");
}
//-->
</script>
```

和

```
<script language="JavaScript">
<!--
var flag = true;
if( flag ){
    alert("true");
}else{
    alert("false");
}
//-->
</script>
```

效果是完全一样的，这是因为，在条件语句中，值为 1 或者 0 的变量分别被 JavaScript 自动转化为了 true 和 false。

3.9　在 JavaScript 中使用字符串

字符串是一段文本，文本内容通常用一对单引号或者一对双引号括起来，可以是一个或者多个的字符。字符串在 JavaScript 里使用也非常频繁，在前面的章节里，很多地方都使用了字符串这个数据类型。本节主要对字符串进行讲解，在 JavaScript 里，字符串是一个对象，具有一些属性和方法来进行字符串的处理和操作。

3.9.1　创建字符串

JavaScript 创建字符串使用成对的双引号或者单引号。具体是使用双引号还是单引号要视字符串的内容而定。比如需要引用的字符串里有双引号""""，那么创建字符串时则使用一对单引号"'"括起来。如下所示：

```
var str = '本节要讲解"字符串"';
```

如果需要引用的字符串里有单引号"'"，则创建字符串时使用一对双引号""""括起来，如下所示：

```
var str = "本节要讲解'字符串'";
```

不管使用单引号还是双引号，原则是字符串必须以一对相同类型的引号开始和结束。上面两条语句都是符合的，因为分别以双引号和单引号开始和结束的，如下所示：

```
var str = '字符串";
var str1 = "字符串';
```

都是不正确的，因为第一句以单引号开始但以双引号结束，第二句正好相反。

JavaScript 跟其他的语言有一点不同的是，对于单个字符，JavaScript 没有类似 char 之类的专用数据类型。单个字符在 JavaScript 仍然是一个字符串，如下所示：

```
var str = "a";
var str1 = 'a';
```

JavaScript 还支持空字符串，空字符串和空值以及未定义不同，空字符串相当于长度为 0 的字符串，如下所示：

```
var str = "";
var str1 = '';
```

3.9.2　使用转义符号

在上一小节里提到引号必须成对出现用来把引用的字符串括起来，但是实际中，却会有很多不符合这种原则的情况出现，如下所示：

```
var str = "十月一日是"国庆节"，也是我国的'法定'假日。";
var str1 = '十月一日是"国庆节"，也是我国的'法定'假日。';
```

上面的代码运行后就会发生错误，但是，上面语句的本意是想在字符串里包含单引号和双引号，但是这样，无论采用单引号或双引号来包括，都会发生错误。为了解决这个问题，这就需要了解转义字符的知识，在 JavaScript 中，使用"\"和一些能够转义的字符，便可以解决一些特殊的问题。例如使用"\""就能表示""""，使用"\'"就能表示"'"。按照这样的原则，上面的两条语句可以进行稍微修改，如下所示：

```
<script language="JavaScript">
<!--
var str = "十月一日是\"国庆节\"，也是我国的'法定'假日。";
var str1 = '十月一日是"国庆节"，也是我国的\'法定\'假日。';
alert(str + str1);
//-->
</script>
```

经过修改，就完全正常了，上述代码运行后结果如图 3.6 所示。

图 3.6　转义字符应用示例

常见的转义字符列举如表 3.4 所示。

表 3.4　JavaScript常见转义字符列表

转移字符	意　义
\b	退格
\f	换页
\n	换行
\r	回车
\t	水平制表符
\'	单引号
\"	双引号
\\	反斜杠

3.9.3　获取字符串长度

字符串的运算里，计算字符串长度是一个重要的运算，JavaScript 通过字符串对象的 length 属性来获取字符串的长度，通常使用 "." 来把对象和属性值连接，"." 左边是对象，右边是属性值 length。例如下面的语句，其运行结果如图 3.7 所示。

```
01  <script language="JavaScript">
02  <!--
03  var str = "十月一日是\"国庆节\"，也是我国的'法定'假日。";
04  alert("字符串 str 的长度是："+str.length);
05  //-->
06  </script>
```

JavaScript 计算字符串长度与其他的程序设计语言也有所不同，例如下面的语句，其运行后效果如图 3.8 所示。

```
01  <script language="JavaScript">
02  <!--
03  var str = "十月一日";
04  var str1 = "abcd";
05  alert("字符串 str 的长度是： " + str.length + "，字符串 str1 的长度是： " +
    str1.length);
06  //-->
07  </script>
```

图 3.7　字符串长度示例

图 3.8　字符串长度对比

可以发现对于字符串 "十月一日" 和 abcd，一个是汉字字符串，一个是字母字符串，运行后得到的长度都是 4。也就是说 JavaScript 只关注字符的个数，而不关心是汉字或者是其他普通字符。

3.9.4　截取字符串一部分

字符串截取是很多程序设计语言都有的一个方法，JavaScript 里也提供了字符串截取的方法，就是使用字符串对象的 substring 方法。substring 方法有一个变体为 substr，这个方法有两个参数，第一个是截取起始位置，第二个是截取位数。第二个参数可以省略，那就意味着截取从起始位置开始的所有字符。下面通过实例来说明。

1．截取指定起始位置和长度的字符串

假定原字符串是"十月一日是国庆节"。如果想要截取"国庆节"这 3 个字，那应该是从"国"字前的位置算起，往后截取 3 个字符。"国"字位于第 5 个字符后，如下所示。运行后效果如图 3.9 所示。

```
<script language="JavaScript">
<!--
var str = "十月一日是国庆节";
alert(str.substr(5,3));
//-->
</script>
```

图 3.9　截取指定起始位置和长度的字符串示例

2．只指定起始位置截取字符串

当需要截取指定位置以后的全部字符，则可以只指定第一个参数即可。假如同样需要截取图 3.9 所描述的字符，则代码如下所示：

```
<script language="JavaScript">
<!--
var str = "十月一日是国庆节";
alert(str.substr(5));
//-->
</script>
```

这段代码指定了第一个参数，省略了第二个参数，JavaScript 就会从第一个参数位置开始，一直截取到字符串的末尾。运行后得到的效果同图 3.9 所示。

3．利用length属性动态指定位置截取

在有的情况下，由于字符串可能不是固定的，因此也无法在编写程序的时候就指定位置，这个时候对于一些有规律的截取工作，可以利用字符串对象的 length 属性来作动态的截取。比如对于以下的 3 个字符串：

```
var str = "小明（姓名）";
```

```
var str1 = " 20（年龄）";
var str2 = "男（性别）";
```

需要对上面 3 个字符串分别截取除了括号内容外的文本。简单地分析一下，可以得出一个规律，就是括号和括号内的内容一共是 4 个字符，因此，截取规则就是从开始到倒数第四个字符位置即可。字符总长可以通过 length 属性得到，实现上述要求的程序段如下所示。代码运行后情况如图 3.10 所示。

```
<script language="JavaScript">
<!--
var str = "小明（姓名）";
var str1 = " 20（年龄）";
var str2 = "男（性别）";
alert(str.substr(0,str.length-4) + ", " + str1.substr(0,str1.length-4) + ",
" + str2.substr(0,str2.length-4));
//-->
</script>
```

图 3.10　动态截取示例

另外，如果第一个参数写为负数，JavaScript 仍然会从字符开始位置开始截取；如果第一个参数超过了字符的总长，那么不论第二个参数是多少，都将得到一个空字符串；如果第一个参数在字符长度范围内，而第二个参数超过了字符的总长，JavaScript 会只截取到字符末尾；如果第二个参数为负数，则不论第一个参数为多少，都会得到一个空字符串。

3.9.5　转换字符串大小写

字符串还有一个常用的方法就是大小写转换。在某些特殊的情况下，需要将某些字符全部转化为大写或者全部转化为小写，那么就需要了解字符串对象的两个方法：toLowerCase() 和 toUpperCase()，分别用于转化为小写和转化为大写。使用 "." 将字符串对象和方法连接即可，如下面的代码所示：

```
<script language="JavaScript">
<!--
var str = "JavasSript";
var str1 = "JAVASCRIPT";
alert(str + "转化为大写为: "+str.toUpperCase() + ", " + str1 +"转化为小写为:
"+ str1.toLowerCase());
//-->
</script>
```

运行后效果如图 3.11 所示。

图 3.11　大小写转换示例

大小写转换的方法，有时候也用在条件判断语句里，以增减少语句的复杂程度。例如对于 3 个字母按照 D、A、Y 这个顺序的任意大小写组合的字符串都是正确值时，正常的条件语句应该如下所示：

```
if( str == "day" || str == "DAY" || str == "Day" || str == "dAy" || str ==
"daY" || str == "DAy" || str == "dAY" || str == "DaY" ){
//程序段
}
```

这样不仅使得条件变得非常复杂，同时还不一定能穷举所有的条件，如果借助大小写转换的方法，即可改为如下所示：

```
//第一种方式：转化为小写
if( str.toLowerCase() == "day" ){
//程序段
}
//第二种方式：转化为大写
if( str.toUpperCase() == "DAY" ){
//程序段
}
```

以上两个方式，都能实现同样的效果，程序语句也变得简洁了许多。

3.9.6　查找与匹配指定的字符

字符串可能有时候需要进行拆分或者匹配，以满足复杂的情况，字符串进行查找和匹配使用 indexOf()或者 lastIndexOf()来进行匹配。两个方法返回的都是位置。其中 indexOf()方法有一个参数，即为需要匹配或查找的子串，该方法返回的是子串在查找的字符串里第一次出现的位置；lastIndexOf()也有一个参数为需要匹配或查找的子串，只是正好相反，该方法返回的是子串在查找的字符串里最后一次出现的位置。查看下面的代码段：

```
01  <script language="JavaScript">
02  <!--
03  var str = "a"
04  var str1 = "javascript";
05  alert("第一次出现的位置："+str1.indexOf(str)+"，最后一次出现的位置：
    "+str1.lastIndexOf(str));
06  //-->
07  </script>
```

运行后，会分别找到第一次出现的位置 1 和第二次出现的位置 3。运行后效果如图 3.12所示。当找不到子串时，两个方法都会返回"-1"，代码如下所示：

```
01  <script language="JavaScript">
02  <!--
03  var str = "k"
```

```
04    var str1 = "javascript";
05    alert("第一次出现的位置: "+str1.indexOf(str)+"，最后一次出现的位置:
      "+str1.lastIndexOf(str));
06    //-->
07    </script>
```

在 javascript 里找不到子串 k，运行后效果如图 3.13 所示。

图 3.12　字符串匹配示例　　　　　　　　　　图 3.13　找不到子串

说明：子串可以是长度为 1 的字符串，也可以是超过 1 的字符串。

3.10　在 JavaScript 中使用数组

数组是 JavaScript 数据类型的一种，数组由一个单独的变量名表示，并包含了一系列数据。可以把数组想象为由若干个变量组合起来的一个变量。数组也是一个 JavaScript 的对象，同样有一些属性和方法，因为数组能够包含较多的数据，因此，数组的应用也非常的广。

3.10.1　创建数组

数组使用 JavaScript 的 Array()构造器来创建。Array()对象和构造器函数是等价的，语法也是相同的，如下所示：

```
var ary = new Array(num);
```

其中的 num 即为数组元素的个数，也可以理解为数组里包含的数据个数。下面创建一个实际的数组，这个数组拥有 3 个元素：

```
var ary = new Array(3);
```

数组内的元素，是按照顺序排列的，序号从 0 开始，一直到数组长度减 1，比如上面创建的这个 3 个元素的元素序号分别为 0、1、2。通常，把这个序号称为数组元素的下标，借助这个下标，使用数组名称和中括号就可以对数组的元素进行访问。如下所示：

```
ary[1];
```

就表示了 ary 数组的第 2 个元素。

3.10.2　给数组赋值

上面小节讲解了如何通过下标对数组元素进行访问，那么通过同样的方式，就能像对变量赋值一样，分别对数组的元素进行赋值。如下面的语句就对创建的数组的元素进行了赋值操作：

```
ary[0] = "a";
ary[1] = "b";
ary[2] = "c";
```

使用数组元素的方式和使用普通的变量是一样的，如下所示：

```
alert(ary[0]);
```

则是对数组 ary 的第一个元素进行了访问，并显示在提示框里，效果如图 3.14 所示。

图 3.14　使用数组的元素

给数组元素赋值不仅能通过使用数组下标这一种方式，直接在创建数组对象时，也可以对数组的元素进行初始化的赋值，如下所示：

```
var ary = new Array("a","b","c");
```

上面这条语句创建了一个数组，并且指定了数组的长度为 3，分别对数组的 3 个元素赋值为 a、b、c。

3.10.3　获取数组的长度

和字符串对象一样，数组也有自己的长度属性，同样通过 length 属性来获取。数组的长度也就是数组元素的个数。通过下面的语句：

```
ary.length
```

就可以获得在 3.10.2 小节中创建的数组的长度。获得数组长度，可以利用循环语句对数组进行循环访问，对数组元素进行循环访问等。比如下面的语句则是动态访问数组 ary 的元素的程序段：

```
01  <script language="JavaScript">
02  <!--
03  for( var i=0; i< ary.length; i++ ){
04      alert(ary[i]);
05  }
06  //-->
07  </script>
```

数组除了在创建时可以通过参数来指定数组的长度外，还可以动态地改变数组长度，如下面的语句所示：

```
ary[3] = "d";
```

上面的语句相当于扩充了 ary 的长度，目前变为 4 个元素了。通过指定元素下标给数组元素赋值的方式，便可以增加数组的长度，如果指定的下标超过了数组的长度，则会增加到指定的下标长度。

3.10.4　多维数组

如果数组的每一个元素，又是一个数组，那么这个时候就变成了二维数组，同样的道理，如果继续循环嵌套，将成为多维数组。多维数组能存储更多的数据，表示更多的信息。下面的语句，将通过初始化赋值的方式创建一个二维数组，用于存放用户的姓名和年龄信息。

```
var ary = new Array(
    new Array("老张","32"),
    new Array("小王","20"),
    new Array("小李","24"),
    new Array("小陈","18")
);
```

对于类似上面的二维数组或者多维数组，使用并列的方括号"[]"来对数组元素进行访问。如下所示，得到的值是年龄 20：

```
ary[1][1];
```

【范例 3-3】　下面是一个三维数组的例子。

```
01  var ary = new Array(
02      new Array(
03          "小王",
04          "20",
05          new Array("老王","60"),
06          new Array("老刘","58")
07      ),
08      new Array(
09          "小李",
10          "24",
11          new Array("老李","70"),
12          new Array("老陈","65")
13      )
14  );
```

可以看到上面的三维数组其实是一个混合数组，通过普通元素和数组元素的组合，对复杂的逻辑关系和关联的信息进行了表示，这样对于访问和管理数据都是非常有利的。

【范例 3-4】　考察下面的例子，HTML 文件见 3-4.html。

```
01  <html>
02  <head>
03  <title>数组示例</title>
04  </head>
05  <body>
06  <script language="JavaScript">
07  <!--
08  var ary = new Array(
09      new Array(
10          "小王",
11          "20",
12          new Array("老王","60"),
```

```
13          new Array("老刘","58")
14      ),
15      new Array(
16          "小张",
17          "26",
18          new Array("老张","70"),
19          new Array("老陈","65")
20      )
21  );                              //三维数组
22  alert(ary[0][0] + ary[0][1] + "岁，父亲" + ary[0][2][0] + ary[0][2][1]
    + "岁，母亲" + ary[0][3][0] + ary[0][3][1] + "
23  岁");
24  //-->
25  </script>
26  </body>
</html>
```

执行后效果如图 3.15 所示。读者可以看看第 8~21 行的数组代码，研究是几维数组的同时，自己运行一下看是否和本书效果一致。

图 3.15　多维数组示例

上面的程序段通过混合多维数组的方式，能够轻松地把一组关联的数据按照指定的逻辑表现出来。数组的应用非常广泛，读者可以在具体的学习和程序编写过程中体会。

3.11　小　　结

本章先对 JavaScript 的一些基础语法进行了学习，主要为下面详细地学习 JavaScript 各个主要部分打下一个良好的基础。本章后面结合实例学习了 JavaScript 变量和数据类型的应用，这些都是每一种语言最简单的语法基础，如果基础打不好，则学习高级知识会比较吃力。对于本章最后两节讲解的字符串和数组，则是 JavaScript 开发贯穿始终的技术，希望读者务必学会本章基础知识。

3.12　习　　题

一、填空题

1．JavaScript 中定义变量的关键字是＿＿＿＿＿。

2．截取字符串的函数是＿＿＿＿＿＿。

二、选择题

1．在 JavaScript 中，变量名 score 和 Score 是一个变量吗？（　　　）

　　A　不是，因为 JavaScript 大小写敏感

　　B　是，因为 JavaScript 大小不敏感

2．"a=b"与"a = b"这两条语句是一样的吗？（　　　）

　　A　一样，只是在"="两边多了一个空格，这是程序编写的一种风格。

　　B　不一样，因为在"="两边多了一个空格，赋值顺序发生了变化。

3．JavaScript 使用（　　　）来分隔两条语句。

　　A　逗号　　　　　　B　分号

　　C　括号　　　　　　D　句号

三、实践题

1．网页中有个字符串"我有一个梦想"，使用 JavaScript 获取该字符串的长度，同时输出字符串最后两个字。

【提示】用专门获取字符串长度的属性，还得用截取字符串的函数。

2．创建一个数组{"语文"，"数学"，"英语"，"历史"，"地理"}，并在网页中输出这个数组中的所有元素。

【提示】先获取数组的长度，然后逐个输出到网页中。

第 4 章　JavaScript 的运算符和表达式

将一门语言的各个语法串联起来，就形成了程序，运算符和表达式就起到这种串联的作用，如将两个变量相加就能进行加法运算。从这点读者就可以看出，学习 JavaScript，就必须要学习运算符和表达式，因为没有它们，就无法写出完整的程序，所以本章的学习是不可忽略的。

本章涉及到的知识点有：

❑ JavaScript 中的表达式
❑ 各种常用运算符
❑ 常用运算符的优先级

4.1　什么是表达式

表达式在 JavaScript 中体现为一个简短的句子，是直接量、变量、运算符和其他表达式的组合，JavaScript 的解释器能够识别它从而产生相应的值。下面是几个简单的表达式：

```
"JavaScript is interest. "        //字符串表达式
false                             //布尔值表达式
var_num                           //变量表达式
24                                //数字表达式
3.14                              //小数表达式
null                              //空值表达式
```

以上主要是变量和直接量的表达式示例，但是 JavaScript 的表达式远不止这么简单，在 JavaScript 中，可以通过它们之间相互的组合来形成新的表达式。比如下面也是一个表达式：

```
3.14 + var_num
```

上面的表达式就是使用运算符"+"，来将小数和变量进行了简单的组合。同样的道理，还可以使用括弧"()"，以及其他的运算符来进行组合，如下所示：

```
(3.14 + var_num) * 10
```

上面的表达式就是使用了括弧"()"和乘号"*"，来组合的新表达式。JavaScript 还有更多的运算符，关于运算符的内容将在下面的内容中进行详细说明。

4.2　什么是运算符

熟悉其他程序设计语言的读者应该了解，运算符大部分都是使用单个的符号来表示的，比如"+"、"-"、"*"、"="等，但是也有其他形式的运算符，比如关键字形式，如 new。JavaScript 的运算符，按照性质，可以大致列举如表 4.1 所示。

表 4.1　JavaScript运算符类型

运算符类型	说　　明
算术运算符	用于数学计算
逻辑运算符	对布尔型操作数进行布尔操作
关系运算符	比较操作数返回布尔值
赋值运算符	赋值给变量
字符串运算符	操作字符串

另外，每个运算符有各自的特性，其优先级以及运算规则都有所不同，这些具体的规则及特性，将在后面分节进行详细介绍。

4.3　算术运算符

算术运算符在 JavaScript 中担任数学计算的功能，比如加、减、乘、除、求余数（通常也称为取模）等。以上 5 个运算符需要两个操作数参与运算，称为二元算术运算符。JavaScript 也有部分一元运算符，将在本节后面部分进行介绍。

4.3.1　二元运算符

本小节讲解二元运算符，表 4.2 列举了 5 个常用的二元算术运算符。

表 4.2　二元算术运算符

运算符	说　　明
+	加，两个操作数做加法运算
-	减，两个操作数做减法运算
*	乘，两个操作数做乘法运算
/	除，两个操作数做除法运算
%	求模，两个操作数相除，返回所得余数

【范例 4-1】 下面用一个综合示例对 5 个运算符举例说明，HTML 文档见 4-1.html，代码如下所示：

```
01  <html>
02  <head>
03      <title>算术运算符</title>
04  <script language="JavaScript">
```

```
05   <!--
06   //加法运算
07   var a = 7;
08   var b = 2;
09   var c = a + b;
10   alert("加法运算: "+ a + "+" + b + "="+c);
11   //减法运算
12   a = 12;
13   b = 3;
14   c = a - b;
15   alert("减法运算: "+ a + "-" + b + "="+c);
16
17   //乘法运算
18   a = 3;
19   b = 4;
20   c = a * b;
21   alert("乘法运算: "+ a + "*" + b + "="+c);
22
23   //除法运算
24   a = 20;
25   b = 5;
26   c = a / b;
27   alert("除法运算: "+ a + "/" + b + "="+c);
28
29   //取模运算
30   a = 21;
31   b = 4;
32   c = a % b;
33   alert("取模运算: "+ a + "%" + b + "="+c);
34   //-->
35   </script>
36   </head>
37   <body>
38   算术运算符
39   </body>
40   </html>
```

程序执行后，会按照预先设计好的加、减、乘、除和取模进行运算。图 4.1 是代码第 7~9 行的运算结果。图 4.2 是代码第 12~14 行的运算结果。图 4.3 是代码第 18~20 行的运算结果。图 4.4 是代码第 24~26 行的运算结果。图 4.5 是代码第 30~32 行的运算结果。

图 4.1　加法运算结果提示

图 4.2　减法运算结果提示

图 4.3　乘法运算结果提示

图 4.4　除法运算结果提示

图 4.5　取模运算结果提示

前面曾提到过，JavaScript 是一种弱类型的语言，所以在进行算术运算时，JavaScript 解释器有类型转换的功能。在算术运算中，字符串值会被尝试转换为数字，如下面的代码段所示：

```
01  <script language="JavaScript">
02  <!--
03  var a = "3";
04  var b = "4";
05  var c = a * b;
06  alert("结果为："+c);            //输出 c 的值
07  //-->
08  </script>
```

上面的代码第 3~4 行定义了两个字符串变量"a"和"b"，其值分别是字符串"3"和"4"。在进行乘法运算时，JavaScript 解释器并不会因为类型不一致出错。相反的，程序能够正确地运行并将两个字符串转化为数值"3"和"4"，结果是 12。最后的运行结果如图 4.6 所示。

但是，并不是任何算术运算都遵循这种规则——将字符串转化为数字。加法运算符"+"就是一个特例，使用它时，JavaScript 不会把字符串转化为数字，如下面的代码段所示：

```
01  <script language="JavaScript">
02  <!--
03  var a = "变量a";
04  var b = "4";
05  var c = a + b;
06  alert("结果为："+c);                //输出 c 的值
07  //-->
08  </script>
```

上面的代码段第 3~4 行定义了 2 个字符串变量"a"和"b"，其值分别为字符串"变量 a"和字符串"4"，运行后效果如图 4.7 所示。

图 4.6　字符串与数字乘法时类型转换

图 4.7　字符串加法运算示例一

可以看到，运行加法运算后结果是进行字符串连接，结果成为了"变量 a4"。再看下面一个例子：

```
01  <script language="JavaScript">
02  <!--
03  var a = "3";
04  var b = "4";
```

```
05  var c = a + b;
06  alert("结果为："+c);                      //输出 c 的值
07  //-->
08  </script>
```

上面的例子运行效果如图 4.8 所示。可以看到结果是 "34"，这里的 "34" 并不是数字 34，而是字符串 "3" 和字符串 "4" 连接而成的新字符串 "34"。

图 4.8　字符串加法运算示例二

4.3.2　一元运算符

一元运算符能够对一个单独的操作数进行算术运算，表 4.3 列出了 JavaScript 中的一元算术运算符。

表 4.3　一元算术运算符

运算符	说　　明
++	递加，操作数加 1
−−	递减，操作数减 1
−	相反数，操作数取相反数，正负颠倒

二元算术运算符是将运算符放在两个操作数的中间，那么一元运算符与操作数的位置又是如何呢？对于递加 "++" 和递减 "−−" 运算符来讲，可以放在操作数的前面（前缀），也可以放在操作数的后面（后缀）；而对于相反数运算符 "−" 来说，只能放在操作数前面（前缀）。下面同样通过示例来说明不同运算符放在不同位置的意义和用法。

1．递加 "++" 运算符作为前缀

"++" 是递加运算符，作用是给操作数加 1，作为前缀时，操作数的值在递加后返回。看下面的例子：

```
01  <script language="JavaScript">
02  <!--
03  var a = 3;
04  var b = ++a;
05  alert("a 的值为："+a+"，b 的值为："+b);            //输出 a、b 的值
06  //-->
07  </script>
```

上面第 3 行定义变量 a 的初始值为 3，第 4 行表示变量 a 前缀递加后赋值给变量 b。运行后结果如图 4.9 所示。可以看到，变量 b 的值是变量 a 加 1 后的值 "4"，变量 a 加 1 后也变为 "4"。

图 4.9　递加前缀运算

2．递加"++"运算符作为后缀

"++"递加运算符作为后缀时，操作数的值在递加前返回。看下面的例子：

```
01  <script language="JavaScript">
02  <!--
03  var a = 3;
04  var b = a++;
05  alert("a 的值为："+a+", b 的值为："+b);          //输出 a、b 的值
06  //-->
07  </script>
```

上面第 3 行定义变量 a 的初始值为 3，第 4 行表示变量 a 后缀递加前赋值给变量 b。运行后，结果如图 4.10 所示。可以看到，变量 b 的值仍然是变量 a 加 1 前的值"3"，变量 a 加 1 后变为"4"。

图 4.10　递加后缀运算

3．递减"－－"运算符作为前缀

"－－"是递减运算符，作用是给操作数减 1，作为前缀时，操作数的值在递减后返回。看下面的例子：

```
01  <script language="JavaScript">
02  <!--
03  var a = 3;
04  var b = --a;
05  alert("a 的值为："+a+", b 的值为："+b);          //输出 a、b 的值
06  //-->
07  </script>
```

上面第 3 行定义变量 a 的初始值为 3，第 4 行表示变量 a 前缀递减后赋值给变量 b。运行后，结果如图 4.11 所示。可以看到，变量 b 的值是变量 a 减 1 后的值 2，变量"a"减 1 后也变为"2"。

图 4.11　递减前缀运算

4. 递减 "−−" 运算符作为后缀

"−−" 递减运算符作为后缀时，操作数的值在递减前返回。看下面的例子：

```
01  <script language="JavaScript">
02  <!--
03  var a = 3;
04  var b = a--;
05  alert("a 的值为："+a+"，b 的值为："+b);              //输出 a、b 的值
06  //-->
07  </script>
```

上面第 3 行表示变量 a 的初始值为 3，第 4 行表示变量 a 后缀递减前赋值给变量 b。运行后结果如图 4.12 所示。可以看到，变量 b 的值是变量 a 减 1 前的值 "3"，变量 a 减 1 后变为 "2"。

图 4.12　递减后缀运算

5. 相反数运算符 "−"

相反数运算符是取相反数，即正负相互颠倒，看以下的例子：

```
01  <script language="JavaScript">
02  <!--
03  var a = 3;
04  var b = -a;
05  alert("a 的值为："+a+"，b 的值为："+b);              //输出 a、b 的值
06  //-->
07  </script>
```

上面第 3 行表示变量 a 的初始值为 3，第 4 行表示变量 a 取相反数赋值给变量 b。运行后结果如图 4.13 所示。可以看到，变量 b 的值是变量 a 取相反数的值 "−3"。

图 4.13　取相反数运算

4.4　赋值运算符

赋值运算符用来给变量赋予相应的值。最常见的赋值运算符为等号 "="。等号 "=" 运算符用来为一个新声明的变量进行初始化赋值，也可以为已经存在的变量赋值。在前面

的章节里，等号"="被很广泛地使用，看下面的代码：

```
01  <script language="JavaScript">
02  <!--
03  var a = 3;
04  var b = a + 3;
05  alert("b 的值为："+b);              //输出 b 的值
06  //-->
07  </script>
```

上述代码第 3 行声明了一个变量 a 并且使用赋值运算符"="赋予其初始值 3；接着第 4 行将"a+3"的值赋给新声明的变量 b，运行后结果如图 4.14 所示。

图 4.14　赋值运算示例

JavaScript 不仅仅只有等号"="这一个赋值运算符，还有更多的较为复杂的赋值运算符，它们能够在赋值的同时，对一些变量或者直接量做数学运算后再进行赋值运算。表 4.4 将 JavaScript 中的赋值运算符进行了列举。

表 4.4　JavaScript的赋值运算符

运算符	说　　明
=	直接将右操作数赋值给左操作数
+=	连接或者相加左右操作数，把结果再重新赋值给左操作数
—=	左操作数减右操作数，所得结果赋值给左操作数
*=	左操作数乘以右操作数，所得结果赋值给左操作数
/=	左操作数除以右操作数，所得结果赋值给左操作数
%=	左操作数除以右操作数，所得余数赋值给左操作数

因为普通的等号"="赋值运算符比较简单，容易理解，下面着重对其他几种运算符依次进行说明。

4.4.1　使用"+="

使用"+="是先把左右操作数相加，然后把得到的结果赋值给左边的操作数，看下面的示例：

```
01  <script language="JavaScript">
02  <!--
03  var a = 3;
04  a += 2;
05  alert("a 的值为："+a);              //输出 a 的值
06  //-->
07  </script>
```

上面的代码第 3 行先声明了一个初始值为 3 的变量 a，随后第 4 行计算左右操作数相加的结果即 a+2，所得值为 5，然后将这个结果赋值给左边的操作数 a，这样，变量 a 的值变为 5。运行结果如图 4.15 所示。

图 4.15　"+="运算符示例

注意：使用"+="运算符进行加法运算时，同样遵循加号"+"中字符串与数字相互转化的规则。

4.4.2　使用"－="

"－="运算符正好与"+="相反，是先用左边的操作数减去右边的操作数，然后把得到的结果赋值给左边的操作数，看下面的示例代码：

```
01  <script language="JavaScript">
02  <!--
03  var a = 3;
04  a -= 2;
05  alert("a 的值为: "+a);              //输出 a 的值
06  //-->
07  </script>
```

上面的代码第 3 行先声明了一个初始值为 3 的变量 a，随后第 4 行计算左右操作数相减的结果即 a–2，所得值为 1，然后将这个结果赋值给左边的操作数 a，这样，变量 a 值变为 1。运行结果如图 4.16 所示。

图 4.16　"－="运算符示例

4.4.3　使用"*="

"*="运算符，是先用左边的操作数乘以右边的操作数，然后把得到的结果赋值给左边的操作数，看下面的示例代码：

```
01  <script language="JavaScript">
02  <!--
03  var a = 3;
04  a *= 2;
05  alert("a 的值为: "+a);              //输出 a 的值
06  //-->
07  </script>
```

上面的代码第 3 行先声明了一个初始值为 3 的变量 a，随后第 4 行计算左右操作数相乘的结果即 a*2，所得值为 6，然后将这个结果赋值给左边的操作数 a，这样，变量 a 的值变为 6。运行结果如图 4.17 所示。

图 4.17　"*=" 运算符示例

4.4.4　使用 "/="

"/=" 运算符，是先用左边的操作数除以右边的操作数，然后把得到的结果赋值给左边的操作数，看下面的示例代码：

```
01  <script language="JavaScript">
02  <!--
03  var a = 3;
04  a /= 2;
05  alert("a 的值为："+a);              //输出 a 的值
06  //-->
07  </script>
```

上面的代码第 3 行先声明了一个初始值为 3 的变量 a，随后第 4 行计算左右操作数相除的结果即 a/2，所得值为 1.5，然后将这个结果赋值给左边的操作数 a，这样，变量 "a" 的值变为 1.5。运行结果如图 4.18 所示。

图 4.18　"/=" 运算符示例

4.4.5　使用 "%="

"%=" 运算符，是先用左边的操作数除以右边的操作数，然后把得到的余数赋值给左边的操作数，看下面的示例代码：

```
01  <script language="JavaScript">
02  <!--
03  var a = 3;
04  01  a %= 2;
05  alert("a 的值为："+a);              //输出 a 的值
06  //-->
07  </script>
```

上面的代码第 3 行先声明了一个初始值为 3 的变量 a，随后第 4 行计算左右操作数取模运算后的结果即 a%2，所得余数为 1，然后将这个余数赋值给左边的操作数 a，这样，变量 a 的值变为 1。运行结果如图 4.19 所示。

图 4.19　"%="运算符示例

读者可以根据上面的代码示例以及讲解，在练习中体会。

4.5　关系运算符

所谓关系运算，其实就是比较，比较分为大于、小于、等于和不等于几种情况，比较的结果是一个布尔值，用来表示操作数之间的关系是否满足关系运算符规定的关系。关系运算符在程序编写中主要使用在条件控制语句中，作为判断的条件。表 4.5 为 JavaScript 的关系运算符。

表 4.5　JavaScript的关系运算符

运算符	说　　明
==	等于，如果左右操作数相等，返回 true，反之返回 false
!=	不等于，如果左右操作数不相等，返回 true，反之返回 false
>	大于，如果左操作数大于右操作数，返回 true，反之返回 false
>=	大于等于，如果左操作数大于或者等于右操作数，返回 true，反之返回 false
<	小于，如果左操作数小于右操作数，返回 true，反之返回 false
<=	小于等于，如果左操作数小于或者等于右操作数，返回 true，反之返回 false

下面依次对各操作符举例说明。

4.5.1　使用 "=="

判断左右操作数是否相等，相等返回 true，否则返回 false。见下面代码段的演示：

```
01  <script language="JavaScript">
02  <!--
03  var a = 3;
04  var b = 3;
05  var c = 2;
06  var flag_ab = a==b;
07  var flag_ac = a==c;
08  alert("a 等于b: "+flag_ab+", a 等于c: "+flag_ac);          //输出结果
09  //-->
10  </script>
```

上面的代码第 3～5 行定义了 3 个变量 a、b、c，值分别为 3、3、2。然后第 6～7 行使用等于符"=="对它们之间的关系进行判断，把 a 和 b 之间是否相等的结果赋值给 flag_ab，

把 a 和 c 之间是否相等的结果赋值给 flag_ac。执行后结果如图 4.20 所示。

图 4.20　"＝＝"示例

4.5.2　使用"!="

判断左右操作数是否不相等，不相等返回 true，否则返回 false。见下面代码段的演示：

```
01  <script language="JavaScript">
02  <!--
03  var a = 3;
04  var b = 3;
05  var c = 2;
06  var flag_ab = a!=b;
07  var flag_ac = a!=c;
08  alert("a 不等于 b: "+flag_ab+", a 不等于 c: "+flag_ac);          //输出结果
09  //-->
10  </script>
```

上面的代码第 3~5 行定义了 3 个变量 a、b、c，值分别为 3、3、2。第 6~7 行使用不等于符"!="对它们之间的关系进行判断，把 a 和 b 之间是否不相等的结果赋值给 flag_ab，把 a 和 c 之间是否不相等的结果赋值给 flag_ac。执行后结果如图 4.21 所示。

图 4.21　"!="示例

4.5.3　使用"＞"

判断左操作数是否大于右操作数，大于返回 true，否则返回 false。见下面代码段的演示：

```
01  <script language="JavaScript">
02  <!--
03  var a = 3;
04  var b = 3;
05  var c = 2;
06  var flag_ab = a>b;
07  var flag_ac = a>c;
08  alert("a 大于 b: "+flag_ab+", a 大于 c: "+flag_ac);          //输出结果
09  //-->
10  </script>
```

上面的代码第 3~5 行定义了 3 个变量 a、b、c，值分别为 3、3、2。第 6～7 行使用大于符 ">" 对它们之间的关系进行判断，把 a 是否大于 b 的结果赋值给 flag_ab，把 a 是否大于 c 的结果赋值给 flag_ac。执行后结果如图 4.22 所示。

图 4.22　">" 示例

4.5.4　使用 ">="

判断左操作数是否大于或者等于右操作数，大于或等于返回 true，否则返回 false。见下面代码段的演示：

```
01  <script language="JavaScript">
02  <!--
03  var a = 3;
04  var b = 3;
05  var c = 2;
06  var flag_ab = a>=b;
07  var flag_ac = a>=c;
08  alert("a 大于等于 b: "+flag_ab+", a 大于等于 c: "+flag_ac);    //输出结果
09  //-->
10  </script>
```

上面的代码第 3~5 行定义了 3 个变量 a、b、c，值分别为 3、3、2。第 6～7 行使用大于等于符 ">=" 对它们之间的关系进行判断，把 a 是否大于或等于 b 的结果赋值给 flag_ab，把 a 是否大于或等于 c 的结果赋值给 flag_ac。执行后结果如图 4.23 所示。

图 4.23　">" 示例

4.5.5　使用 "<"

判断左操作数是否小于右操作数，小于返回 true，否则返回 false。见下面代码段的演示：

```
01  <script language="JavaScript">
02  <!--
03  var a = 3;
04  var b = 3;
05  var c = 2;
06  var flag_ab = a<b;
07  var flag_ac = a<c;
```

```
08   alert("a 小于 b: "+flag_ab+", a 小于 c: "+flag_ac);                //输出结果
09   //-->
10   </script>
```

上面的代码第 3~5 行定义了 3 个变量 a、b、c，值分别为 3、3、2。第 6~7 行使用小于符 "<" 对它们之间的关系进行判断，把 a 是否小于 b 的结果赋值给 flag_ab，把 a 是否小于 c 的结果赋值给 flag_ac。执行后结果如图 4.24 所示。

图 4.24　"<" 示例

4.5.6　使用 "<="

判断左操作数是否小于或者等于右操作数，小于或等于返回 true，否则返回 false。见下面代码段的演示：

```
01   <script language="JavaScript">
02   <!--
03   var a = 3;
04   var b = 3;
05   var c = 2;
06   var flag_ab = a<=b;
07   var flag_ac = a<=c;
08   alert("a 小于等于 b: "+flag_ab+", a 小于等于 c: "+flag_ac);        //输出结果
09   //-->
10   </script>
```

上面的代码第 3~5 行定义了 3 个变量 a、b、c，值分别为 3、3、2。第 6~7 行使用小于等于符 "<=" 对它们之间的关系进行判断，把 a 是否小于或等于 b 的结果赋值给 flag_ab，把 a 是否小于或等于 c 的结果赋值给 flag_ac。执行后结果如图 4.25 所示。

图 4.25　"<=" 示例

4.6　逻辑运算符

逻辑运算符是比较两个布尔操作数的关系，比较后同样返回一个布尔值 true 或 false。JavaScript 的逻辑运算符如表 4.6 所示。

表 4.6 JavaScript的逻辑运算符

运算符	说 明
&&	逻辑与，左操作数和右操作数都是 true 则返回 true，否则返回 false
||	逻辑或，左操作数和右操作数任意一个是 true 则返回 true，否则返回 false
!	逻辑非，表达式为 false 则返回 true，为 true 返回 false

下面对这 3 个运算符依次进行说明。

4.6.1 使用 "&&" 进行逻辑运算

"&&" 运算符是逻辑与运算符，是用来判断两个表达式是否都是 true。如果都是 true 则返回 true，否则返回 false，演示代码如下所示：

```
01  <script language="JavaScript">
02  <!--
03  var a = true;
04  alert( a && 3 > 2 );          //输出结果
05  //-->
06  </script>
```

上面的代码先声明了一个初始值为 true 的变量 a，随后使用 "&&" 运算法把变量 a 和表达式 "3 > 2" 进行比较，因为两个表达式都是 true，所以最后返回的结果也是 true。运行结果如图 4.26 所示。

图 4.26 "&&" 运算符示例

4.6.2 使用 "||" 进行逻辑运算

"||" 运算符是逻辑或运算符，是用来判断两个表达式是否有一个是 true。如果有则返回 true，否则返回 false，演示代码如下所示：

```
01  <script language="JavaScript">
02  <!--
03  alert( 2 < 1 || 3 > 2 );          //输出结果
04  //-->
05  </script>
```

上面的代码使用 "||" 运算符把变量表达式 "2 < 1" 和 "3 > 2" 进行比较，因为两个表达式有一个是 true，所以最后返回的结果也是 true。运行结果如图 4.27 所示。如果把上面的代码改为下面的样子：

```
01  <script language="JavaScript">
02  <!--
03  alert( 2 < 1 || 3 < 2 );          //输出结果
```

```
04   //-->
05   </script>
```

上面的代码里两个表达都是 false，因此最后返回了 false，运行结果如图 4.28 所示。

图 4.27　"||" 运算符示例一

图 4.28　"||" 运算符示例二

4.6.3　使用 "!" 进行逻辑运算

"!" 运算符是逻辑非运算符，用来将 false 转化为 true，将 true 转化为 false。演示代码如下所示：

```
01   <script language="JavaScript">
02   <!--
03   alert( !(2 < 1) );            //输出结果
04   //-->
05   </script>
```

上面的代码对表达式 "2 < 1" 取逻辑非运算，表达式本身就是 false，取非后变为 true，运行后如图 4.29 所示。

图 4.29　"!" 运算符示例

🔔提示：逻辑运算符通常用在条件判断语句中，以组合多个条件从而对复杂的情况进行判断。

4.7　字符串运算符

JavaScript 的字符串运算在前面已经有所提及，对字符串运算符也已经有所了解。JavaScript 的字符串运算一共有两个运算符，就是 "+" 和 "+="。字符串运算很简单，下面结合实例进行讲解。

4.7.1　使用 "+" 连接字符串

"+" 运算符在字符串运算中用于连接两个字符串，演示代码如下所示：

```
01  <script language="JavaScript">
02  <!--
03  var str = "Java";
04  var str_long = str + "Script";
05  alert(str_long);                    //输出最终字符串
06  //-->
07  </script>
```

上面的代码，第 3 行先定义了一个名为 str 的变量，并且赋值为 "Java"。第 4 行定义了一个 str_long 用来将变量 str 和字符串 "Script" 进行连接。很显然，变量 str_long 的最终值是 "JavaScript"，运行后效果如图 4.30 所示。

JavaScript 在进行字符串连接运算时，能够把数字等其他类型转化为字符型，演示代码如下所示：

```
01  <script language="JavaScript">
02  <!--
03  var int_num = 1;
04  var str_long = int_num + "Script";
05  alert(str_long);                    //输出最终字符串
06  //-->
07  </script>
```

代码第 4 行在进行字符串连接运算时，将整型变量 int_num 的值数字 1 转化为了字符 "1"，因此连接后得到的结果为 "1Script"，如图 4.31 所示。

图 4.30　字符串运算符 "+" 示例一　　　　　图 4.31　字符串运算符 "+" 示例二

同样的道理，对于布尔型，也是一样，演示代码如下所示：

```
01  <script language="JavaScript">
02  <!--
03  var flag = true;
04  var str_long = flag + "Script";
05  alert(str_long);                    //输出最终字符串
06  //-->
07  </script>
```

运行后效果如图 4.32 所示。

图 4.32　字符串运算符 "+" 示例三

更多的其他情况，留给读者在练习中去体会。

4.7.2　使用 "+=" 连接字符串

对于 "+=" 运算符，在 4.4.1 小节有所了解，属于赋值运算符的一种。在字符串运算里，它其实具有同样的性质，就是将左边操作数的值与右边的操作数的值进行字符串连接，得到的结果重新赋值给左边的操作数，演示代码如下所示：

```
01  <script language="JavaScript">
02  <!--
03  var str = "Java";
04  str += "Script";
05  alert(str);                //输出最终字符串
06  //-->
07  </script>
```

上面的代码中，先定义了一个变量 str，初始值为 "Java"，然后使用 "+=" 运算符连接字符串 "Script"，得到结果 "JavaScript"，将这个结果重新赋值给变量 str。运行后效果如图 4.33 所示。

图 4.33　字符串运算符 "+=" 示例

从上面的例子可以看到，使用 "+=" 运算符，能够简化代码。

4.8　运算符的优先级

JavaScript 有很多运算符，在较为复杂的程序里，通常都是组合起来使用的，那么当组合使用时，它们之间遵循一个什么样的规则呢？这就是本节要讲的内容——运算符的优先级。运算符的优先级是一个表达式中，运算符求值的优先顺序。表达式按照从左至右的规则来求值，在这个大原则下，需要按照运算符的优先级来进行求值。

运算符的优先级在 JavaScript 程序编写中也很重要，因为程序的编写有很强的逻辑性，如果因为运算符的优先级问题导致编写出来的程序和实际的逻辑不一样，常常会导致很难发现的错误。下面看一下 JavaScript 常见运算符的优先级顺序（按照优先级从高到低进行排列），如表 4.7 所示。

表 4.7　JavaScript常见运算符的优先级

优先级	运算符	说　　明
1	() [] .	圆括号，方括号，点号
2	! - ++ -- typeof void	求反及递增运算符
3	* / %	乘除及求模
4	+ -	加减运算

续表

优先级	运算符	说　明
5	<　<=　>　>=	关系运算符
6	==　!=	相等运算符
7	&&	逻辑与
8	‖	逻辑或
9	=　+=　−=　*=　/=　%=	赋值运算符

下面通过一个小例子来说明运算符的优先级，代码如下所示：

```
01  <script language="JavaScript">
02  <!--
03  var a = 3 + 4 * 7;
04  var b = (3 + 4) * 7;
05  alert("a="+a+", b="+b);              //输出 a、b 的值
06  //-->
07  </script>
```

上面的代码第 3 行，对于变量 a，将表达式 "3 + 4 * 7" 赋值给它，按照优先级顺序，先执行乘法即先计算 "4 * 7"，然后再执行加法，即 "3+28"，所以最后变量 a 的值为 31；而对于第 4 行的变量 b，将表达式 "（3+4）*7" 赋值给它，相比之下，增加了一对括号，但是括号的优先级是最高的，因此先计算括号部分即 "3+4"，最后再计算乘法即 "7*7"，所以 b 的最后结果是 49。运行后效果如图 4.34 所示。

图 4.34　运算符优先级示例

4.9　小　　结

本章对 JavaScript 的运算符和表达式进行了讲解，其中对各个常见运算符的性质进行了详细说明。表达式在 JavaScript 中体现为一个简短的句子，是直接量、变量、运算符和其他表达式的组合。虽然本章的案例比较简单，但通过这些演示，最希望读者明白的是每种运算的语法形式和计算顺序。只有掌握了这些简单的基础语法，才可以编写出复杂的程序。

4.10　习　　题

一、填空题

1. 运算符需要两个操作数参与运算，称为＿＿＿＿＿＿＿＿＿＿。

2. _____运算符，是先用左边的操作数除以右边的操作数，然后把得到的余数赋值给左边的操作数。

3. _____运算符是逻辑与运算符，用来判断两个表达式是否都是 true。

二、选择题

1. 以下哪个不是 JavaScript 的字符串运算？（　　　）

　　A　+

　　B　+=

　　C　==

2. 以下对于优先级描述不正确的是（　　　）。

　　A　"&&" 比 "+" 优先级高

　　B　"+" 比 "||" 优先级高

　　C　"！" 比 "+" 优先级高

三、实践题

定义两个变量，值分别为 2、3，分别输出它们进行+、−、*、/四种运算的结果。

【提示】考察运算符的使用情况。

第 5 章　JavaScript 的流程控制语句

因为 JavaScript 是一种完整的语言，所以它也可以控制程序的流程，实现分支选择和循环判断。分支选择就是有多条路可以走，但是程序只能走一条路，如今天如果下雨就在家看电影，如果不下雨就出去逛街，是否下雨是一个判断条件，看电影和逛街是两条"路"，但是只能走一条路。循环判断语句是根据一个条件来判断，是否重复执行某一条路。

本章主要涉及到的知识点有：

❑ 掌握判断语句的执行顺序
❑ 学习 if 判断语句
❑ 学习 switch 多条件判断语句
❑ 掌握循环语句的执行顺序
❑ 学习 while 循环语句
❑ 学习 for 循环语句

5.1　分　支　语　句

在编写一个程序时，通常需要根据特定的条件执行不同的语句，或者一段语句。比如性别为"男"时，称呼用户为"先生"；性别为"女"时，称呼用户为"女士"。前面的章节里也有很多类似的例子，比如在第 2 章里一个页面上，在性别上选择"男"或者"女"时，页面本身将会根据实际情况显示，或者隐藏某些页面元素，同时在计算时的算法也有所不同。摘取其中的一段代码如下所示：

```
01    //根据不同情况作相应计算
02    if( sex1 == true ){
03        //选择了"男"时
04        result = yourmoney - yoursmoke - yourwine;
05    }
06    if( sex2 == true ){
07        //选择了"女"时
08        result = yourmoney - yourface - yourclothe;
09    }
```

可以看到上面使用了 if 语句来进行条件判断，但是分支语句不仅仅只有这些，本节将会依次介绍。

5.1.1　使用 if 实现条件判断

在条件语句中，if 语句是使用得最广泛也是比较简单的一个语句了，if 语句从英文的字面意思来看，其意义也很明确，就是"如果"，也可以这样来理解程序，看下面的代码：

```
if( i > 2 ){
    a = i * 10;
}
```

上面的代码的意义是，如果变量 i 大于 2，那么变量 a 的值就是 i 与 10 的乘积。可见，if 语句是很好理解的。if 语句的语法如下所示：

```
if( 条件表达式 ){
    语句或语句块;
}
```

从上面的语法可以看出来，if 语句包含 3 个部分：if 关键字、包含在圆括号里的条件表达式，以及包含在大括号里的语句或语句块，这些语句或者语句块是在条件表达式为 true 时需要执行的。如果条件表达式的值为 false，那么大括弧里的语句或语句块是不会被执行的。同时，在 if 语句前后可能还有其他的语句，前后的语句都不会受 if 语句里条件表达式的影响，即使 if 语句设定的需要执行的语句，或者语句块因为条件表达式为 false，导致无法执行，if 语句后的其他语句仍然会继续执行。看下面的代码段：

```
01  <script language="JavaScript">
02  <!--
03  var i = 3;
04  var a = 10;
05  if( i > 2 ){
06      a = i * 10;
07  }
08  alert(a);                        //输出 a 的值
09  //-->
10  </script>
```

在第 8 行有一条"alert(a);"语句，在 if 语句之后。通过运行代码可以看到，if 语句执行后由于条件表达式为 true，因此 a 的值被改变了，结果如图 5.1 所示。

图 5.1　if 语句示例

在 JavaScript 里，如果条件里需要执行的语句只有一句，则可以省略外面的大括弧，上面的条件部分代码同样可以写成如下的样子：

```
f( i > 2 )
    a = i * 10;
```

按照上面的规律，可以循环嵌套，也就是说，如果 if 语句里面的代码又是 if 语句，仍然可以使用同样的规则，看下面的代码：

```
if( i > 2 )
    if( j < 3 )
        a = i * 10;
```

上面也是正确的写法，但是，为了使程序可读性更强，最好还是不要省略大括弧，推荐的写法如下所示：

```
if( i > 2 ){
    if( j < 3 ){
        a = i * 10;
    }
}
```

在条件判断里，通常在 if 的条件表达式里不仅仅使用一个表达式，还可以用多个子表达式联合起来进行条件判断，这需要使用逻辑运算符，看下面的代码：

```
01  <script language="JavaScript">
02  <!--
03  var i = 3;
04  var j = 10;
05  var a = 0;
06  if( i < 4 && j > 5 ){
07      a = i * j;
08  }
09  //-->
10  </script>
```

上面的代码段第 6 行使用逻辑与运算符 "&&"，将两个子表达式 "i < 4" 和 "j > 5" 连接为一个整体。只有当两个子表达式都为 true 时，整个表达式的值才为 true。当需要判断的条件较多时，可以并列使用多个 if 语句来进行控制。下面通过一个实例来结束本小节的内容。

【范例 5-1】 这个实例是一个在线的小测试程序。HTML 文件见 5-1.html，代码如下所示：

```
01  <html>
02  <head>
03  <title>if 条件语句示例</title>
04  <script language="JavaScript">
05  <!--
06  //地点检查
07  function checkCity(v){
08      if( v == "a" ){
09          alert("回答正确！");
10      }
11      if( v == "b" ){
12          alert("回答错误！");
13      }
14      if( v == "c" ){
15          alert("回答错误！");
16      }
17      if( v == "d" ){
18          alert("回答错误！");
19      }
20  }
21  //时间检查
22  function checkDay(v){
23      if( v == "a" ){
24          alert("回答错误！");
25      }
26      if( v == "b" ){
```

```
27              alert("回答错误！");
28          }
29      if( v == "c" ){
30              alert("回答正确！");
31          }
32      if( v == "d" ){
33              alert("回答错误！");
34          }
35  }
36  //-->
37  </script>
38  </head>
39  <body>
40  <h1>测试题</h1>
41  <hr>
42  1、2016 年奥运会在哪个城市举行？<br>
43  <input name="city" type="radio" value="a" onclick="checkCity(this.
    value)"> 里约<br>
44  <input name="city" type="radio" value="b" onclick="checkCity(this.
    value)">悉尼<br>
45  <input name="city" type="radio" value="c" onclick="checkCity(this.
    value)">纽约<br>
46  <input name="city" type="radio" value="d" onclick="checkCity(this.
    value)">伦敦<br>
47
48  2、2008 年奥运会什么时候开幕的？<br>
49  <input name="day" type="radio" value="a" onclick="checkDay(this.
    value)">7 月 1 号<br>
50  <input name="day" type="radio" value="b" onclick="checkDay(this.
    value)">8 月 1 号<br>
51  <input name="day" type="radio" value="c" onclick="checkDay(this.
    value)">8 月 8 号<br>
52  <input name="day" type="radio" value="d" onclick="checkDay(this.
    value)">9 月 1 号<br>
53  </body>
54  </html>
```

本例子在页面上放置了两个问题，分别是针对 2016 年奥运会的举办城市和 2008 年奥运会的开幕时间。每个问题设置了 4 个选项，其中只有一个才是正确的。用户单击选项，网页则会判断用户的选择，提示用户的选择正确与否。

为了根据用户的选择进行判断，还另外编写了两个函数来进行判断，分别是第 7～20 行的 checkCity 和第 22～35 行的 checkDay。在函数体内使用了并列的 if 语句来对各个选项进行判断，为了触发函数，使用了单选按钮的 click 事件，两个函数都有一个参数，用来传递用户当前选择的选项对应的答案。因此，在给每个单选选项添加 click 事件与函数进行关联时，还使用了 this.value 来获取当前选项的值。运行 5-1.html 单击选项的情况，如图 5.2 所示。

感兴趣的读者，可以模仿 5-1.html，设置自己的测试题目和答案，加深体会。

5.1.2　使用 if…else 实现两个分支条件

if 语句的后面，还可以跟一个 else 分句，当 if 语句所包含的条件表达式为 false 时，用来执行 else 分句包含的语句或语句块。也就是说使用 if...else 语句可以根据条件表达式的值为 true 或者 false 分别执行相应的语句或语句块。下面是 if...else 语句的语法结构：

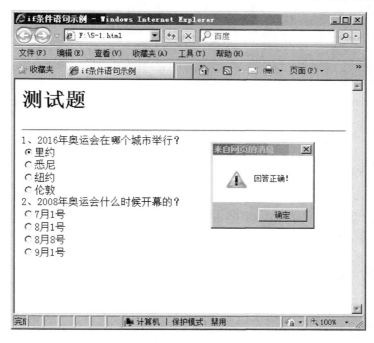

图 5.2　if 语句测试题示例

```
if( 条件表达式 ){
    条件表达式为 true 时语句或语句块;
}else{
    条件表达式为 false 时语句或语句块;
}
```

if...else 语句也很简单，下面用示例进行说明。

1．条件表达式为true

当条件表达式满足指定的规则时，执行第一个分句的内容。

```
01  <script language="JavaScript">
02  <!--
03  //条件表达式为 true
04  var i = 3;
05  if( i > 2 ){
06      alert("变量 i 大于 2。");              //输出提示
07  }else{
08      alert("变量 i 小于或等于 2。");        //输出提示
09  }
10  //-->
11  </script>
```

上面的代码第 4 行定义了变量 i，赋值为 3。第 5 行的条件表达式为"i > 2"，这个条件表达式的明显为 true，因此执行第 6 行语句，而 else 分句里的第 8 行则得不到执行。

2. 条件表达式为false

当条件表达式不满足指定的规则时，执行第二个分句，即 else 分句的内容。

```
01  <script language="JavaScript">
02  <!--
03  //条件表达式为 false
04  var j = 3;
05  if( j < 2 ){
06      alert("变量 j 小于 2。");                //输出提示
07  }else{
08      alert("变量 j 大于或等于 2。");           //输出提示
09  }
10  //-->
11  </script>
```

上面代码第 4 行定义了一个变量 j，并赋值为 3。第 5 行条件表达式为 "j < 2"，这个条件表达式的值为 false，因此第一个大括弧里第 6 行语句得不到执行，而 else 分句大括弧里的第 8 行语句得到执行。

5.1.3　if 和 if…else 的嵌套

在使用 if 或者 if…else 等语句进行条件判断时，在较为复杂一点的时候，可能会需要进行进一步的判断。比如小朋友们做游戏需要分组，小朋友们的年龄是 3~10 岁。假设分组的规则是 5 岁以下分为第一组；对于 5 岁以上的小朋友，如果小于 8 岁，那么分为第二组；大于 8 岁，分为第三组。对于这样一个逻辑，就可以使用嵌套来编写，下面结合汉字描述程序的逻辑结构：

```
if( 年龄 > 5 ){
    if( 年龄 > 8 ){
        分到第三组;
}else{
        分到第二组;
}
}else{
    分到第一组;
}
```

可以看到，上面的代码段，在第一个 if 关键字所在的大括弧内，嵌套了一个 if…else 语句。通过这样的嵌套，对条件进行了进一步的判断。嵌套是不限制层级的，可以无限次地进行嵌套，见下面的代码段：

```
01  <script language="JavaScript">
02  <!--
03  var city = "华盛顿";
04  if( city == "北京" ){
05      alert("中国首都！");                     //输出提示
06  }else{
07      if( city == "东京" ){
08          alert("日本首都！");                 //输出提示
09      }else{
```

```
10              if( city == "多伦多" ){
11                  alert("加拿大首都！");
12              }else{
13                  if( city == "华盛顿" ){
14                      alert("美国首都！");
15                  }else{
16                      alert("未知城市！");
17                  }
18              }
19          }
20      }
21      //-->
22      </script>
```

上面的代码第 4~20 行使用了三层 if...else 语句嵌套，用来判断所给出的城市对应的首都。可以看到，这样的代码有些眼花缭乱，清晰度不够高，而且嵌套的时候如果不注意代码缩进，很容易造成混淆，上面的代码如果不考虑缩进后情况如下所示：

```
<script language="JavaScript">
<!--
var city = "华盛顿";
if( city == "北京" ){
alert("中国首都！");
}else{
if( city == "东京" ){
alert("日本首都！");
}else{
if( city == "多伦多" ){
alert("加拿大首都！");
}else{
if( city == "华盛顿" ){
alert("美国首都！");
}else{
alert("未知城市！");
}
}
}
}
//-->
</script>
```

这样执行仍然不会有任何问题，但是阅读起来显得非常费劲，因此有了一种改进的方案，就是把被嵌套的 if 和上一个 else 放在同一行，中间用空格隔开。上面的代码段按照这样的规则改进后如下所示：

```
01  <script language="JavaScript">
02  <!--
03  var city = "华盛顿";
04  if( city == "北京" ){
05      alert("中国首都！");
06  }else if( city == "东京" ){
07      alert("日本首都！");
08  }else if( city == "多伦多" ){
09      alert("加拿大首都！");
10  }else if( city == "华盛顿" ){
```

```
11        alert("美国首都！");
12   }else{
13        alert("未知城市！");
14   }
15   //-->
16   </script>
```

可以看到，经过改进后的代码段，不仅仅是篇幅缩短，而且代码本身也变得清晰易读，有点类似 if 语句并列的情况。

【范例 5-2】 考虑到这种写法的好处，现在将 5.1.1 中的例子 5-1.html 改进一下，保存为 5-2.html，代码如下所示：

```
01   <html>
02   <head>
03   <title>条件语句嵌套示例</title>
04   <script language="JavaScript">
05   <!--
06   //地点检查
07   function checkCity(v){
08       if( v == "a" ){
09           alert("回答正确！");
10       }else if( v == "b" ){
01           alert("回答错误！");
02       }else if( v == "c" ){
03           alert("回答错误！");
04       }else if( v == "d" ){
05           alert("回答错误！");
06       }
07   }
08   //时间检查
09   function checkDay(v){
10       if( v == "a" ){
11           alert("回答错误！");
12       }else if( v == "b" ){
13           alert("回答错误！");
14       }else if( v == "c" ){
15           alert("回答正确！");
16       }else if( v == "d" ){
17           alert("回答错误！");
18       }
19   }
20   //-->
21   </script>
22   </head>
23   <body>
24   <h1>测试题</h1>
25   <hr>
26   1、2016 年奥运会在哪个城市举行？<br>
27   <input name="city" type="radio" value="a" onclick="checkCity(this.
     value)">里约<br>
28   <input name="city" type="radio" value="b" onclick="checkCity(this.
     value)">悉尼<br>
29   <input name="city" type="radio" value="c" onclick="checkCity(this.
     value)">纽约<br>
30   <input name="city" type="radio" value="d" onclick="checkCity(this.
     value)">伦敦<br>
31
```

```
32    2、2008 年奥运会什么时候开幕的？<br>
33    <input name="day" type="radio" value="a" onclick="checkDay(this.
      value)">7 月 1 号<br>
34    <input name="day" type="radio" value="b" onclick="checkDay(this.
      value)">8 月 1 号<br>
35    <input name="day" type="radio" value="c" onclick="checkDay(this.
      value)">8 月 8 号<br>
36    <input name="day" type="radio" value="d" onclick="checkDay(this.
      value)">9 月 1 号<br>
37    </body>
38    </html>
```

感兴趣的读者可以运行后查看效果，检验与 5-1.html 是否一样。

5.1.4　使用 switch 实现多分支判断

在 JavaScript 中，switch 语句是一个经常使用的条件控制语句。switch 跟 if 或者 if...else 语句较大的区别就是，switch 语句是根据一个固定的表达式的值来进行条件控制的，不像 if 或者 if...else 语句那样能够使用并列或者嵌套对多个表达式进行判断。因此，switch 对于只有一个单一表达式的条件控制尤其有用。

比如 5.1.1 小节里的用户选择的值 "v" 的判断，5.1.3 小节里的对于各国首都判断的例子，就是针对固定的表达式的值来进行判断的，在这些情况下，都可以使用 switch 语句。switch 语句的语法如下所示：

```
switch ( 表达式 ){
    case 备选值 1：
        语句或语句块；
        break；
    case 备选值 2：
        语句或语句块；
        break；
    ...
case 备选值 n：
        语句或语句块；
        break；
    default：
        默认执行语句或语句块；
}
```

一个完整的 switch 语句包括一个 switch 关键字、一个需要判断的表达式、一个开始大括弧、若干个判断表达式备选值的 case 标签、符合每个 case 标签匹配的值时需要执行的语句或语句块、匹配 case 标签的 break 关键字、一个 default 标签以及一个结束的大括弧。其中 default 标签是用来在当每个 case 标签所匹配的值都不符合表达式的值时，设置默认的执行语句，default 不是必须的，可以省略。

【范例 5-3】　下面使用 switch 对 5.1.1 小节和 5.1.3 小节中的两个实例进行改造，用来理解 switch 语句的功能。对于 5-1.html 进行改进，保存 HTML 文件为 5-3.html，代码如下所示：

```
01    <html>
02    <head>
```

```
03  <title>switch 条件语句嵌套示例</title>
04  <script language="JavaScript">
05  <!--
06  //地点检查
07  function checkCity(v){
08      switch( v ){
09          case "a":
10              alert("回答正确！");
11              break;
12          case "b":
13              alert("回答错误！");
14              break;
15          case "c":
16              alert("回答错误！");
17              break;
18          case "d":
19              alert("回答错误！");
20              break;
21      }
22  }
23  //时间检查
24  function checkDay(v){
25      switch( v ){
26          case "a":
27              alert("回答错误！");
28              break;
29          case "b":
30              alert("回答错误！");
31              break;
32          case "c":
33              alert("回答正确！");
34              break;
35          case "d":
36              alert("回答错误！");
37              break;
38      }
39  }
40  //-->
41  </script>
42  </head>
43  <body>
44  <h1>测试题</h1>
45  <hr>
46  1、2016 年奥运会在哪个城市举行？<br>
47  <input name="city" type="radio" value="a" onclick="checkCity(this.
    value)">里约<br>
48  <input name="city" type="radio" value="b" onclick="checkCity(this.
    value)">悉尼<br>
49  <input name="city" type="radio" value="c" onclick="checkCity(this.
    value)">纽约<br>
50  <input name="city" type="radio" value="d" onclick="checkCity(this.
    value)">伦敦<br>
51
52  2、2008 年奥运会什么时候开幕的？<br>
53  <input name="day" type="radio" value="a" onclick="checkDay(this.
    value)">7 月 1 号<br>
54  <input name="day" type="radio" value="b" onclick="checkDay(this.
    value)">8 月 1 号<br>
```

```
55  <input name="day" type="radio" value="c" onclick="checkDay(this.
    value)">8 月 8 号<br>
56  <input name="day" type="radio" value="d" onclick="checkDay(this.
    value)">9 月 1 号<br>
57  </body>
58  </html>
```

可以看到，在两个函数 checkCity 和 checkDay 里，都使用了 switch 语句。执行后效果与原来一样。下面对 5.1.3 小节中的例子进行改进，代码如下所示：

```
01  <script language="JavaScript">
02  <!--
03  var city = "华盛顿";
04  switch( city ){
05      case "北京":
06          alert("中国首都！");
07          break;
08      case "东京":
09          alert("日本首都！");
10          break;
11      case "多伦多":
12          alert("加拿大首都！");
13          break;
14      case "华盛顿":
15          alert("美国首都！");
16          break;
17      default:
18          alert("未知城市！");
19  }
20  //-->
21  </script>
```

读者可以运行后看看情况，然后自行编写后调试。

5.2　循　环　语　句

在本节之前所学习到的内容，都是从上到下执行的语句，或者通过条件选择，进行分支上的控制，但是总的规律是从上至下的执行方式。在现实生活中，经常需要重复性、有规律地做一些事情，比如每天都要按时起床、吃早饭、上班或上学等等，周而复始。同样的道理，程序里也经常会出现重复的情况，比如重复让某一个变量乘以一个整数，重复 100 遍等等。本节的内容，就是介绍循环语句来实现重复的动作。

5.2.1　while 循环

while 语句是一个比较简单的循环语句，while 语句的规则是当某个给定的条件表达式为 true 时，重复执行一条语句或者语句块。下面先看一下 while 语句的语法结构：

```
while( 条件表达式 ){
    语句或语句块;
}
```

可以看到，while 语句的语法跟 if 语句类似，都是 while 关键字后面紧跟一个圆括弧包含的条件表达式，当条件表达式为 true 时，执行大括弧里的语句或语句块，不同的是，while 语句会重复执行大括弧里的语句或语句块一直到条件表达式为 false 为止。因此，通常需要设置一个类似计数器的变量来组成条件表达式，从而当达到某个数量以后，停止循环。

【范例 5-4】 下面是一个简单的例子。

```
01  <script language="JavaScript">
02  <!--
03  var i = 1;
04  var num = 10;
05  while( i < 5 ){
06      i++;                        //执行 i 自增运算
07      num = num * i;
08  }
09  alert("i="+i+",num="+num); //输出结果
10  //-->
11  </script>
```

上面的例子第 3～4 行定义了两个变量 i 和 num，分别赋值为 1 和 10，随后使用 while 来进行循环，循环的条件是变量 i 小于 5，循环的内容是每次循环让变量 i 加 1，并把当前 num 的值与当前 i 的乘积重新赋值给变量 num，最后用 alert()函数把变量 i 和 num 最终的值以提示框的形式显示。最后运行后结果如图 5.3 所示。

图 5.3　while 循环示例

使用 while 需要注意的一点是，要能在合适的情况下结束循环，否则，程序就会陷入无限的死循环当中去，这是编写程序的过程中非常忌讳的。不仅仅需要设置条件表达式，还需要让条件表达式能够产生作用。看下面的代码段：

```
01  <script language="JavaScript">
02  <!--
03  var i = 1;
04  var num = 10;
05  while( i < 5 ){
06      num = num * i;              //执行汇总运算
07  }
08  //-->
09  </script>
```

上面的代码段，第 5 行虽然设置了条件表达式"i<5"，但是在循环体内，并没有改变变量 i 的语句。所以变量 i 始终会保持初始值 0，因此条件表达式永远都是 true，所以这个循环将会一直执行。除了使用条件表达式来结束循环以外，还可以使用关键字 break 来跳出循环。看下面的代码：

```
01  <script language="JavaScript">
02  <!--
03  var i = 1;
04  var num = 10;
```

```
05  while( i < 5 ){
06      num = num * i;          //执行汇总运算
07      if( num > 5 ){
08          break;          //跳出循环
09      }
10  }
11  //-->
12  </script>
```

上面的代码，虽然第 5 行条件表达式始终为 true，不会结束循环，但是可以使用第 8 行的 break 来结束循环。第 7 行使用了 if 语句来对变量 num 的值进行判断，如果大于 100，则通过 break 来结束循环。

5.2.2　do...while 循环

另一个和 while 类似的语句是 do...while 语句。do...whlie 语句也是需要判断条件表达式为 true 或者为 false 来决定是否结束循环，但是和 while 不同的是，do...while 语句不论条件表达式的值如何，都会首先执行一次循环体内的语句或语句块，随后再根据条件表达式来决定是否继续循环。通过查看下面 do...while 语句的语法，更加容易理解：

```
do{
    语句或语句块;
}while( 条件表达式 )
```

可以看出，与 while 语句比起来，除了条件语句的位置发生变化外，还多了一个关键字 do。

【范例 5-5】　下面通过把 5.2.1 小节中的示例改造来理解 do...while 语句。

```
01  <script language="JavaScript">
02  <!--
03  var i = 1;
04  var num = 10;
05  do{
06      i++;                    //i 自增
07      num = num * i;          //执行汇总运算
08  }while( i < 5 )
09  alert("i="+i+",num="+num);  //输出结果
10  //-->
11  </script>
```

上面的代码是按照 do...while 语句的语法把 5.2.1 小节中的示例改造而来的。经过运行后，结果如图 5.4 所示。

图 5.4　do...while 语句示例

可以看到，运行结果与 5.2.1 小节中的 while 语句完全一样。下面通过调整条件表达式，

来对比理解一下 while 和 do...while 语句的区别。

1．while语句代码段

代码如下所示：

```
01  <script language="JavaScript">
02  <!--
03  var i = 1;
04  var num = 10;
05  while( i < 1 ){                              //判断条件
06      i++;
07      num = num * i;                          //汇总
08  }
09  alert("i="+i+",num="+num);
10  //-->
11  </script>
```

上面的代码段，第 5 行使用了 while 语句，把条件表达式改为了"i<1"，这个表达式的值为 false，因此循环体内的代码不会执行。最后运行结果如图 5.5 所示。

图 5.5　语句对比示例——while 语句

2．do...while语句代码段

代码如下所示：

```
01  <script language="JavaScript">
02  <!--
03  var i = 1;
04  var num = 10;
05  do{
06      i++;
07      num = num * i;                          //汇总
08  }while( i < 1 )                              //判断条件
09  alert("i="+i+",num="+num);
10  //-->
11  </script>
```

上面的代码段，第 5~8 行使用了 do...while 语句，条件表达式仍然使用"i<1"，表达式的值为 false，但是循环仍然会首先执行一次，运行后结果如图 5.6 所示。

图 5.6　语句对比示例——do...while 语句

🔔说明：使用 do...while 语句需要注意的地方和 while 语句一样，需要设置合适的结束条件
　　　　或者利用 break，防止产生死循环。

5.2.3　for 循环

在 JavaScript 中，也可以使用 for 语句来实现循环，for 语句的语法结构和 while 很相似。
先看一下 for 语句的语法：

```
for( 初始化表达式；条件表达式；更新语句 ){
    语句或语句块；
}
```

对比 while 语句的语法，可以看出来，除了关键字由 while 替换为 for 以外，在紧跟关
键字 for 的圆括号里，由 while 语句的一个条件表达式，变成了由分号分隔的 3 个独立部分：
第一个部分是初始化表达式，用来初始化变量等；第二部分是条件表达式，用于进行循环
条件判断；第三部分是更新语句，用来更新某些值，从而改变条件表达式的值，进而控制
整个循环。所以，从某种程度上讲，for 语句是 while 语句的一个升级或改进版本。

for 语句的执行顺序如下：

（1）执行初始化表达式。当 JavaScript 遇到 for 语句后，首先执行 for 语句的初始化表
达式，初始化表达式通常是声明一个变量并且进行赋值。值得注意的是，初始化表达式只
执行一次，不会随着循环的执行而多次执行。

（2）判断条件表达式。

（3）如果条件表达式的值为 false，则结束循环；如果条件表达式的值为 true，则开始
循环，执行完循环中的语句后，开始执行（4）。

（4）一次完整的循环最后一步是执行更新语句。更新语句通常用于改变条件语句中变
量的值，从而控制循环。

【范例 5-6】　下面的例子，是一个完整的 for 语句的例子。

```
01  <script language="JavaScript">
02  <!--
03  for( var i=0; i < 5; i++ ){
04      document.writeln("i="+i+"<br>");                    //输出结果
05  }
06  //-->
07  </script>
```

上面的代码段，第 3 行先初始化一个变量 i 并赋值为 0，然后当符合条件表达式 "i<5"
时，显示变量 i 的值，执行完毕后，把变量加 1。执行后结果如图 5.7 所示。

上面的代码段，如果用 while 语句来实现，则如下所示：

```
01  <script language="JavaScript">
02  <!--
03  var i=0;
04  while( i < 5 ){                                          //判断条件
05      i++;
```

```
06        document.writeln("i="+i+"<br>");
07    }
08    //-->
09    </script>
```

图 5.7　for 语句示例

对比可以看出，使用 while 语句不如使用 for 语句效率高，但是 for 语句常用在含有计数器的程序里，通过计数器变量来作为条件控制循环，因此并不是所有的情况下 for 语句都能替代 while 语句的，在有的情况下，使用 while 语句能够使用其他的条件。比如下面的语句：

```
01    <script language="JavaScript">
02    <!--
03    var f=true;
04    while( f ){
05        f = confirm("继续循环？");                    //判断条件
06    }
07    //-->
08    </script>
```

上面的代码第 5～6 行根据用户在确认提示框单击的按钮，确定是否继续循环，如图 5.8 所示。

图 5.8　循环中产生的确认提示框

上面的这个例子，仍然可以用 for 语句来实现，但是，却要显得比较累赘，看下面的代码：

```
01    <script language="JavaScript">
02    <!--
03    for( var f=true; f==true; f = confirm("继续循环？")){
04    }
05    //-->
06    </script>
```

还有另外一种省略更新语句的写法如下所示：

```
01    <script language="JavaScript">
```

```
02    <!--
03    for( var f=true; f==true; ){
04        f = confirm("继续循环？ ");
05    }
06    //-->
07    </script>
```

注意：省略更新语句时，条件语句后的分号不能省略，否则会报错。同样的道理，for
语句的另外两个部分——初始化表达式和条件表达式也可以省略，但是必须要保
留分号，否则同样会出现错误。

5.2.4　for...in 循环

在前面章节中介绍过对象的概念，对象可以有很多属性，用来存放信息。for...in 语句
就是用来对一个对象的属性进行循环访问的语句。for...in 语句的语法如下：

```
for( 属性名变量 in 对象名 ){
    语句或语句块；
}
```

for...in 语句没有类似 while 或者 for 语句那样的条件表达式来控制循环的结束，for...in
语句循环一直到对象的属性被遍历完毕。因此，使用 for...in 语句的循环次数就是对象的属
性个数。使用 for 语句需要自己定义一个属性名变量，然后可以在循环语句里使用这个
变量。

【范例 5-7】下面用一个例子来说明 for...in 语句的用法，例子的 HTML 文件为 5-4.html，
代码如下所示：

```
01    <html>
02    <head>
03        <title>for...in 语句访问对象</title>
04    <script language="JavaScript">
05    <!--
06        //动物（Animal）构造器函数定义
07        function Animal(type , sound, food ){
08            this.animal_type = type;
09            this.animal_sound = sound;
10            this.animal_food = food;
11        }
12        var dog = new Animal("dog", "汪汪", "杂食");        //定义对象
13        for( obj_p in dog ){                                //遍历对象
14            document.writeln("对象属性"+obj_p+"的值是："+dog[obj_p]+
                "<br>");
15        }
16    //-->
17    </script>
18    </head>
19    <body>
20    </body>
21    </html>
```

上面的代码第 7～11 行编写了一个构造器函数 Animal，并为这个对象创建了 3 个属性。第 12 行创建了一个对象并进行了赋值。第 13～15 行使用 for...in 语句，通过自定义的 obj_p 变量来实现对属性的访问，循环显示出新创建的对象的值。运行后如图 5.9 所示。

图 5.9　for...in 语句示例

🔔注意：在循环语句里使用的变量 obj_p，用来代替当前循环到的对象属性名称，这个变量的名称可以是自己定义的，并没有其他特殊的要求。

5.2.5　使用 with 实现对属性的访问

处理对象的属性，不仅仅只有 for...in 语句，with 语句也能够实现对属性的访问。with 语句主要可以节省重复输入对象名称。在 with 语句的范围内，可以不用在每个对象属性前面重复地输入对象名称。with 语句的语法如下：

```
with( 对象 ){
    语句或语句块;
}
```

with 关键字后面紧跟着一对圆括弧，圆括弧里面是对象名，然后是一个大括弧，里面是循环的语句或语句块。

在前面的章节里，频繁使用过 document.write 和 document.writeln，如下所示：

```
01  <script language="JavaScript">
02  <!--
03  document.writeln("第一行<br>");
04  document.writeln("第二行<br>");
05  document.writeln("第三行<br>");
06  //-->
07  </script>
```

上面的代码，第 3～5 行向页面显示了一些内容。实际上，document 是 JavaScript 的一个文档对象，write 是这个对象的一个方法，用来显示内容到页面，有时候也会使用 writeln 来实现类似的功能。在使用 document.write 这个语句时，结合 with 语句，可以省略掉 document 这个对象名，看下面的代码：

```
01  <script language="JavaScript">
02  <!--
03  with( document ){
04      writeln("第一行<br>");
```

```
05        writeln("第二行<br>");
06        writeln("第三行<br>");
07    }
08    //-->
09    </script>
```

可以看到，使用了 with 语句，在 writeln 方法前不需要再添加 document 这个对象名字了。

【范例 5-8】针对 5.2.3 小节里的那个循环访问对象属性的例子，使用 with 语句进行改造后，HTML 文件见 5-5.html，代码如下所示：

```
01    <html>
02    <head>
03        <title>使用 with 访问对象</title>
04    <script language="JavaScript">
05    <!--
06    //动物（Animal）构造器函数定义
07    function Animal(type , sound, food ){
08        this.animal_type = type;
09        this.animal_sound = sound;
10        this.animal_food = food;
11    }
12    var dog = new Animal("dog", "汪汪", "杂食");              //定义对象
13    with( dog ){                                          //输出对象属性
14        document.writeln("对象属性 animal_type 的值是:"+animal_type+"<br>");
15        document.writeln("对象属性 animal_type 的值是: "+animal_
          sound+"<br>");
16        document.writeln("对象属性 animal_type 的值是:"+animal_food+"<br>");
17    }
18    //-->
19    </script>
20    </head>
21    <body>
22    </body>
23    </html>
```

上面的代码，第 12～17 行创建了一个名为 dog 的对象，使用了 with 简化对象名的重复编写，在需要输出属性值的时候，直接使用属性名称即可。运行后结果如图 5.10 所示。

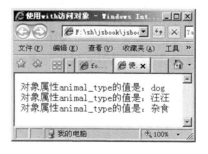

图 5.10　使用 with 访问对象

5.2.6　使用 continue 继续循环

在前面的小节里，接触到 break 语句的内容，break 用来在合适的条件下强制跳出循环。

本小节所要介绍的另一个语句是 continue 语句,具有和 break 类似的终止循环的功能。但 break 是跳出整个循环,不再循环,而 continue 是结束本次循环,跳到下次循环开始的位置。

【范例 5-9】　例如,需要一个程序,用来过滤掉从 1~5 所有整数里 3 的倍数,不让这些数字参与累计运算,那么就需要用到 continue 语句,其代码如下:

```
01  <script language="JavaScript">
02  <!--
03  var num = 0;
04  for( var i=1; i <=5; i++ ){
05      if( i % 3 == 0 ){
06          continue;                    //继续循环
07      }else{
08          num += i;                   //汇总运算
09      }
10  }
11  alert(num);
12  //-->
13  </script>
```

上面的代码,目的是将 1~5 的所有整数累加,但是要过滤掉 3 的倍数。最后运行的结果如图 5.11 所示。

图 5.11　使用 continue 示例

5.3　小　　结

本章主要介绍了 JavaScript 中的两类流程控制语句:判断语句和循环语句。要编写灵活而完善的程序,掌握好这两类语句是非常必要的。在使用这两类语句的同时,笔者根据多年的经验,穿插了很多页面开发的技巧,如避免死循环、及时跳出循环、中断循环等等。希望读者不光能看懂这些程序,还能根据书中的代码,多进行联系,体会流程控制的关键所在。

5.4　习　　题

一、填空题

1.＿＿＿＿＿＿语句是跳出整个循环,不再循环,而＿＿＿＿＿＿语句是结束本次循环,跳到下次循环开始的位置。

2.＿＿＿＿＿＿语句是根据一个固定的表达式的值来进行条件控制的。

二、选择题

1．if…else 可以在语句中再嵌套 if…else 语句吗？（　　　）

　　A　可以，可以无限嵌套

　　B　不可以，只能单循环

2．以下不是循环语句的是（　　　）。

　　A　while 语句　　　　　B　do…while 语句

　　C　for 语句　　　　　　D　with 语句

三、实践题

1．制作成绩输出表，判断学生的成绩是否大于等于 60，是的话在页面中输出"你及格了"，不是的话，则输出"你不及格"。

【提示】运用本章的条件判断语句和上一章的运算符。

2．输出九九乘法表。

【提示】对初学者来说可能会稍微有一些难度，不过利用循环，可以让代码更简洁。

第6章 JavaScript 的函数和事件

JavaScript 是以事件为驱动的程序，这些事件又会触发我们先期编写好的一些函数。如当用户单击某个按钮时，触发按钮的 click 事件，此事件关联到我们早先编写的一个函数，则程序会自动执行这个函数的内容。本章就是教会读者如何使用事件和编写函数。

本章主要涉及到的知识点有：
- ❑ 函数的定义和调用
- ❑ 函数的返回值
- ❑ 函数的参数
- ❑ 时间处理器
- ❑ JavaScript 的常用事件

6.1 认 识 函 数

在很多的程序设计语言里，通常若干条语句会有关联地组合起来，形成一个独立的单元，这个单元被称为过程或函数，JavaScript 里，被称为函数。JavaScript 里的函数允许有返回值，也可以仅仅是实现单纯的功能。

6.1.1 定义函数

函数和其他的普通 JavaScript 一样，都需要放置在<script>和</script>之间。使用函数可以实现特定的功能，在使用函数前必须对函数进行定义。定义函数需要使用保留字 function，具体的定义语法如下所示：

```
function 函数名(参数){
    具体语句；
}
```

从上面的语法定义可以看出，定义函数有以下的几个规则：

（1）使用保留字 function，这个保留字告诉 JavaScript 后面紧跟着的是函数的名称。

（2）函数名后紧跟一对括号"()"，括号内可以包含若干参数，也可以选择不带任何参数。参数是调用函数时，将变量传入函数内部的一个媒介。

（3）最后是一对大括弧"{}"，在大括弧内便是具体的函数语句。

（4）函数的命名规则与变量名的命名规则一样。

定义一个简单的函数如下所示：

```
//计算长、宽分别为 a、b 的长方形面积
function showResult(a, b){
    var result = a * b;
    alert("面积为: "+ result);
}
```

上述代码定义了一个名为 **showResult** 的函数，并且有两个名为 a 和 b 的参数分别用来传入长和宽的值。在函数体内，定义了一个名为 result 的变量，用来存放长和宽的乘积，最后函数将计算结果以提示框的形式显示给用户。参数可以为多个，多个参数使用逗号","分隔。

6.1.2　调用函数

定义好函数以后，就可以在需要的时候进行调用了。因为函数是不会自动执行的，所以这需要程序编写人员在适当的时候进行调用。调用一个函数的方法，是使用函数名称并且用括号包含所需要传入的参数值。调用函数的语句也需要放置在<script>和</script>里。调用一个函数的前提是这个函数必须事先定义，如果企图调用一个未定义的函数，就会收到一条错误消息。

调用 6.1.1 小节中定义的 **showResult** 函数的语句如下所示：

```
showResult(5, 6);
```

调用后结果如图 6.1 所示。

图 6.1　用函数示例

【**范例 6-1**】 为了加深体会，下面给出一个示例文件，里面包含了简单的函数定义，以及函数的调用，HTML 文档见 6-1.html。

```
01  <html>
02  <head>
03  <title>函数调用示例</title>
04  <script language="JavaScript">
05  <!--
06  //计算三角形面积
07  function getSquare(a, b){
08      var result = a * b;
09      result = result * 0.5;
10      //调用子函数
11      alert("函数 getSquare 执行后结果是: "+result);
12  }
13  //-->
14  </script>
15  </head>
```

```
16   <body>
17   <script language="JavaScript">
18   <!--
19   getSquare(3,4);                        //调用函数
20   //-->
21   </script>
22   </body>
23   </html>
```

上述代码第 7~12 行定义了一个计算三角形面积的函数，通过 a、b 参数传入底和高，进行计算。执行后如图 6.2 所示。

图 6.2　函数执行结果示例

函数的调用，还可以跨框架，也就是说在多框架嵌套的页面里，可以在一个框架调用另一个框架里定义的函数，这样，JavaScript 的控制力更加增强了。关于跨框架的调用，将放在后面讲解框架的章节里作详细说明。

6.1.3　函数的返回值

函数不仅仅可以实现一些单纯的功能，比如弹出一个提示框，在网页上显示一些内容等等。函数能够通过参数接受变量的传入，同时，也能够将一些结果返回调用处。或者赋值给一个变量，或者被当作一个条件。实现函数返回值的语句是 return，语法如下所示：

```
return 返回值;
```

这条语句在函数体内需要返回值时使用，执行完这条语句后，函数就停止执行了。如果在调用函数时使用 "=" 将函数赋值给变量，如下面的语句：

```
var retval = 函数(参数);
```

【范例 6-2】　使用上面的语句，函数的返回值将会随着函数的执行完毕传递给变量。下面举例说明，HTML 文档见 6-2.html。

```
01   <html>
02   <head>
03   <title>函数返回值示例</title>
04   <script language="JavaScript">
05   <!--
06   //计算三角形面积
07   function getSquare(a, b){
08       var result = a * b;
09       result = result * 0.5;             //计算结果
10       return result;                     //返回结果
11   }
12   //-->
13   </script>
14   </head>
```

```
15  <body>
16  <script language="JavaScript">
17  <!--
18  var ret = getSquare(3,4);                    //调用函数并传递参数
19  alert("ret="+ret);                           //提示信息
20  //-->
21  </script>
22  </body>
23  </html>
```

上面代码第 7～11 行的函数 getSquare 通过 return 语句返回了计算结果 result。在调用时，将函数赋值给了 ret 变量，最后在提示框里显示 ret 的值，即是函数返回的值。

函数除了可以返回一个确切的值外，仅使用 return 也是允许的，如下所示：

```
return;
```

使用这样的语句，会让函数停止执行，这也是在很多时候可以用到的，如下面的函数所示：

```
01  <script language="JavaScript">
02  <!--
03  function getSquare(a,b){
04      if( a <= 0 || b <= 0 ){                  //判断条件
05          return;                              //直接返回
06      }else{
07          return a*b*0.5;                      //返回结果
08      }
09  }
10  //-->
11  </script>
```

上面第 3～9 行的函数 getSquare 是计算三角形面积的，当代表底和高的参数 a 或者 b 其中有不大于 0 的情况时，函数直接返回，停止执行。

6.1.4　组合函数

当功能较为复杂时，使用一个函数功能是很难实现的。通常情况下，对于复杂的功能，需要对功能进行分解，分别用不同的函数来实现分解后的功能，然后在调用的时候，按照逻辑关系，将这些函数组合起来使用。这样最大的好处是使得程序的逻辑关系变得更加清晰，另外比较重要的一点是，养成这样的习惯，可以在程序编写的过程中体会代码的重用——可能分解后的某个函数，能够用在不同的地方，实现相同的功能。

多个函数共同实现复杂功能，会有一个调用和被调用的关系，总有一个函数起这主导作用，在这个函数里，会调用别的函数，通常，把起主导作用的函数称为主函数，而被调用的函数称为子函数。主函数和子函数都是相对而言的。为了更好地理解，下面通过一个实例来进行说明。

【范例 6-3】 这个实例，仍然以三角形面积的计算为基础。不过需要对功能进行扩展，让功能变得复杂一点，以便能够使用多个函数。首先，在页面里增加两个输入框，用于接收三角形的底和高的手工输入；然后需要增加一个按钮来执行计算。经过扩充后，HTML 文档见 6-3.html，页面代码如下所示：

```
01  <html>
02  <head>
03  <title>函数组合示例</title>
04  <script language="JavaScript">
05  <!--
06  //计算三角形面积
07  function getSquare(a, b){
08      var result = a * b;
09      result = result * 0.5;                //求结果
10      return result;                        //返回结果
11  }
12  //提示子函数
13  function alertTip(str){
14      alert("结果是: "+str);
15      //重置表单
16      document.myform.reset();
17  }
18  //主函数
19  function startFun(){
20      var bottom = document.myform.v_bottom.value;
21      var height = document.myform.v_height.value;
22      //调用计算面积子函数计算结果
23      var result = getSquare(bottom, height);
24      //调用提示子函数显示提示
25      alertTip(result);
26  }
27  //-->
28  </script>
29  </head>
30  <body>
31  <form name="myform">
32  底:
33  <input name="v_bottom" type="text"><br/>
34  高:
35  <input name="v_height" type="text"><br/>
36  <input name="sub" type="button" value="计算" onclick="startFun()">
37  </form>
38  </body>
39  </html>
```

上面的代码，通过第 19~26 行的 startFun()这个主函数，获取输入的底和高的值，作为第 7~11 行的子函数 getSquare()的参数并进行调用。获得结果后，传入第 13~17 行的 alertTip()子函数显示提示，提示完毕，重置表单。效果如图 6.3 所示。

图 6.3　组合函数示例

6.2　认　识　事　件

在前面章节中已经初步接触过事件的概念，JavaScript 使得 HTML 具有动态特性，并控制页面效果的重要途径，就是事件。在本节里，将会对一些与事件相关的 HTML 标签进行介绍。另外，对几个重要的事件进行讲解。

6.2.1　HTML 的标签与事件

JavaScript 是嵌入在 HTML 文档里的，因此，HTML 标签是触发用户事件最重要的地方。而页面与用户交互，一个重要的标签则是<input>标签。<input>这个标签有一个 type 属性，通过改变这个属性的值，便可以使得这个标签成为各种类型的输入域，如文本输入框、单选框、复选框等等。在前面的章节里还能看到，使用<input>标签能够接受用户的输入值，响应用户的单击事件等等。在后面的表单章节，将会对该标签进行详细的说明。还有更多的 HTML 标签，也都具有各自的事件。为了让读者能够对常见标签以及每个标签具备的属性有清晰的了解，制作了一个 HTML 标签及相关事件的表格，如表 6.1 所示。

表 6.1　HTML标签及相关事件列表

HTML标签	描　　述	事 件 列 表
<a>	超链接	click mouseover mouseout
<img>	图像	abort error load
<area>	区域	mouseover mouseout
<body>	文档内容	blur error focus load unload
<frameset>	框架集	blur error focus load unload
<frame>	框架	blur focus
<form>	表单	submit reset
<textarea>	文本域	blur focus change select

HTML标签	描　　述	事 件 列 表
<select>	下拉框	Blur focus change
<input type="text">	文本框	blur focus change select
<input type="radio">	单选	click
<input type="checkbox">	复选	click
<input type="submit">	提交	click
<input type="reset">	重置	click

以上列出了常用 HTML 标签的事件，其实很多其他的标签同样具有自己的事件，这里不再说明，留给读者去体会。

6.2.2　JavaScript 的事件处理器

为了能够响应事件的发生，JavaScript 使用了事件处理器。事件处理器即为了响应某个特定的事件而被执行的代码。具体的事件，比如 load，通知 JavaScript 事件的发生，从而执行事件处理器。事件处理器代码作为一个属性添加在 HTML 标签中。一个链接标签的事件处理器代码如下所示：

```
<input 事件处理器="JavaScript 语句">
```

在上述代码中，以标签<input>为例，事件处理器的名称与事件同名，并添加一个 on 前缀。比如 load 事件的事件处理器为 onload，click 事件的事件处理器为 onclick。事件处理器被作为 HTML 的一个属性，所以是大小写无关的，但是通常建议统一使用小写。

事件处理器代码后面用"="添加事件触发时需要执行的 JavaScript 代码，可以是一个语句，也可以是一个函数。如下面的两条示例语句所示：

```
<input onclick="alert('单击! ')">
<input onclick="showTip()">
```

其中第一条语句里的事件处理的 JavaScript 代码就是直接编写的 JavaScript 语句，第二句则在事件触发时调用了一个函数。

6.2.3　JavaScript 的常用事件

很多的 HTML 标签与 JavaScript 都有事件处理程序，使用合适的事件，能够给对应的 HTML 标签实现一些功能，比如单击事件及双击事件等。

1．click事件

click 事件是<input>标签任何 type 属性都具有的事件，也就是单击事件，当鼠标单击在输入框或者按钮上时，就会触发该事件，下面的代码是一个 click 事件的示例：

```
<input type="button" onclick="alert('按钮单击事件！')" value="单击我">
```

鼠标单击后如图 6.4 所示。

图 6.4　按钮单击事件

同样的道理，输入框、单选框和复选框都有同样的效果。请读者自行试验。

2．blur事件

blur 事件是指光标或者焦点离开后触发的事件，比如对需要触发事件的输入框输入完毕，光标放到另一个输入框时，就会触发；或者光标原来停留在某单选框，突然移到别的地方，同样会触发。下面的代码是一个输入框的 blur 事件：

```
<input type="text" onblur="alert('输入框失去焦点事件！')">
```

当鼠标单击页面空白处使得输入框失去焦点，即触发事件，具体如图 6.5 所示。

图 6.5　失去焦点示例

🖢说明：失去焦点事件 blur 和获得焦点事件 focus 是一对相反的事件。

3．change事件

change 事件通常指输入框的值发生了变化后就会触发的事件，一个简单的示例代码如下所示：

```
<input type="text" onchange="alert('输入框内容改变事件！')">
```

当鼠标移开输入框表示输入完毕，JavaScript 检测到输入内容发生变化，即触发事件，具体如图 6.6 所示。

图 6.6 change 事件示例

提示：change 触发的条件与 blur 类似，都是需要焦点移出。

4. select事件

select 事件是指当用鼠标在输入框内选择内容时，即触发事件，具体的示例代码如下所示：

```
<input type="text" onselect="alert('你选择了一段文字！')" value="用鼠标
选择我">
```

当鼠标选择一段文字后，JavaScript 检测到发生了 select 事件，即触发提示，具体如图 6.7 所示。

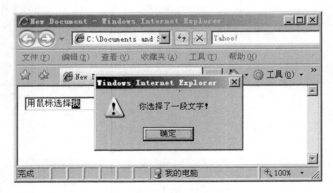

图 6.7 鼠标 select 事件

5. focus事件

与 blur 相反，focus 事件是获得焦点事件，当获得焦点时即触发，具体代码示例如下所示：

```
<input type="text" onfocus="alert('获得焦点！')">
```

将光标移入输入框，即触发事件，具体如图 6.8 所示。

图 6.8　获得焦点事件

6．load事件

load 事件使用最多的是在\<body\>标签里，当页面所有内容全部加载完毕后，即触发该事件，代码示例如下所示：

```
01  <html>
02  <head>
03  <title>body 的 load 事件</title>
04  </head>
05  <body onload="alert('页面加载完毕！')">
06      load 示例<br>
07      load 示例<br>
08      load 示例<br>
09      load 示例<br>
10      load 示例<br>
11      load 示例<br>
12      load 示例<br>
13      load 示例<br>
14      load 示例<br>
15      load 示例<br>
16  </body>
17  </html>
```

运行代码后的效果如图 6.9 所示。

图 6.9　body 的 load 示例

本节主要介绍这 6 种常见的事件，各位读者可以对其他的事件进行理解和自行测试，体会其中的奥妙。

6.3　小　　结

本章主要对函数和事件的内容进行了讲解，包括函数的定义以及调用、多函数的组合使用；同时还接触了事件的内容，事件是 JavaScript 的一个重要知识。读者对于常见的事件，需要熟练掌握。最近流行的很多 JavaScript 框架，都封装了很多函数库和类库，很多框架都是开源的，读者可以自行下载观摩，多学习别人的代码，也能增加自己写代码的技巧。

6.4　习　　题

一、填空题

1. 通常若干条语句会有关联地组合起来，形成一个独立的单元，这个单元被称为____。

2. 实现函数返回值的语句是_____。

二、选择题

以下哪个不是 HTML 的鼠标事件？（　　　　）

    A　click 事件　　　　　　B　mouseover 事件

    C　blur 事件　　　　　　　D　load 事件

三、实践题

页面中一个文本输入框，当该文本框获得焦点时，弹出一个窗口提示用户"你获得了文本框"；当文本框失去焦点时，弹出一个窗口提示用户"文本框失去了你"。

【提示】充分利用本章 6.2.3 小节学习的 6 个事件。

第 3 篇　JavaScript 进阶应用

第7章 DIV 层与图像

越来越多的网页，愿意选择一些动态的元素，比如动画、鼠标移上去后自动更改内容或样式、用户单击某个按钮后触发页面更多的动作、拉动滚动条后，网页边上的广告图片会不停地调整自己的位置，并始终保持在用户的视野范围等等，这些都可以归结为动态的HTML。本章就向读者介绍如何在网页中实现这些好玩的效果。

本章主要涉及到的知识点有：

- ❑ 认识页面中的层
- ❑ 掌握层的常用属性
- ❑ 使用 JavaScript 进行定位
- ❑ 在页面中使用图像

7.1 设计一个可定位的层

本节将利用 CSS 样式知识，定义一个层元素，该层元素会被定义好位置、大小、可见性及其他属性，最后通过动态地改变这些属性，来理解动态 HTML 的相关内容。给这个层元素命名为 mydiv，id 也设置为 mydiv。即如下所示：

```
<div name="mydiv" id="mydiv">JavaScript</div>
```

7.1.1 设计位置和大小

定义位置有两种方式：一是使用相对位置，一是使用绝对位置。使用相对位置需要有一个参照元素，设置好相对位置和参照元素后，位置就会根据参照物而移动；使用绝对定位是以网页边框为参照的，只要设置好绝对位置，那么元素的位置就会始终固定在距离边框某个距离的位置。

1. 绝对定位

绝对定位有两个属性：left 和 top，分别是距离网页左边和网页顶部的绝对位置。借助style 属性，按照如下的格式进行设置：

```
style=" position:absolute;left:距离左边距离;top:距离顶部距离"
```

本例完整的代码如下所示：

```
<div name="mydiv" id="mydiv" style="position:absolute;left:200px;top:
200px">
```

```
JavaScript
</div>
```

效果如图 7.1 所示。

图 7.1　绝对定位

2．相对定位

相对定位同样也是两个属性：left 和 top，分别是距离网页左边和网页顶部的绝对位置。借助 style 属性，按照如下的格式进行设置：

```
style=" position: relative;left:距离左边距离;top:距离顶部距离"
```

完整的代码如下所示：

```
<table align="right" bgcolor="#efefef">
<tr><td width="200">
<div id="mydiv" id="mydiv" style="position:relative; left:50px; top:
20px;">
JavaScript 相对定位</div>
</td></tr></table>
<div name="mydiv1" id="mydiv1" style="position:absolute;left:200px;top:
100px">
JavaScript 绝对定位
</div>
```

以上代码，对相对定位和绝对定位做了对比，为了说明相对定位的效果，还把一个居右对齐的表格作为了相对定位的参照物，运行后效果如图 7.2 所示。

除了定义位置，还能够定义尺寸大小，定义尺寸大小需要使用 width 和 height 属性，其格式如下所示：

```
style=" width:宽度;height:高度"
```

完整代码如下所示：

```
div 前文字<hr>
<div                          name="mydiv"                          id="mydiv"
style="position:realtive;left:200px;top:100px;width:400px;
height:50px">
div 层
</div><hr>
div 后文字
```

以上的代码，为了体现出 div 所占据的位置，特意在之前和之后都放置了文字并用一个水平分隔线隔开，运行后如图 7.3 所示。从滚动条可以看出 div 所占据的宽度，从两条分隔线可以看出 div 所占据的高度。

图 7.2　相对定位

图 7.3　定义大小

7.1.2　设计溢出属性

溢出属性（overflow），是用来处理内容所占的区域和一个固定尺寸的容器产生冲突后，以什么外观显示。对于定义好长宽的层来说，溢出属性用来处理当层里的内容过多，这个尺寸显示不了全部内容时，层的外观如何定义。overflow 有 4 个可选值，如表 7.1 所示。

表 7.1　overflow属性值说明

属性	说　　明
visible	当需要显示的内容超过容器所定义的尺寸时，会自动扩充
hidden	当需要显示的内容超过容器所定义的尺寸时，多余部分隐藏
scroll	当需要显示的内容超过容器所定义的尺寸时，横向和纵向都出现滚动条
auto	当需要显示的内容超过容器所定义的尺寸时，实际需要的宽度超过容器宽度则出现横向滚动条；实际需要的高度超过容器高度则出现纵向滚动条

【范例 7-1】下面举例来说明，见文件 7-1.html，代码如下所示：

```
01  <html>
02  <head>
03  <title>overflow 属性设置</title>
04  <style type="text/css">
05  div
06  {
07      border:thin solid green;          <!--边框颜色-->
08      width:300px;                      <!--宽度-->
09      height:80px;                      <!--高度-->
10  }
11  </style>
12  <script type="text/javascript">
13  function setOverflow(type){
14
```

```
15          document.getElementById("div1").style.overflow=type;      //更改样式
16     }
17 </script>
18 </head>
19 <body>
20 <div id="div1">
21 本站两大特色功能是：图书存借和图书交换。通过图书的存借和交换可以实现资源共享，从而
22 实现旧书的价值。登录本站注册则可成为会员，本站实行积分制度，有普通会员、高级会员、
   顶级会员和实验室成员。
23 </div>
24 <br />
25 <input type="button" onclick="setOverflow('hidden');" value="隐藏
   (hidden)"/>
26 <input type="button" onclick="setOverflow('visible');" value="隐藏
   (visible)"/>
27 <input type="button" onclick="setOverflow('scroll');" value="滚动
   (scroll)"/>
28 <input type="button" onclick="setOverflow('auto');" value="自动
   (auto)"/>
29 </body>
30 </html>
```

以上代码，第 20～23 行创建了一个层（div），并在里面放置一段文字，其中第 5～
10 行是设定层的尺寸为 300px 宽和 80px 高。第 25～28 行用一个函数来动态改变层的
overflow 属性，具体的触发通过 4 个按钮实现。overflow 的默认属性值为 visible，在浏览
器中运行后如图 7.4 所示。当单击"隐藏（hidden）"按钮时，多余的部分会被隐藏，如
图 7.5 所示。

图 7.4　overflow 属性示例

图 7.5　overflow 设置 hidden 属性

当单击"滚动（scroll）"按钮时，则会同时出现横向和纵向的滚动条，如图 7.6 所示。当单击"自动（auto）"按钮时，只出现纵向滚动条，如图 7.7 所示。

图 7.6　overflow 设置 scroll 属性

图 7.7　overflow 设置 auto 属性

当单击"隐藏（visible）"按钮时，恢复初始状态，显示全部的内容，如图 7.4 所示。在合适的情况下使用不同的属性，可以达到各种预期的目的。

7.1.3　设计可见属性

定义页面元素的可见属性有两个，一个是 visibility，一个是 display。这两个属性都能通过各自的属性值来控制页面元素的显示与隐藏，但是它们有一定的区别。下面结合示例来讲解。

1．使用visibility来控制可见属性

visibility 有两个可选属性值：hidden 和 visible。hidden 是隐藏，visible 是显示。

【范例 7-2】 看示例文件 7-2.html，代码如下所示：

```
01   <html>
02   <head>
03   <title>visibility属性</title>
04   <script language="JavaScript">
05   <!--
06   function setVisibility(type){
07
08       document.getElementById("div1").style.visibility=type;
                                                  //设计可见效果
```

```
09  }
10  //-->
11  </script>
12  </head>
13  <body>
14  div 之前内容<hr>
15  <div id="div1" style="visibility:visible">
16  本站两大特色功能是：图书存借和图书交换。通过图书的存借和交换可以实现资源共享，从而
    实现旧书的价值。
17  登录本站注册则可成为会员，本站实行积分制度，有普通会员、高级会员、顶级会员和实验室
    成员。
18  </div><hr>
19  div 之后内容<br/>
20  <input type="button" onclick="setVisibility('hidden')" value="隐藏
    (hidden)"/>
21  <input type="button" onclick="setVisibility('visible')" value="隐藏
    (visible)"/>
22  </body>
23  </html>
```

以上代码，第 20~21 行通过设置不同的 visibility 属性值，来控制 div 的可见性，通过
按钮实现切换。可见时如图 7.8 所示。单击"隐藏（hidden）"按钮，则切换为不可见，效
果如图 7.9 所示。再单击"隐藏（visible）"按钮时，切换为可见，如图 7.8 所示。

图 7.8　visibility 可见属性 visible　　　　图 7.9　visibility 可见属性 hidden

2．使用display来控制可见属性

display 有两个可选属性值：none 和 block。none 是隐藏，block 是显示。

【范例 7-3】　看示例文件 7-3.html：

```
01  <html>
02  <head>
03  <title>display 属性</title>
04  <script language="JavaScript">
05  <!--
06  function setDisplay(type){
07
08      document.getElementById("div1").style.display=type; //设计可见效果
09  }
```

```
10    //-->
11    </script>
12    </head>
13    <body>
14    div 之前内容<hr>
15    <div id="div1" style="display:block">
16    本站两大特色功能是：图书存借和图书交换。通过图书的存借和交换可以实现资源共享，从而
      实现旧书的价值。
17    登录本站注册则可成为会员，本站实行积分制度，有普通会员、高级会员、
      顶级会员和实验室成员。
18    </div><hr>
19    div 之后内容<br/>
20    <input type="button" onclick="setDisplay('none')" value="隐藏"/>
21    <input type="button" onclick="setDisplay('block')" value="显示"/>
22    </body>
23    </html>
```

上面的代码，第 20~21 行通过设置不同的 display 属性，借助按钮来实现指定区域的隐藏和显示。正常显示时如图 7.10 所示。单击"隐藏"按钮时，display 属性值变为 none，即不可见，效果如图 7.11 所示。再单击"显示"按钮，设置区域恢复可见，如图 7.10 所示。

图 7.10　display 可见属性 block

图 7.11　display 可见属性 none

看到这里，聪明的读者可能已经看到，使用 display 属性设置不可见和用 visibility 属性设置不可见时的区别，那就是使用 display 设置的不可见区域，所占的位置也一起隐藏，而使用 visibility 属性设置的不可见区域，所占的位置还保留，只是元素不可见而已。

7.1.4　设计背景和边框属性

【范例 7-4】　为了让所属区域看起来更加显眼，可以定义背景和边框，如文件 7-4.html 所示：

```
01    <html>
02    <head>
03    <title>简单定义边框和背景</title>
04    </head>
05    <body>
06    <div id="div1" style="border:1px solid #000000;background-color:
```

```
     #efefef">
07   本站两大特色功能是：图书存借和图书交换。通过图书的存借和交换可以实现资源共享，从而
     实现旧书的价值。
08   登录本站注册则可成为会员，本站实行积分制度，有普通会员、高级会员、
     顶级会员和实验室成员。
09   </div>
10   </body>
11   </html>
```

第 6 行设置了层的背景和边框。在浏览器里运行，效果如图 7.12 所示。

图 7.12　给 div 定义简单的边框和背景属性

7.2　使用 JavaScript 进行定位

创建好一个可定位的层以后，就可以使用 JavaScript 来对这个层进行定位了。通过 JavaScript 实现定位，只要控制元素的位置即可。但是，不同的浏览器，JavaScript 控制定位的方法不同，下面就针对不同的浏览器进行说明。

7.2.1　在 Internet Explorer 和 Firefox 中定位

在 IE 和 Firefox 里，层都是使用<div>标签，其定位方法也是一样的，即通过改变元素对象的 style 所对应的 left 和 top 属性值来改变元素位置。

【范例 7-5】　下面通过具体的实例来说明，见文件 7-5.html，具体代码如下所示：

```
01   <html>
02   <head>
03   <title>在 IE 和 firefox 中定位</title>
04   <style>
05   div{                                    <!--设计 div 样式  -->
06       border:1px solid #000000;
07       background-color:#efefef;
08       width:300px;
09       position:absolute;
10       left:50px;
11       top:50px
12   }
```

```
13  </style>
14  <script language="JavaScript">
15  <!--
16  function moveTo(left,top){
17      var obj = document.getElementById("div1");      //获取 div1 对象
18      obj.style.left = left;
19      obj.style.top = top;
20  }
21  //-->
22  </script>
23  </head>
24  <body>
25  <input type="button" onclick="moveTo(100,100)" value="移动到（100,100）">
26  <input type="button" onclick="moveTo(50,50)" value="移动到（50,50）">
27  <input type="button" onclick="moveTo(150,50)" value="移动到（150,50）">
28  <input type="button" onclick="moveTo(0,80)" value="移动到（0,80）">
29  <div id="div1">
30  本站两大特色功能是：图书存借和图书交换。通过图书的存借和交换可以实现资源共享，从而
    实现旧书的价值。
31  登录本站注册则可成为会员，本站实行积分制度，有普通会员、高级会员、
    顶级会员和实验室成员。
32  </div>
33  </body>
34  </html>
```

以上的代码，第 29~32 行定义了一个层，随后通过一个 JavaScript 函数 moveTo() 来移动该层到指定位置，移动操作通过 4 个按钮触发，运行后效果如图 7.13 所示。

可以看到图 7.13 中，层的初始位置位于距离顶部和左边各 50px 的位置，单击"移动到（100，100）"按钮后，移动到距离左边 100px、距离顶部 100px 的位置，如图 7.14 所示。

图 7.13　在 IE 和 firefox 中定位时的初始状态

图 7.14　单击"移动到（100，100）"按钮后

图 7.14 中层的位置移动后导致了浏览器出现了滚动条，单击"移动到（150，50）"按钮后，效果如图 7.15 所示。单击"移动到（0，80）按钮"后效果如图 7.16 所示。

图 7.15　单击"移动到（150，50）"按钮后的效果

图 7.16　单击"移动到（0，80）"按钮后的效果

单击"移动到（50，50）"按钮，层又返回到和初始状态相同的位置，如图 7.13 所示。

7.2.2　在 Navigator 中定位

在 Navigator 浏览器中，层元素的标签由<div>变成了<layer>。同时，通过 JavaScript 控制定位的方法也有所差别，在 Navigator 浏览器里，通过 layer 对象的 offset()和 moveTo() 函数来实现定位。下面分别对这两个函数进行说明。

1．offset()函数

offset()函数的功能是让层在水平方向或垂直方向移动指定的像素数。该函数接受两个参数，第一个参数是水平移动的像素数，第二个参数是垂直移动的像素数。如下所示：

```
document.layers[0].offset(10,30);
```

则是让页面的第一个 layer 对象在水平方向移动 10 像素，在垂直方向移动 30 像素。而下面的代码：

```
document.layers[0].offset(0,50);
```

则是让第一个 layer 对象在垂直方向上移动 50 像素。

2．moveTo()函数

碰巧的是，这个函数名称与 7.2.1 小节里的自定义函数 moveTo 正好相同。不同的是，在 Navigator 函数里，这个函数是 layer 对象自带的方法，但是二者功能都一样，都是把层移动到指定的位置。该函数有两个参数：第一个是距离左边的像素，第二个是距离顶部的像素。如下所示：

```
document.layers[0].moveTo(10,30);
```

则是让网页里第一个 layer 移动到距离左边 10 像素、距离顶部 30 像素的位置。

7.2.3　跨浏览器兼容性

通过 7.2.1 小节和 7.2.2 小节的内容，读者可以感受到，因为浏览器的不同，实现同样功能的 JavaScript 代码可能并不一定相同。因此，如何让设计出来的网页能够通用，在任何的浏览器里运行都正常，这就是本小节需要考虑的，跨浏览器兼容性的问题。

要实现跨浏览器，常见的主要有两种不同的方法：第一种是试图创建兼容的 JavaScript 代码和 HTML 页面；第二种是分别设计符合特定浏览器的页面，然后判断浏览器类型决定访问哪个文件。相比之下，第一种方法显得困难和艰巨得多，因为要创建真正的跨浏览器兼容的代码需要了解不同浏览器的文档对象模型，并编写在不同浏览器下能正确运行的代码。所以，常见的方法是第二种。

【范例 7-6】　一个跨浏览器的示例文件（7-6.html），代码如下所示：

```
01  <html>
02  <head>
03  <title>检查</title>
04  <script language="JavaScript">
05  <!--
06  function checkB(){
07      if( navigator.appName == "Netscape" ){
08          location.href = "7-8.html";          //导航到 7-8.html
09      }else{
10          location.href = "7-7.html";          //导航到 7-7.html
11      }
12  }
13  //-->
14  </script>
15  </head>
16  <body onload="checkB()">
17  </body>
18  </html>
```

以上的代码，第 6~12 行自定义了一个检查浏览器类型的函数 checkB()，其利用 navigator.appName 属性来获取浏览器类型，从而根据不同的类型跳转到不同的页面。在 IE 浏览器中运行上面的页面，则会跳转到 7-7.html 页面中去。

【范例 7-7】　除了以上的方法能够获取浏览器类型外，还可以通过判断 document 对象是否具有 layers 属性来进行判断，具体示例文件见 7-9.html，代码如下所示：

```
01  <html>
02  <head>
03  <title>检查</title>
04  <script language="JavaScript">
05  <!--
06  function checkB(){
07      if( document.layers != null ){
```

```
08            location.href = "7-8.html";              //导航到 7-8.html
09        }else{
10            location.href = "7-7.html";              //导航到 7-7.html
11        }
12    }
13    //-->
14    </script>
15    </head>
16    <body onload="checkB()">
17    </body>
18    </html>
```

第 7 行使用了 document.layers 的判断，运行后与运行 7-6.html 达到同样的效果。

7.3　创建 Image 图像

网页里如果仅有文字，就算有花样繁多的样式来修饰，那也是不够的。图像一定是网页里不可或缺的一部分，虽然现在的网页逐渐回归到简洁模式，但是图像仍然是必不可少的，比如网站的 logo、产品的图片、广告动画等等。

7.3.1　认识 Image 对象

在网页内使用图片，只需要使用<img>标签的 src 属性即可，在 src 属性里设置图片的绝对路径或者相对路径。跟 form 一样，HTML 页面里的每个<img>标签都由 images[]数组内的 Image 对象所来表示。如果需要在网页里实现动画或者一些图像效果，那么就得在 JavaScript 里使用 Image 对象。要使用 Image 对象，得先了解 Image 对象的属性，现列举如表 7.2 所示。

表 7.2　Image对象属性列表

属　　性	说　　明
border	图片边界的宽度
complete	布尔值，图片加载完毕返回真
height	图片高度
hspace	图片和左右水平元素的间距
lowsrc	以低分辨率显示图像的 url
src	图片的 url
width	图片的宽度
vspace	图片和垂直元素的间距
name	图片标签名称

介绍完属性后，再将 Image 对象的事件列举如表 7.3 所示。

表 7.3　Image对象事件

事　　件	说　　明
onload	当图片加载之后执行
onabort	当用户取消图片加载之后执行
onerror	当图加载的过程发生错误的时使执行

【**范例 7-8**】　下面，通过实例来对 Image 对象的属性和事件进行说明。查看文件
7-10.html，代码如下所示：

```
01   <html>
02   <head>
03   <title>Image 对象示例</title>
04   <script language="JavaScript">
05   <!--
06   //更换图片
07   function changePic(pic){
08       var picobj = document.getElementById("myimg");
09       picobj.src = pic;
10   }
11   //更换尺寸
12   function changeArea(w,h){
13       var picobj = document.getElementById("myimg");
14       picobj.width = w;
15       picobj.height = h;
16   }
17   //设置 border
18   function setBorder(){
19       var picobj = document.getElementById("myimg");
20       picobj.border = 2;
21   }
22   //-->
23   </script>
24   </head>
25   <body>
26   <img id="myimg" src="1.jpg" width="100" onload="alert('图片加载完毕！')
     "><br/>
27   <input type="button" onclick="changePic('1.jpg')" value="换为 1.jpg">
28   <input type="button" onclick="changePic('2.jpg')" value="换为 2.jpg">
29   <input type="button" onclick="changeArea(300,110)" value="尺寸为
     300*70">
30   <input type="button" onclick="setBorder()" value="设置边框">
31   </body>
32   </html>
```

以上的代码，通过几个 JavaScript 函数，来实现更改 Image 对象部分属性的功能。由
于第 26 行给<img>标签设置了 onload 事件，因此在图片加载完毕时，出现事件里设定的提
示框。上面代码运行后，效果如图 7.17 所示。

图 7.17　Image 对象属性控制初始状态

图 7.17 开始时显示 1.jpg，单击"换为 2.jpg"按钮后，通过改变 Image 对象的 src 属性，图片切换为 2.jpg。同理，当 2.jpg 加载完毕时，同样会弹出一个提示框，如图 7.18 所示。

图 7.18　改变 src 属性

单击"尺寸为 300*110"按钮，通过改变 Image 对象的 width 和 height 属性，图片的尺寸则作相应改变，如图 7.19 所示。最后，单击"设置边框"按钮，给图片设置边框，如图 7.20 所示。

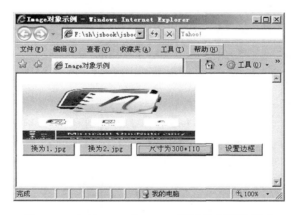

图 7.19　改变 width 和 height 属性控制图片尺寸

图 7.20　改变 border 属性给图片设置边框

以上的示例，只是对 JavaScript 改变 Image 对象部分属性的情况做了讲解，剩下的属性，留给读者去更多地尝试。

7.3.2　使用 Image 对象

在网页内，可以使用多个图片，借助 JavaScript 的 setTimeout()和 setInterval()方法，实现动画的效果，其实也就是图片轮换。在介绍如何使用 JavaScript 来实现动画前，先介绍一下刚刚提到的两个方法——setTimeout()和 setInterval()。setTimeout()方法允许某个动作延迟一段时间进行；setInterval()方法使得某个动作按照某个时间周期循环进行。

【范例 7-9】　介绍完这两个方法后，创建一个简单的图片轮换动画程序，查看文件 7-11.html，代码如下所示：

```
01  <html>
02  <head>
03  <title>Image 对象动画示例</title>
04  <script language="JavaScript">
05  <!--
06  var nowpic = "1.jpg";
07  //更换图片
08  function changePic(){
09      var picobj = document.getElementById("myimg");
10      var newpic = "1.jpg";
11      var nosrc = picobj.src.substr(picobj.src.length-5,5);
12      if( nosrc == "1.jpg" ){
13          newpic = "2.jpg";          //更换图片
14      }else{
15          newpic = "1.jpg";          //更换图片
16      }
17      picobj.src = newpic;
18  }
19  //-->
20  </script>
21  </head>
22  <body onload="setInterval(changePic,2000);">
23  <img id="myimg" src="1.jpg" width="100">
24  </body>
25  </html>
```

以上的代码，第 12 行通过判断当前图片文件名，结合 setInterval()方法，来实现图片的轮换。轮换周期为 2000 毫秒，即两秒。初始化状态下图片为 1.jpg，如图 7.21 所示。经过 2 秒后，图片轮换为 2.jpg，如图 7.22 所示。

通过简单的结合，即实现了动画的效果，综合使用，会达到更好的效果。

7.3.3　使用图像缓冲技术

在上一小节里的图片轮换程序，图片的切换看起来十分连贯和迅速，那是因为在本地访问的缘故。当在实际的网络环境里，有可能会出现某张轮换图片特别大的时候，下载不会那么快，所以就可能导致一个问题，就是轮换的连贯性问题。如果图片出现不连贯，那是因为 JavaScript 并没有在系统的内存里保存需要轮换的图片。本小节主要讨论的是使用图像缓冲技术，来让用户对图像的效果有较好的体验。

图 7.21　刚加载时的图片状态　　　　　图 7.22　轮换后的 2.jpg

图像缓冲技术，实际上是在本地计算机内存中暂时保存图像文件，使用 JavaScript 在计算机内存里保存和查找图像，这样就不用在每次需要时再下载，节省了下载的时间。使用这种技术，需要借助 Image 对象的 Image()构造函数。主要需要几个步骤：

（1）使用 Image()构造函数创建新对象。

（2）将图像文件设置给新的 Image 对象的 src 属性。

（3）将该 Image 对象的 src 属性赋值给<img>标签的 src 属性。

【范例 7-10】　文件见 7-12.html，具体示例代码如下所示：

```
01  <html>
02  <head>
03  <title>图片缓冲示例</title>
04  <script language="JavaScript">
05  <!--
06  objImage = new Image();
07  objImage.src = "1.jpg";
08  function changePic(){
09      document.getElementById("myimage").src = objImage.src;//更改图片
10  }
11  //-->
12  </script>
13  </head>
14  <body>
15  <img id="myimage" src="2.jpg" width="100"/><br/><br/>
16  <input type="button" onclick="changePic()" value="改变图片为1.jpg"/>
17  </body>
18  </html>
```

上面的代码，第 6 行使用 Image()构造函数创建了一个新对象 objImage，并设置 src 属性为 1.jpg，将 1.jpg 从后台读取放入本地计算机的内存里。函数 changePic()用来将 id 为 myimage 的<img>标签的 src 属性设置为 1.jpg。在浏览器里运行后如图 7.23 所示。单击"改变图片为 1.jpg"按钮，图片很快切换为 1.jpg。切换后如图 7.24 所示。

图 7.23　图像缓冲技术示例——初始状态　　　　图 7.24　图像缓冲技术示例——切换图片

7.4　小　　结

本章的重点是使用动态 HTML 和动画让网页变得更加生动有趣。这些动态 HTML 效果，主要是通过 JavaScript 和 div 层的互动来实现，所以本章开始介绍了一些层的相关属性，如位置、大小、背景和边框等等。本章最后一节讲解了网页中的一些图像应用，主要是通过 Image 对象实现的。读者学习到这里，可以多做一些动画效果，掌握动态网页的制作技巧。

7.5　习　　题

一、填空题

1. 定义位置有两种方式：一是使用＿＿＿＿＿＿＿＿，一是使用＿＿＿＿＿＿＿＿。

2. 定义页面元素的可见属性有两个，一个是＿＿＿＿＿＿＿＿，一个是＿＿＿＿＿＿＿＿。

二、选择题

在 JavaScript 中，以下哪个不是 Image 对象的属性？（　　　　）

　　A　border 属性　　　　　B　src 属性

　　C　width 属性　　　　　D　offset 属性

三、实践题

在页面中显示一个图像，图像文件来自 C 盘根目录。显示完成后，增加一个按钮"修改边框"，将按钮事件的功能写成是将边框宽度修改为 1px。

【提示】首先用<img>控件，然后使用 Image 对象的边框属性。

第8章　窗口和框架

在网页里，除了单一的页面外，还可能会包含多个帧，也称为框架，也就是说一个窗口里分成若干个区域，每个区域都是一个独立的网页，像积木一样拼成一个大的网页。本章就是让读者了解如何分割窗口，如何调用不同的窗口。

本章主要涉及到的知识点有：

- ❑ 认识 JavaScript 的窗口对象
- ❑ 使用窗口对象实现各种窗口操作
- ❑ 认识并学会使用框架
- ❑ 了解 JavaScript 中常用的几个对象

8.1　认　识　窗　口

为了能够达到一些特定的效果，通常需要使用 JavaScript 来控制窗口的动作。比如需要在窗口的状态栏显示当前的操作说明文字；或者是把当前窗口的标题更换成另一段文字；或者是弹出一个新的窗口；或者是重新加载当前页面等等，这些效果的实现，需要利用到浏览器对象模型。浏览器对象模型是 JavaScript 对象的一个体系，每个对象都能够对网页或者浏览器窗口进行程序控制。每个对象所处理的范围不同，因此可以利用不同的对象来进行不同的控制。图 8.1 为浏览器对象模型图。

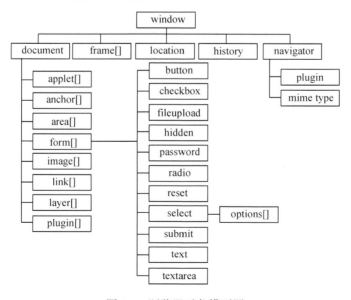

图 8.1　浏览器对象模型图

可以看到，window 对象处于对象模型的第一层。在接下来的小节里，将会对其详细进行介绍。

8.1.1　什么是窗口对象

窗口对象包含了一些浏览器窗口信息的属性，比如窗口名称属性、窗口状态栏属性等等；窗口对象同时也包含了操作浏览器窗口的一些方法，已经接触过的有 alert()方法、confirm()方法等等。下面罗列出窗口对象的常见属性，如表 8.1 所示。

表 8.1　窗口对象的常见属性

属　　性	说　　　明
defaultStatus	状态栏默认文字
document	文档对象的引用
frame[]	窗口中框架对象数组
history	历史对象的引用
location	定位对象的引用
opener	打开新窗口的窗口对象
parent	当前框架的父框架
self	当前窗口
status	状态栏文本
top	当前框架的最高窗口对象
window	当前窗口
name	窗口名称

表 8.1 列举出了窗口对象的常见属性，利用 JavaScript 操作这些属性，可以实现对窗口进行操作的目的。窗口对象还有常见方法，如表 8.2 所示。

表 8.2　窗口对象的常见方法

方　　法	说　　　明
alert()	显示一个提示框，只有一个"确认"按钮
blur()	窗口失去焦点
clearTimeout()	取消延时设置，与 setTimeout()对应
clearInterval()	取消重复设置，与 setInterval ()对应
close()	关闭窗口
confirm()	确认提示框，有一个"确认"和一个"取消"按钮
focus()	窗口得到焦点
open()	打开一个新窗口
prompt()	显示一个对话框，允许用户输入信息
setTimeout()	在设定好的时间后执行某个函数
setInterval()	以设定时间周期重复执行某函数

表 8.2 是窗口对象的常见方法列表，窗口对象的所有方法并没有全部列出，读者在日后的学习和实践中可以自行试验和查询。在下面的小节里，将会对窗口的一些操作进行讲解。

8.1.2 打开和关闭窗口

在浏览网页时，可能需要单击某个图片或者某个按钮，打开指定的新窗口；有时候当操作完毕后，需要单击"关闭"按钮，把当前窗口关闭。这样的操作，经常会碰到，本小节就来学习如何打开和关闭窗口。

1. 使用open()方法打开新窗口

要打开一个新窗口，可以使用窗口对象的 open()方法。open()方法有 3 个参数：第一个是打开网页的 url 地址；第二个是给新打开的窗口命名；第三个是打开新窗口的属性串。要使用该方法，得加上 window 对象。打开新窗口的语法如下所示：

```
window.open("新窗口地址","新窗口名称","新窗口属性串");
```

这 3 个参数都是可以省略的。下面针对省略这 3 个参数的效果进行演示。

（1）如果省略第一个地址参数，则会弹出一个空白页面窗口。试着运行以下代码：

```
01  <html>
02  <head>
03      <title>打开窗口</title>
04  </head>
05  <body>
06      <input type="button" onclick="window.open();">
07  </body>
08  </html>
```

上述代码会得到一个如图 8.2 所示的空白窗口。

图 8.2　省略地址参数弹出的空白窗口

（2）第二个窗口名称参数也可以省略，它主要是保证具有同样名称的新窗口不至于被重复打开。但是如果没有特别的需要，省略这个参数，会让弹出新窗口的速度加快，因为省去了判断是否已经存在重复窗口的过程。

【范例 8-1】 示例文件见 8-1.html，代码如下所示：

```
01  <html>
02  <head>
```

```
03        <title>打开窗口</title>
04    </head>
05    <body>
06        具有相同名称窗口打开:
07        <hr>
08        <input type="button" onclick="window.open('http://www.ds5u.com',
          'mywindow');"
09        value="打开 http://www.ds5u.com">
10        <input type="button" onclick="window.open('http://www.163.com',
          'mywindow');"
11        value="打开 http://www.163.com">
12        <hr>
13        具有不相同名称窗口打开:
14        <hr>
15        <input type="button" onclick="window.open('http://www.ds5u.com',
          'newwindow1');"
16            value="打开 http://www.ds5u.com">
17        <input type="button" onclick="window.open('http://www.163.com',
          'newwindow2');"
18            value="打开 http://www.163.com">
19    </body>
20    </html>
```

以上的代码，第 8～18 行设置了两组按钮，每组按钮各包含两个按钮，分别以相同名称和不同的名称打开两个站点。针对第一组按钮，单击第一个按钮，弹出一个新窗口，在新窗口里打开 http://www.ds5u.com 这个站点。单击第二个按钮，不会弹出新窗口，而刚弹出的新窗口则跳转到 http://www.163.com 这个站点，这是因为两个按钮使用 open 方法时，使用了同样的弹出窗口名称 mywindow。依次单击按钮后情况，如图 8.3 所示，从中可以看到，最后有两个窗口同时存在。

图 8.3　open()方法示例 1

针对第二组按钮，设置了不同的弹出窗口名称，依次单击后的情况如图 8.4 所示。从图 8.4 中可以看到，最后有 3 个窗口。

图 8.4　open()方法示例 2

（3）第三个参数是新窗口属性串，省略则按照默认的属性打开新窗口。属性串能够定义的属性有很多，现把常见属性列举如表 8.3 所示。

表 8.3　open()方法常见属性

属　　　性	说　　　明
directories	包括目录按钮。可选值为 yes 和 no
height	设置弹出窗口的高度
location	包括地址栏。可选值为 yes 和 no
menubar	包含菜单条。可选值为 yes 和 no
resizable	允许新窗口随意调整大小。可选值为 yes 和 no
scrollbars	包含滚动条。可选值为 yes 和 no
status	包含状态栏。可选值为 yes 和 no
toolbar	包含标准工具条。可选值为 yes 和 no
width	设置弹出窗口的宽度

定义属性的语法如下所示：

属性 1=属性值 1,属性 2=属性值 2...属性 n=属性值 n

【范例 8-2】　为了对属性值有所了解，请查看文件 8-2.html，代码如下所示：

```
01  <html>
02  <head>
03  <title>打开窗口-属性设置</title>
04  <script language="JavaScript">
05  <!--
06  function open1(){
07
    window.open("http://www.ds5u.com","","height=100,width=600,menubar=y
```

```
es,toolbar=yes,scrollbars=yes");
08    }
09    function open2(){
10        window.open("http://www.ds5u.com","","height=400,width=300);
          //打开窗口
11    }
12    //-->
13    </script>
14    </head>
15    <body>
16    <input type="button" onclick="open1()" value="打开">
17    <input type="button" onclick="open2()" value="打开">
18    </body>
19    </html>
```

以上的代码设置了两个不同的属性串来打开设置的网址。第 7 行的第一个属性串是设置了窗口高度为 100，宽度为 600，显示菜单栏，显示工具栏，显示滚动条，单击触发按钮后如图 8.5 所示；第 10 行的第二个属性串设置了高度为 400，宽度为 300，其他属性都没有设置，单击触发按钮后如图 8.6 所示。

图 8.5　open()方法示例 3　　　　　　　图 8.6　open()方法示例 4

从图 8.6 中可以看到，弹出的窗口按照设置尺寸显示，其他的属性由于没有设置，默认为都不显示，因此都没有出现在窗口上。读者可以对代码进行修改，试着去控制其他的属性。

2．使用close()方法关闭窗口

既然有打开窗口的方法，自然也有一个关闭窗口的方法与之对应，与 open()方法相比，close()方法没有属性值需要设置。只要使用需要关闭窗口的对象调用 close()方法即可。如果要关闭本窗口，则使用如下语句：

```
window.close();
```

如果需要在父窗口里关闭弹出的新窗口，则需要改变一下打开窗口的代码，如下所示：

```
var newwindow = window.open("http://www.ds5u.com");
newwindow.close();
```

以上的代码，在弹出窗口时，把弹出窗口的对象赋值给一个变量 newwindow，因此可以通过这个变量使用弹出窗口的 close()方法来关闭窗口。

【范例 8-3】　文件 8-3.html 是一个示例，代码如下所示：

```
01  <html>
02  <head>
03  <title>关闭窗口</title>
04  <script language="JavaScript">
05  <!--
06  var windowobj;
07  function open1(){
08      windowobj = window.open("http://www.ds5u.com");    //打开窗口
09  }
10  function close1(){
11      windowobj.close();                                //关闭窗口
12  }
13  //-->
14  </script>
15  </head>
16  <body>
17  <input type="button" onclick="open1()" value="打开新窗口"/><br/>
18  <input type="button" onclick="close1()" value="关闭新窗口"/><br/>
19  <input type="button" onclick="window.close()" value="关闭本窗口"/>
20  </body>
21  </html>
```

以上的代码分别是打开新窗口、关闭打开的窗口和关闭本窗口的 3 个示例。读者可以试着运行查看效果。在单击"关闭本窗口"按钮关闭本窗口时，常常会收到浏览器的一个提示框，用来提醒用户是否确认关闭，如图 8.7 所示。

图 8.7　关闭提示

但是这样的提示框有时候会让用户感到迷惑，误以为是当前网页给出的提示，所以尽量要消除这种提示。为此，需要对关闭代码做一点调整，需要调整的是在调用关闭方法前先让窗口的 opener 属性为 null，如下所示：

```
window.opener = null;
```

因此需要对文件 8-3.html 里的按钮事件调整如下所示：

```
<input type="button" onclick=" window.opener = null;window.close()" value="
关闭本窗口"/>
```

调整完毕后，再次运行后单击"关闭本窗口"按钮，会发现刚才的提示窗口不再出现。

8.1.3　延时设定

在网页里，除了通过用户的点击、鼠标的移动或者键盘等触发一些事件外，还有可能需要一段时间后自动运行一些事件，JavaScript 允许通过窗口的延时方法来实现这样的效果。延时方法为 setTimeout()。setTimeout()方法接受两个参数：第一个参数是需要执行的函数，第二个参数是延迟的毫秒数。此方法的演示代码如下所示：

```
<script language="JavaScript">
<!--
setTimeout("alert('延迟 10 秒! ')",10000);
//-->
</script>
```

上述语句表示，延迟 10 秒再执行 alert('延迟 10 秒')这个语句。用 setTimeout()方法设置的需要延迟执行的函数只执行一次。

认识 setTimeout()方法后，还需要了解的一个是与其对应的 clearTimeout()方法，clearTimeout()方法的目的是消除延迟，通常搭配起来使用。

8.1.4　时间间隔设定

另一个与 setTimeout()方法类似的方法是 setInterval()，这个方法是每隔一段时间会执行设定的某个函数，除非消除掉这个方法，否则会一直循环下去。setInterval()方法同样有两个参数：第一个参数是需要执行的函数，第二个参数是时间间隔，同样以毫秒为单位。下面的代码是一个示例：

```
<script language="JavaScript">
<!--
setInterval("alert('每隔 10 秒提示')",10000);
//-->
</script>
```

上面的代码，每隔 10 秒会弹出一个提示框。要消除时间间隔设定，使用 clearInterval()方法即可。

8.1.5　移动窗口

窗口的移动分为两种方式，第一种是改变窗口与屏幕之间的相对位置；第二种是改变窗口内网页内容与窗口的相对位置。下面分别进行说明。

1. 使用moveTo()方法移动窗口到绝对位置

moveTo()方法，接受两个参数，分别是窗口与屏幕在水平和垂直方向上的绝对位移，如下所示：

```
<script language="JavaScript">
<!--
window.moveTo(100,100);
```

```
//-->
</script>
```

以上代码会让当前窗口移动到距离屏幕水平距离 100、垂直距离 100 的位置。

2．使用moveBy()方法移动窗口到相对位置

moveBy()方法接受两个参数，分别是窗口与屏幕在水平和垂直方向上的相对位移，如下所示：

```
<script language="JavaScript">
<!--
window.moveBy(100,100);
//-->
</script>
```

以上代码会让当前窗口在目前位置的基础之上，再往水平和垂直方向各移动 100 的距离。

3．使用scrollTo()方法滚动页面到窗口绝对位置

当页面出现滚动条后，使用 scrollTo()方法可以使得页面滚动到相对窗口的指定位置，以方便显示页面指定位置的内容。scrollTo()方法接受两个参数，分别是页面相对于窗口在水平和垂直方向上的绝对位移，如下所示：

```
<script language="JavaScript">
<!--
window.scrollTo(100,100);
//-->
</script>
```

以上代码会让页面滚动到相对于窗口水平和垂直方向都是 100 的位置。

4．使用scrollBy()方法滚动页面到窗口相对位置

scrollBy()方法能接受两个参数，分别是页面与窗口在水平和垂直两个方向上的相对位移。使用 scrollBy()方法能在现有的页面与窗口的位置之上，在水平和垂直方向上滚动指定位移，代码如下所示：

```
<script language="JavaScript">
<!--
window.scrollBy(100,100);
//-->
</script>
```

以上代码是在现有页面与窗口位置的基础之上，再往水平和垂直方向各移动100。

8.1.6　改变窗口尺寸

要改变窗口尺寸，同样有两种方式：一种是直接改变当前窗口尺寸为指定的尺寸；另一种是改变当前窗口的相对尺寸。下面分别进行说明。

1．使用resizeTo()方法改变窗口绝对尺寸

resizeTo()方法接受两个参数，分别是窗口的宽和高，如下所示：

```
<script language="JavaScript">
<!--
window.resizeTo(300,400);
//-->
</script>
```

以上代码是让当前窗口的大小改变为宽300、高为400的尺寸。

2．使用resizeBy()方法改变窗口的相对尺寸

所谓相对尺寸，是指在当前尺寸的基础上，再进行尺寸的增减，如下所示：

```
<script language="JavaScript">
<!--
window.resizeBy(100,50);
//-->
</script>
```

以上代码是让当前窗口尺寸的宽减少100，高减少50。

8.1.7　使用状态栏

状态栏是显示在浏览器窗口底部的一个提示区域，在网页里，可以通过改变状态栏的文字来达到提示的目的。使用状态栏需要使用到 window 对象的 status 属性，代码如下所示：

```
<script language="JavaScript">
<!--
window.status = "状态栏提示文字";
//-->
</script>
```

上述代码加入页面后，即会改变页面状态栏中的文字。

【范例8-4】　文件 8-4.html 是加入了设置状态栏的 JavaScript 代码的网页，代码如下所示：

```
01   <html>
02   <head>
03      <title>状态栏示例</title>
04   <script language="JavaScript">
05   <!--
06      window.status = "这里是状态栏提示文字";
07   //-->
08   </script>
09   </head>
10   <body>
11      设置状态栏。
12   </body>
13   </html>
```

以上的代码，设置了状态栏的文字为"这里是状态栏提示文字"，通过浏览器查看后，如图 8.8 所示。

图 8.8　状态栏示例

从图 8.8 中的左下角状态栏可以看到，网页加载后，状态栏的文字已经改变为设置的文字了。这样，在合适的时候改变状态栏的文字，即可达到实时提示的目的。关于状态栏还有一些常见的特效，将放在后面的章节详细介绍。

8.2　使用框架

在前面的章节里，所有的示例内容，都是单一的网页，然而由于网页越来越广泛的应用，一些复杂的网页使用了多帧结构。帧又称为框架，用于把若干个子页面组合在一起形成一个主页面，像搭积木一样，使用框架结构能使页面的逻辑变得相对简单，不至于像一个单一的页面那样，要同时考虑显示不同的内容。本节对帧的内容进行说明。

8.2.1　创建框架

创建框架有两种方式，分别是使用<frameset>标签和<iframe>标签。前者是将整个网页分隔成几个框架区域，每个区域都是一个独立的页面，而当前网页里并没有任何内容；后者是在一个已经包含了内容的网页内嵌入一个框架页，用于显示某个页面。这两种方式，视不同的需要而使用。

1．使用<frameset>标签创建框架

使用<frameset>...</frameset>标签，即可实现框架的创建，但是要真正完成框架的创建，还需要借助<frame>标签，用于指定具体的框架和关联显示的网页地址。<frameset>标签有两个常用属性，分别是 cols 和 rows。cols 的属性值代表了整个主页面划分为几列；rows 的属性值代表整个主页面划分为几行，代码如下所示：

```
<frameset cols="40%,60%">
<frame src="left.html">
<frame src="right.html">
</frameset>
```

以上的代码创建了一个 1 行 2 列的框架，即左右结构。在 cols 属性值里规定每个框架

的宽度，可以是具体的数值，也可以是百分比，使用逗号对每个宽度进行分隔。演示代码
如下所示：

```
<frameset cols="150,*,100">
<frame src="top.html">
<frame src="middle.html">
<frame src="bottom.html">
</frameset>
```

以上的代码，创建了一个 3 行 1 列的框架页面，构成了顶部、中部和底部 3 个部分，
其中顶部和底部分别规定为 150 和 100 的高度。

注意：对中间框架的高度设置了星号 "*"，在这里要说明的是，使用星号 "*" 设定的
框架的尺寸会根据主窗口的尺寸而自行适应。

【范例 8-5】　文件 8-5.html 是一个完整的示例，如下所示：

```
<html>
<head>
<title>框架示例 </title>
<frameset cols="30%,*" rows="150,*,100">
<frame src="8-5-left-top.html">
<frame src="8-5-right-top.html">
<frame src="8-5-left-middle.html">
<frame src="8-5-right-middle.html">
<frame src="8-5-left-bottom.html">
<frame src="8-5-right-bottom.html">
</frameset>
</head>
</html>
```

上述代码创建了一个 3 行 2 列一共 6 个区域的框架页面，在浏览器里查看效果如图 8.9
所示。

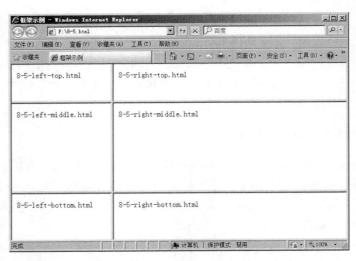

图 8.9　3 行 2 列框架示例

对照代码，可以看出，<frameset>标签内的<frame>标签与框架区域页面的对应关系是
从左至右、从上至下的顺序。

2．使用<iframe>标签创建框架

【范例 8-6】　使用<iframe>标签，能够在一个网页内创建框架，见文件 8-6.html，代码如下所示：

```
01  <html>
02  <head>
03      <title>框架示例-iframe </title>
04  </head>
05  <body>
06      使用 iframe 创建框架：<hr>
07      <iframe width="400" height="300" src="8-6-iframe.html"></iframe>
08      <hr>框架结束
09  </body>
10  </html>
```

以上的代码，第 7 行使用<iframe>标签创建了一个框架，并且将框架内的页面显示为 8-6-iframe.html，效果如图 8.10 所示。

图 8.10　使用<iframe>标签创建框架

对比两种创建框架的方式，第二种显得更加灵活机动，但是不如第一种方式显得严谨，读者可以根据实际的需要进行选用。

8.2.2　框架嵌套

【范例 8-7】　在讲解框架嵌套之前，先看一个页面，如图 8.11 所示。

图 8.11 所示的框架结构，单纯使用前面学习的知识是无法实现的，但是可以分析一下这个框架的结构，首先页面是分为了上、中、下 3 个部分，然后中间部分又分为了左右两

个部分。因此，这就牵涉到了框架的嵌套。图 8.11 所示的页面为 8-7.html，代码如下所示：

图 8.11　框架嵌套示例

```
01   <html>
02   <head>
03   <title>框架嵌套 </title>
04   <frameset rows="50,*,80">
05   <frame src="8-7-top.html">
06   <frameset cols="30%,*">
07       <frame src="8-7-left-middle.html">
08       <frame src="8-7-right-middle.html">
09   </frameset>
10   <frame src="8-7-bottom.html">
11   </frameset>
12   </head>
13   </html>
```

有了框架的嵌套，就能够制作出各种布局的框架。

8.2.3　使用 target 属性

在开始本小节的主要内容前，先说明一下框架的另一个属性——name。name 属性给每个框架页面规定了名称，可以使用 JavaScript 通过框架的名称来对每个框架进行控制。框架的名称，与各个框架里的链接或者表单的 target 属性结合起来使用，会达到特殊的效果。

target 属性并不是指框架标签的一个属性，这里的 target 属性仍然是链接或者表单的 target 属性，先回忆一下 target 的用法，如下所示：

```
<a href="http://www.ds5u.com" target="_blank">读书无忧网</a>
<form action="result.asp" target="_blank">...</form>
```

通过上面熟悉的代码，可以回想起 target 属性的作用，就是用来规定链接打开或者表单提交的目标窗口，target 属性在多框架的页面里，得到广泛的应用。把多框架页面的链接或者表单的 target 属性设置为某个框架的名称时，链接单击后的目标页面或者表单提交后的目标页面，将会出现在以 target 属性值为名称的框架区域。

【范例 8-8】 将文件 8-7.html 的代码进行小的调整，给框架加上名称，另存为 8-8.html，代码如下所示：

```
01  <html>
02  <head>
03  <title>框架嵌套 </title>
04  <frameset rows="50,*,80">
05  <frame name="topframe" src="8-8-top.html">
06  <frameset cols="30%,*">
07      <frame name="leftmidframe" src="8-8-left-middle.html">
08      <frame name="rightmidframe" src="8-8-right-middle.html">
09  </frameset>
10  <frame name="bottomframe" src="8-8-bottom.html">
11  </frameset>
12  </head>
13  </html>
```

以上代码，给各个框架命名，并把中间的左边框架页面 8-8-left-middle.html 内容编辑为以下的内容：

```
01  <html>
02  <head>
03  <title>8-8-left-middle.html</title>
04  </head>
05  <body>
06  <li><a href="http://www.ds5u.com1" target="topframe">链接到顶部框架
    </a></li>
07  <li><a href="http://www.ds5u.com1" target="rightmidframe">链接到右部框
    架</a></li>
08  <li><a href="http://www.ds5u.com1" target="bottomframe">链接到底部框架
    </a></li>
09  </body>
10  </html>
```

以上的代码把 3 个链接的 target 属性分别设置为其他 3 个框架的名称。在浏览器查看 8-8.html 文件，效果如图 8.12 所示。单击第一个链接，将会在顶部框架打开目标页面，如图 8.13 所示。

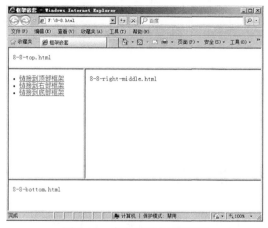

图 8.12　完善后的框架页面

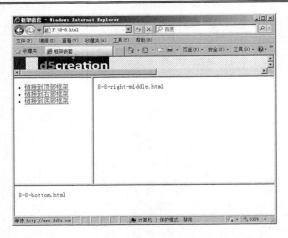

图 8.13　使用 target 属性让目标页面在顶部框架打开

　　单击第二个链接，将会在中间的右部框架打开目标页面，如图 8.14 所示。单击第三个
链接，将会在底部框架打开目标页面，如图 8.15 所示。

图 8.14　使用 target 属性让目标页面在中部右边框架打开

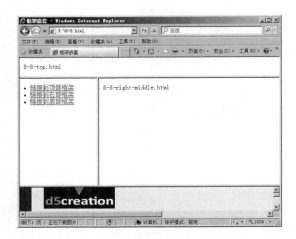

图 8.15　使用 target 属性在底部框架打开

表单也是同样的道理，在这里不再做示例，留给读者去尝试。

8.2.4　使用<noframes>标签

浏览器厂商有很多，每个浏览器所支持的标准都有所不同，因此，在浏览器发展的早期，有的浏览器是不支持框架的。不支持框架的浏览器如果访问框架网页，则看不到任何东西，因此，需要考虑到浏览器的兼容性。这个时候就需要使用到<noframes>标签了，使用<noframe>标签的目的是当浏览器不支持框架网页时，给出替换的内容。具体语法如下所示：

```
<frameset>
...
</frameset>
<noframes>
对不起，您的浏览器不支持框架
</noframes>
```

从上面的代码可以看出，<noframes>标签是与框架标签<frameset>搭配起来使用的，放置在<frameset>标签后面，把需要提示的内容包含在一对<noframes>...</noframes>标签中。不过，由于浏览器的飞速发展，目前几乎所有的浏览器，都已经支持框架了，所以，这个标签目前使用得不多。

8.3　常用的窗口对象

在窗口的使用中，有几个常用的对象，也是起到了非常重要的作用，它们分别是 location 对象、history 对象、navigator 对象以及 screen 对象。它们分别对网页的定位、网页的历史、网页的导航以及屏幕方面的操作和控制，实现了一些重要的功能。

8.3.1　location 对象

通常，在浏览器窗口里进行页面转换的方式主要是通过超链接来实现，当然，除了超链接外还可以使用表单提交等方式。除了页面转换外，还有页面的刷新以及页面本身很多属性，都可以通过 JavaScript 的 location 对象来实现控制和获取。location 对象的属性如表 8.4 所示。

表 8.4　location对象常见属性

属性	说　　明
hash	网页地址的锚链
host	网页地址中主机名和端口的组合
href	网页地址
hostname	网页地址主机名称
pathname	网页地址的路径
port	网页地址的端口

续表

属性	说　　明
Protocol	网页地址的协议
search	网页地址的搜索或者查询部分

可以使用如下的语法来对属性进行访问：

```
location.属性名
```

比如让一个网页改变地址，则可以使用如下的语句：

```
<script language="JavaScript">
<!--
location.href = "new.html";
//-->
</script>
```

以上代码则是改变网页地址，跳转到 new.html 这个页面来。另外，location 对象还有两个方法：reload()和 replace()。

1．reload()

reload()方法的意思是重新加载当前页面，相当于浏览器的刷新按钮，reload()方法可以接受一个布尔型的参数，当参数为 true 或者默认为空时，页面重载，如下所示：

```
<script language="JavaScript">
<!--
location.reload(true);
//-->
</script>
```

以及

```
<script language="JavaScript">
<!--
location.reload();
//-->
</script>
```

都实现了同样的功能。

2．replace()

replace()方法使用一个新的地址来替换当前的地址。使用 location 对象的 href 属性也可以达到同样的效果，但是二者不同的是，使用 href 属性改变的新地址，会自动添加到历史记录里；而使用 replace()方法同样改变当前地址，但是使用新的地址替换了旧地址在历史记录里的项目。如下是 replace()方法的一个示例：

```
<script language="JavaScript">
<!--
location.replace("http://www.ds5u.com");
//-->
</script>
```

8.3.2 history 对象

history 对象保存了当前浏览器窗口打开文档的一个历史记录列表，使用 JavaScript 操作 history 对象，可以将当前浏览器页面跳转到某个曾经打开过的页面。history 对象有 3 个方法，列举如表 8.5 所示。

表 8.5 history对象方法

方法	说　　明
back()	后退一个页面，相当于浏览器后退按钮
forward()	前进一个页面，相当于浏览器前进按钮
go()	打开一个指定位置地址

使用对象方法的语法如下所示：

```
history.方法名
```

1. back()

代码如下所示：

```
<script language="JavaScript">
<!--
location.back();
//-->
</script>
```

以上代码是将当前页面回退到上一个页面。

2. forward()

代码如下所示：

```
<script language="JavaScript">
<!--
location.forward();
//-->
</script>
```

以上代码是将当前页面前进到前一个页面。

3. go()

除了使用上面两个方法来实现浏览器在历史记录里跳转，还可以使用 go()方法来实现跳转到指定的历史记录页面去。go()方法接受一个参数，可以是正数或者负数，正数用来表明前进到前面若干个历史记录对应页面，负数则用来表明后退到历史记录里对应的上面若干个页面。使用方法如下所示：

```
<script language="JavaScript">
<!--
location.go(-1);
//-->
</script>
```

等同于

```
<script language="JavaScript">
<!--
location.back();
//-->
</script>
```

以上的两段代码都是实现了后退功能。如果要连续后退，则应该如下所示：

```
<script language="JavaScript">
<!--
location.go(-2);
//-->
</script>
```

同样的道理，要前进若干个页面，只需要换成正数即可。

8.3.3　navigator 对象

navigator 对象主要用来包含浏览器的信息，比如浏览器名称、版本等。navigator 对象最初是因为 Netscape 公司的 Navigator 浏览器而命名的，但是在 Internet Explorer 里同样得到很好的支持。navigator 没有方法，只有属性，常见属性如表 8.6 所示。

表 8.6　navigator对象常见属性

属　　　性	说　　　明
appCodeName	浏览器代码名称
appName	浏览器名称
appVersion	浏览器版本
platform	操作系统
userAgent	用户代理

以上属性都是各种浏览器兼容的通用属性，每个浏览器，如 Internet Explorer，有针对自己的特殊属性和方法，但是不建议使用。

8.3.4　screen 对象

screen 对象主要用来获取当前计算机屏幕的一些属性，通常在需要对浏览器窗口进行尺寸或者位置控制时用到。screen 对象有若干属性，如表 8.7 所示。

表 8.7　screen对象属性

属　　　性	说　　　明
width	屏幕宽度
height	屏幕高度
avaliWidth	屏幕的可用宽度，除去如任务栏等占据的位置
availHeight	屏幕的可用高度，除去如任务栏等占据的位置
colorDepth	当前屏幕颜色位数

如下所示的代码是访问属性的示例：

```
screen.属性名
```

以上代码可实现对属性的访问，例如如下所示：

```
<script language="JavaScript">
<!--
alert("屏幕宽度: "+screen.width);
//-->
</script>
```

以上代码运行后将会得到如图 8.16 所示的结果。

图 8.16　获取屏幕宽度

8.4　小　　结

本章主要学习了如何使用窗口和框架的相关知识，学习了有关窗口对象的相关内容，同时对框架的应用也结合实例进行讲解。本章要读者重点掌握的是窗口的各种属性和方法，因为窗口处于 JavaScript 对象的最顶层，关于页面的很多调用都会用到这个对象。目前大部分网页不建议使用框架实现，虽然很多个人网站习惯这么做，但对于大型网站的架构来说，笔者也不建议使用框架，这里权当是读者练习实践所用。

8.5　习　　题

一、填空题

1. ＿＿＿＿＿＿＿＿属性给每个框架页面规定了名称，可以使用 JavaScript 通过框架的名称来对每个框架进行控制。

2. ＿＿＿＿＿＿＿＿对象主要用来包含浏览器的信息。

3. ＿＿＿＿＿＿＿＿对象主要用来获取当前计算机屏幕的一些属性。

4. 创建框架有两种方式，分别使用＿＿＿＿＿＿＿＿标签和＿＿＿＿＿＿＿＿标签。

二、选择题

以下哪个不是窗口对象的属性？（　　　　）

    A　parent 属性　　　　　　　B　self 属性

    C　border 属性　　　　　　　D　top 属性

三、实践题

在页面中打开一个新窗口，窗口的链接指向百度首页。

【提示】必须熟悉本章第 1 节中的窗口对象，不要翻看前面的内容，动手写代码试试。

第 9 章　使用 JavaScript 操作 cookies

为了能让网页保存少量信息，cookies 技术应运而生，虽然大部分情况下，都是使用服务器端程序来操作 cookies，但是那样毕竟不如使用客户端的网页来得方便。使用 JavaScript 同样也能操作 cookies，本章对这方面进行讲解。

本章主要涉及到的知识点有：

❑ 认识 cookies
❑ 使用 cookies 保存页面信息
❑ 使用 cookies 读取信息
❑ cookies 的一些工具

9.1　什么是 cookies

cookies 是一种对客户端硬盘的数据进行存取的技术，这种技术能够让网站把少量的数据存储到客户端的硬盘，同时也能够从客户端的硬盘读取存储的数据。存储的方式表现为一个很小的文本文件，这个文件可以存储的东西很多，比如用户名、访问时间、密码等等。这些数据和具体的网站相关，当再次访问同一个网站时，网站的页面能够读取 cookies，从而判断是否有相关的信息，以便不用输入用户名、密码等相关信息，就能登录网站，给出欢迎再次光临等富有人性化的提示等等。

同一个网站只能存取自己创建的 cookies，不能够读取别的网站程序留下的 cookies；同时，cookies 中的内容大都经过了加密处理，因此，一般的计算机用户打开 cookies 文件也无法获取真实的信息。cookies 还是具有一定的安全性的。为了防止很多病毒或者木马通过 cookies 来达到非法的目的，各个浏览器还提供了禁止 cookies 的选项，可以选择在访问网页的时候不使用 cookies 技术；也能通过一些操作删除 cookies 文件。

cookies 技术在论坛和一些网站的应用模块里被大量使用，而且主要是通过服务器端程序如 ASP、PHP、JSP 等来进行操作。相比之下，通过 JavaScript 直接在客户端的 HTML 页面里对 cookies 进行操作，无疑显得更加简单。

cookies 的创建，需要使用到 document 对象的 cookie 属性，格式如下所示：

```
document.cookie = name + "=" + value;
```

cookies 的必须属性是 name，除此之外关于 cookies 的使用还有其他的属性和更多的细节，将在后面进行详细介绍。

9.2　使用 cookies

cookies 的创建需要给出 cookies 的名称和对应的 cookies 值，必备属性是 cookies 的名称 name，除此之外，cookies 还有另外 4 个可选属性，分别是 expires 属性、path 属性、domain 属性以及 secure 属性。下面分别对 cookies 的属性依次进行说明。

9.2.1　给 cookies 命名

name 属性是用来唯一表示 cookies 的，cookies 的 name 属性可以自定义，比如定义一个名字为 username 值为 tom 的 cookies 语句如下所示：

```
document.cookie = "username=tom";
```

与其他的属性不同，给 document 对象的 cookie 属性赋值时，并不会替代原来的值，而是会创建新的 cookies，看如下的代码段：

```
document.cookie = "username=tom";
document.cookie = "city=nanjing";
document.cookie = "zip=210000";
```

上面的 3 条语句，创建了 3 个 cookies。创建多个 cookies 时，还可以使用一条语句来创建，将每个 cookies 使用分号隔开，上面的 3 条语句还可以使用一条语句来创建。

因为 cookies 是通过 HTTP 来传递的，而 HTTP 不允许某个非字母和数字的字符被传递，因此 cookies 不能包含分号等特殊字符。为了解决这个问题，可以采用对 cookies 的名称和值在赋值前进行编码的方法。在 JavaScript 中，常用的编码方法为 escape()，为了在读取的时候解码，相对应的一个解码方法是 unescape()，一个编码的代码如下所示：

```
document.cookie = escape("username=tom;city=nanjing;zip=210000");
```

9.2.2　定义 cookies 过期时间

cookies 是有其生命周期的，为了能够让一个 cookies 能够在关闭浏览器后还能持续生效，就需要使用到 expires 属性。如果不定义 expires 属性，那么关闭浏览器 cookies 即失效。expires 需要使用格林尼治标准时间格式的文本字符串，格式如下所示：

```
Weekday Mon DD HH:MM:SS Time Zone YYYY
```

如下为一个具体的实例：

```
Mon Oct 22 13:22:34 PST 2012
```

在设置 expires 属性值的时候，可以手工进行设置，但是为了能够更好地控制时间，通常使用 JavaScript 的 Date 对象来进行时间的设置。下面列举 Date 对象的常用方法，如表 9.1 所示。

表 9.1　Date对象的常用方法

方　　法	说　　明
getDate()	获得 Date 对象的日期
getDay()	获得 Date 对象的日
getFullYear()	以 4 位数的格式返回年份
getHours()	获得 Date 对象的小时
getMinutes()	获得 Date 对象的分钟
getSeconds()	获得 Date 对象的秒
getMonth()	获得 Date 对象的月份
getTime()	获得 Date 对象的时间
setDate()	设置 Date 对象的日期
setDay()	设置 Date 对象的日
setFullYear()	设置 4 位数年份
setHours()	设置 Date 对象的小时
setMinutes()	设置 Date 对象的分钟
setSeconds()	设置 Date 对象的秒数
setMonth()	设置 Date 对象的月份
setTime()	设置 Date 对象的时间
toGMTString()	将对象转化为 CMT 时区
toLocalString()	将 Date 对象转化为本地时区

通过以上表格里的方法，可以使用 Date 对象来实现对时间的操作。如下是一个示例：

```
var edate = new Date();
document.cookie = escape("username=tom;expires="+edate.setFullYear(edate.
getFullYear() + 1));
```

以上的代码，设置了过期时间为当前时间加一年。要想让一个 cookies 删除，通常也是使用 expires 属性设置为过去的某一个时间即可。如下所示：

```
document.cookie = escape("username=tom;espire="+edate.setFullYear(edate.
getFullYear() - 1));
```

以上的代码，设置了过期时间为当前时间减去一年，即表明该cookies 被删除了。

9.2.3　定义 cookies 的目录范围

和变量的作用域一样，cookies 一样有着自己的作用范围，这个范围通过属性 path 来设置。path 属性能够使得 cookies 能够被服务器上指定目录下的所有网页访问，如下所示：

```
document.cookie = "username=tom;path=/www";
```

以上的 path 属性设置了cookies 能够被服务器里 www 目录及其子目录下的任何网页访问到。这样，就可以通过设置 path 来规定 cookies 共享的范围。如果设置 cookies 能够被服务器上所有的网页访问到，达到全局共享的目的，则可以改变 path 为如下的设置即可：

```
document.cookie = "username=tom;path=/";
```

9.2.4　实现跨服务器共享

使用 path 属性使得 cookies 能够在同一个服务器上实现共享，这无疑是提高了 cookies 的灵活性。但是目前的网站规模越来越庞大，通常大的网站为了实现负载均衡，都采用了一系列的服务器，形成了服务器集群，有的甚至是位于不同的城市。但是因为是同一个网站，在这种情况下，cookies 的共享也是必须的。

domain 属性能够实现跨服务器的共享。比如对于某个网站的主站 www.ds5u.com 是一台服务器，但是其论坛站 bbs.ds5u.com 却是另一个服务器，博客站 blog.ds5u.com 又是另一台服务器。虽然这些网站都有各自的二级域名，但是用户确是同一的，需要实现 cookies 的共享。这个时候，可以这样设置 domain 属性：

```
document.cookie = "username=tom;domain=.ds5u.com";
```

上述代码即可实现 cookies 在 ds5u.com 这个域所在的所有服务器共享。

9.2.5　使信息传输更加安全

使用标准的 Internet 连接来传输信息能够被不法人员轻易地截取信息，一些机密的数据比如用户名、密码、银行卡号码等很容易被泄露，因此 Netscape 公司开发了安全套接字层即 SSL 来对数据进行加密，从而在网络上安全地传输。

为了和普通的连接区分开来，支持 SSL 的网站网址通常以 https 开头（普通的网址以 http 开头）。除了 SSL 之外，还有其他的安全传输方式，而 secure 属性则规定 cookies 只能在安全的 Internet 上连接。通常情况下，此属性是忽略的，此属性的可选值是 true 和 false。使用这个属性的一个语句示例如下：

```
document.cookie = "username=tom;secure=true";
```

9.3　让 cookies 存储信息

cookies 本身的使用是有种种限制的，在用户的计算机上，每个服务器或域只能保存最多 20 个 cookies，而每个浏览器的 cookies 总数不能超过 300，cookies 的最大尺寸是 4k。因此，不能像使用变量一样，随意地创建 cookies。

考虑到 cookies 的限制，最有效的办法是将所有需要保存到 cookies 中的值链接为一个字串（使用分隔符分隔），然后把这个字串赋值给一个 cookies。这样，只需要创建一个 cookies 就能保存若干的信息了。在读取的时候，按照分隔符的组合规则进行信息的提取和还原。

通常情况下，使用"&"来作为每个子信息的分隔符，然后使用"="来把每个子信息的名称与值进行组合，如下所示：

```
名称 1=值 1&名称 2=值 2&...&名称 n=值 n
```

如果需要保存姓名、年龄、性别、城市和邮编这 5 个信息，那么首先将这 5 个信息组合成为一个字串，如下所示：

```
username=tom&age=25&sex=male&city=nanjing&zip=210000
```

最后再将这个字串作为新创建的一个 cookies 的值，因为字串中包含非字母和数字字符，因此在赋值前需要进行编码，如前面介绍过的 escape()，如下所示：

```
document.cookie = "allinfo="+escape("username=tom&age=25&sex=male&city=
nanjing&zip=210000");
```

通过这样的组合，即可实现将多个信息存入一个 cookies 中，大大节省了 cookies 的数目。

9.4　从 cookies 读取信息

创建 cookies 后，就需要从 cookies 中读取信息。读取 cookies 信息很简单，直接访问属性即可：

```
document.cooke
```

document.cookie 通常需要进行解码，即使用 unescape()方法，若使用 alert()来显示当前的 cookies 值，如下所示：

```
01  <script language="JavaScript">
02  <!--
03  document.cookie = escape("username=tom;city=nanjing;zip=210000");
04  alert("cookies值: "+unescape(document.cookie));
05  //-->
06  </script>
```

上面的代码第 3 行创建了多个 cookies，然后使用 alert()方法以提示框的形式显示给用户，如图 9.1 所示。

图 9.1　显示 cookies 值

图 9.1 中显示了当前的 cookies 情况，由于有多个 cookies，因此得到的值是通过分号"；"分隔的一个字符串，如"username=tom;city=nanjing;zip=210000"，还无法获取每个 cookies 的具体值。为了获得每个 cookies 对应的值，需要对字符串进行分析和处理，在继续本节内容前，需要先简单学习一下字符串处理的相关内容。

JavaScript 中的字符串可以使用 String 对象来表示，String 对象有很多的方法来处理字符串，现将一些常用的方法列举如表 9.2 所示。

表 9.2　String对象的常用方法

方　　法	说　　明
anchor(anchor 名)	为字符串添加<anchor>...</anchor>标签对
big()	为字符串添加<big>...</big>标签对
blink()	为字符串添加< blink >...</ blink >标签对
bold()	为字符串添加< bold >...</ bold >标签对
charAt(index)	返回字符串内指定位置的字符
fixed()	为字符串添加< tt >...</ tt >标签对
fontcolor(颜色)	为字符串添加< font color=颜色>...</ font >标签对
fontsize(字号)	为字符串添加< font size=颜色>...</ font >标签对
indexOf(text,index)	返回 text 参数内的第一个字符在字符串中的位置
italics()	为字符串添加< i >...</ i >标签对
lastIndexOf(text,index)	返回 text 参数内的最后一个字符在字符串中的位置
link(地址)	为字符串添加< a href=地址>...</ a >标签对
small()	为字符串添加<small>...</ small >标签对
split(separator)	将字符串按照指定的分隔符分成数组
strike()	为字符串添加< strike >...</ strike >标签对
sub()	为字符串添加< sub >...</ sub >标签对
substring(starting index,ending index)	从 starting index 参数所指定的字符串中的位置开始，至 ending index 参数所指定的字符串中的位置结束，提取文本
sup()	为字符串添加< sup >...</ sup >标签对
toLowerCase()	转化为小写
toUpperCase()	转化为大写

上述 String 对象的方法，请读者一一按照说明进行尝试体会。在 cookies 的读取中，就需要用到 split()、substring()和 indexOf()方法，用 ";" 分隔成为子串数组，每个子串都是一对 cookies，并对每个子串进行处理即能读取 cookies。

【范例 9-1】　看示例文件 9-1.html，如下所示：

```
01  <html>
02  <head>
03      <title>读取 cookies</title>
04  <script language="JavaScript">
05  <!--
06  document.cookie = escape("username=tom;city=nanjing;zip=210000");
    //创建 cookies
07  var allCookies = unescape(document.cookie);
08  var aryCookies = allCookies.split(";");
    //分割
09  var nowvalue;
10  for( var i=0; i < aryCookies.length; i++ ){
11      nowvalue = aryCookies[i];
12      if( nowvalue.substring( 0, nowvalue.indexOf("=") ) == "zip" ){
13          document.write("cookies 中保存的邮编是: "
14                  +nowvalue.substring( nowvalue.indexOf("=")+1,
                    nowvalue.length));
15          alert("cookies 中保存的邮编是: "+nowvalue.substring( nowvalue.
            indexOf("=")+1,
16                  nowvalue.length));
17          break;
```

```
18        }
19  }
20  //-->
21  </script>
22  </head>
23  <body>
24  </body>
</html>
```

以上的代码第 6 行创建了很多的 cookies，取得 cookies 串后，进行一些字符串处理，即可得到指定的邮编的 cookies 值，如图 9.2 所示。

图 9.2　读取 coookies

同样的道理，将多个子信息创建在一个 cookies 里的情况，需要按照同样的方式来进行子串处理，从而获得需要的值。

9.5　cookies 示例

为了能够方便地操作 cookies，现在已经有 JavaScript 程序爱好者编写了很多的函数、方法或者类文件，能够非常容易地集成到网页中来，并且使用起来也很简便。

【范例 9-2】　本节以其中一个简单的文件为例，如 cookies.js，代码如下所示：

```
01  /**
02   * 根据给定的 name 和值设置 cookies
03   *
04   * name        cookie 的 name
05   * value       cookie 的值
06   * [expires]   cookie 过期时间
07   * [path]      cookie 作用路径
08   * [domain]    cookie 的域
09   * [secure]    cookoe 的安全属性
10   */
11  function setCookie(name, value, expires, path, domain, secure)
12  {
13      document.cookie= name + "=" + escape(value) +
14      ((expires) ? "; expires=" + expires.toGMTString() : "") +
```

```
15        ((path) ? "; path=" + path : "") +
16        ((domain) ? "; domain=" + domain : "") +
17        ((secure) ? "; secure" : "");              //设置 cookies
18  }
19
20  /**
21   * 获取指定名称的 cookies 值
22   *
23   * name   cookie 名称
24   *
25   */
26  function getCookie(name)
27  {
28      var dc = document.cookie;                     //获取 cookies
29      var prefix = name + "=";
30      var begin = dc.indexOf(";" + prefix);
31      if (begin == -1)
32      {
33          begin = dc.indexOf(prefix);
34          if (begin != 0) return null;              //没有内容则返回
35      }
36      else
37      {
38          begin += 2;
39      }
40      var end = document.cookie.indexOf(";", begin);
41      if (end == -1)
42      {
43          end = dc.length;
44      }
45      return unescape(dc.substring(begin + prefix.length, end));
                                                       //返回 cookies
46  }
47
48  /**
49   * 删除指定 cookies
50   *
51   * name       cookie 的名称
52   * [path]      cookie 路径
53   * [domain]   cookie 的域
54   */
55  function deleteCookie(name, path, domain)
56  {
57      if (getCookie(name))                          //获取 cookies
58      {
59          document.cookie = name + "=" +
60              ((path) ? "; path=" + path : "") +
61              ((domain) ? "; domain=" + domain : "") +
62              "; expires=Thu, 01-Jan-70 00:00:01 GMT";
63      }
64  }
```

以上的代码，共包含了 3 个函数，分别用于创建 cookies、读取 cookies 以及删除 cookies，使用上面的函数，示例如下。

（1）创建 cookies。

```
<script language="JavaScript">
```

```
<!--
var exp  = new Date("December 31, 9998");
setCookie("COOKIE_MYNAME","Tom",exp, "/");
//-->
</script>
```

以上的代码创建了一个永不失效的 cookies，cookies 的名字为 COOKIE_MYNAME，值为 Tom。

（2）读取 cookies。

```
<script language="JavaScript">
<!--
var myname = getCookie("COOKIE_MYNAME");
//-->
</script>
```

以上的代码，读取创建的名为 COOKIE_MYNAME 的 cookies。

（3）删除 cookies。

```
<script language="JavaScript">
<!--
deleteCookie("COOKIE_MYNAME");
//-->
</script>
```

上述代码，可以删除名为 COOKIE_MYNAME 的 cookies。

在上面的几个例子里，并没有完全使用所有的参数，通过使用更多的参数，还能控制得更加详细，将上述 3 个例子整合为一个示例文件 9-2.html，代码如下所示：

```
01  <html>
02  <head>
03      <title>cookies 工具函数</title>
04  <script src="cookies.js"></script>
05  <script language="JavaScript">
06  <!--
07  var exp  = new Date("December 31, 9998");         //定义日期
08  setCookie("COOKIE_MYNAME","Tom",exp, "/");        //定义永不失效的 cookies
09
10  var myname = getCookie("COOKIE_MYNAME");          //获取 cookies
11  document.write("设置的名为 COOKIE_MYNAME 的 cookies 值为: "+myname +
    "<br>");
12
13  deleteCookie("COOKIE_MYNAME","/");                //删除 cookies
14  var newname = getCookie("COOKIE_MYNAME");
15  document.write("设置的名为 COOKIE_MYNAME 的 cookies 值为: "+newname);
16  //-->
17  </script>
18  </head>
19  <body>
20  </body>
21  </html>
```

上面的代码，运行后结果如图 9.3 所示，读者可根据前面的介绍，了解代码中对 cookies 的处理。

图 9.3　cookies 工具函数示例

9.6　小　　结

本章对 cookies 的使用作了介绍，cookies 的使用能够帮助网页记住信息，网页通常的登录信息，就是保存在 cookies 中。在介绍如何使用 cookies 时，本文还穿插简单介绍了 JavaScript 的 Date 对象和 String 对象。读者要掌握的不仅仅是如何缓存少量信息，还要掌握批量缓存信息的读取方式，这些在本章都进行了实例演示，相信读者一看就会明白。

9.7　习　　题

一、填空题

1.　_____属性是用来唯一表示 cookies 的。

2.　使用_____属性使得 cookies 能够在同一个服务器上实现共享。

3．cookies 是有其生命周期的，为了让一个 cookies 在关闭浏览器后还能持续生效，就需要使用到_____属性。

二、选择题

1．获得 Date 对象的日期使用（　　）。

    A　getDate()方法　　　　　　　B　getDay()方法

    C　getTime()方法　　　　　　　D　getSeconds()方法

2．toLowerCase()方法的意思是（　　）。

    A　将字符串转换为大写

    B　将字符串转换为小写

    C　将字符串按顺序输出到数组

    D　指定要截取的字符串数量

三、实践题

设计一个登录页面，保存用户的登录信息，显示在第 2 个打开的页面中。

【提示】使用 cookies 保存小数据的功能。

第 10 章　JavaScript 的调试与实例运用

因为没有人能保证，自己编写的程序不会出现错误，尤其在编写一些真正的大型 JavaScript 实例时，所以本章在开始实例前，先介绍了如何对 JavaScript 代码进行调试。掌握好的调试方法，不仅仅对 JavaScript 程序开发人员而言非常重要，对所有的程序开发人员来说都是很重要的。本章后面介绍了一些常用的 JavaScript 网页特效实例，读者一定要多动手练习。

本章涉及到的知识点有：

❑ 掌握调试 JavaScript 的方法
❑ 学习脚本调试器
❑ 通过学习常用的网页特效加深对 JavaScript 语言的掌握

10.1　JavaScript 的调试

实际上，程序的错误体现在两个方面：第一是程序不能正常运行，中断或者自动退出；第二种情况是程序能够正常运行，但是有逻辑或其他方面的错误，导致程序不能实现设计的目标。如果说编写程序是一件很枯燥的事情的话，那么调试更加枯燥。编写好的程序，往往有一些小的错误，短时间内又无法找到，常常会让人觉得非常的无奈。

10.1.1　发现错误和尽量避免错误

程序是人编写的，错误在所难免，发现错误不要紧，只要掌握正确的方法，通过一定的步骤，借助一些合适的工具，是一定能够顺利地找到错误的所在地的。要能够及时地发现错误，需要将浏览器的"显示脚本错误"的选项打开，这样当脚本发生错误的时候，浏览器首先会发出提示，如图 10.1 所示。

图 10.1　浏览器的错误提示

如果浏览器没有打开这个选项，浏览器的左下角状态栏的最左边也会有一个脚本错误的提示图标，同样也能发出网页有错误的信息，如图 10.2 所示。

图 10.2　状态栏的脚本错误图标提示

打开 Internet Explorer 的"显示脚本错误"提示选项使用以下步骤：

（1）打开 Internet Explorer 窗口。

（2）选择"工具"菜单，在菜单选项里选择"Internet 选项"命令，打开"Internet 选项"对话框。

（3）单击"高级"选项卡，在"设置"下拉列表框里，把"显示每个脚本错误的通知"复选框勾选即可。操作结果如图 10.3 所示。

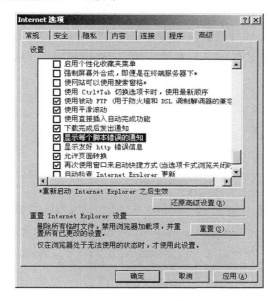

图 10.3　浏览器的显示脚本错误提示选项提示

当然，这样设置以后，只要网页上有脚本错误，就会出现提示信息，会弹出如图 10.1 所示的错误提示框，这个错误提示框会中断页面的加载及用户的操作。随着网站的内容越来越多，一些综合性的网站通常都是由很多的人分块编写内容，难免会出现错误，如果不是调试需要，可以关闭错误提示选项，因为不是所有的错误都是致命的，很多的错误往往不会影响网页的正常浏览。

有些错误在不知不觉中进入代码，并且难于发现。这就要严格遵守代码约定，常见的一些正确习惯列举如下。

1. 用分号显式地结束语句，而不是用分号插入或者使用换行来分隔语句

如下所示：

```
//分号插入分隔
var a = 1; var b = a+1;
```

```
//使用换行分隔而不使用分号
var a = 1
var b = a+1
```

尽量采用下面的方式：

```
var a = 1;
var b = a + 1;
```

2．总是使用花括号把控制结构括起来

类似 if、if...else、switch、while、do...while、for、for...in 等语句，JavaScript 允许当控制结构内只有一条语句时，可以省略花括号。如下面的代码是正确的：

```
if( a == 1 )
    b = a + 1;
else
    b = 0;
```

但是这样虽然省略了括号，使得代码看起来更加简单了，但是，当缩进结构混乱或者上下的代码比较复杂时，往往会容易混淆。对于这样的情况，建议不省略花括号，即使用如下的方式：

```
if( a == 1 ){
    b = a + 1;
}else{
    b = 0;
}
```

3．使用圆括号来表示优先而不是靠运算符本身的优先级

运算符本身有优先级，但是运算符本身是非常多的，优先级的关系也比较复杂，如果完全凭借运算符的优先级来组合表达式，不仅对程序编写者的要求较高，对读程序的人员来说，同样有一定难度，这样就降低了程序维护上的效率。因此，建议使用圆括号来进行优先级的表示，如下面的代码：

```
var a = 3 + 2 * 5;
```

建议换成如下的形式：

```
var a = 3 + ( 2 * 5 );
```

会更加易读易懂。

4．使用统一的详细命名规则

命名规则在前面的章节已经提及，这里不再赘述。在所有的程序里使用统一的、详细的、通用的命名规则同样能够令程序更加易读易懂，提高效率。

5．使用统一的代码缩进规则

另一种使程序易读易懂的方法是代码缩进，代码缩进是多代码逻辑关系的一种显式的描述，使用合适的代码缩进，能够让程序的语句之间关系更加清晰。

6. 使用显式的类型声明避免自动类型，或者采取别的方式达到同样效果

JavaScript 虽然是一种弱类型的语言，但是，建议还是养成使用显示类型声明的习惯。

7. 尽量使用符合标准语法的代码

标准的语法，能够让编写的程序更加通用，不至于因为浏览器版本类型等环境因素导致程序无法正常运行。

以上的方式不仅仅是良好的编程习惯，也是避免错误的好方法，通过以上的方式能够有效地避免和减少一些难于发现的错误，达到事半功倍的效果。

10.1.2　使用 alert()方法

相信读者对 alert()这个方法一定不会陌生，在本书的很多的章节，都大量地使用了这个方法。alert()方法不仅仅用于向用户显示提示信息框，它在 JavaScript 的调试中也起到很重要的作用。因为 alert()方法可以任意地使用而不会改变程序的逻辑结构，仅仅是往代码里插入了一条显示提示框的语句。如果忽略这个提示框，完全可以理解为是一个空语句，也可以理解为程序里设置的一个断点。

正是因为 alert()方法的这种随意性，所以 alert()方法显得很灵活，在觉得可能出现错误的区域，插入几个 alert()方法，往往就能够发现一些错误。alert()方法还能接受一个参数，在程序代码里可以把一些可疑的变量，或者函数的结果，作为参数传递给 alert()方法，通过分析变量或者函数的结果来发现错误。

【范例 10-1】　在最极端的情况下，对于一些发现不了的问题，可以从程序最开始，隔行插入 alert()方法，通过浏览器弹出的提示框结果，来定位错误的大概位置。10-1.html 便是一个简单的示例文件，代码如下所示：

```
01  <html>
02  <head>
03      <title>alert()调试错误</title>
04  </head>
05  <body>
06  <div id="deme2"></div>
07  <div id="deme1"></div>
08  <div id="deme"></div>
09  alert()调试错误
10  <script language="JavaScript">
11  <!--
12  var speed=30;                          //定时时间
13  deme2.innerHTML=deme1.innerHTML;       //获取名为 deme1 的 div 内容
14  function Marquee12(){
15      if(deme2.offsetWidth-deme.scrollLeft<=0){
16          deme.scrollLeft-=deme1.offsetWidth;
17      }else{
18          deme.scrollLeft++;
19      }
20  }
21  var MyMar=setInterval(Marquee12,speed1);
22  deme.onmouseover=function() {
23      clearInterval(MyMar);              //清除定时器
```

```
24    };
25    deme.onmouseout=function(){
26        MyMar=setInterval(Marquee12,speed);          //定时执行操作
27    }
28    //-->
29    </script>
30    </body>
31    </html>
```

上述代码是笔者随便摘录的一段，特意制造了一个小错误，运行后如图 10.4 所示。

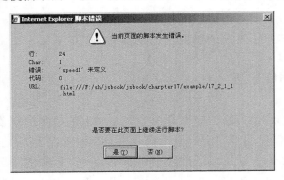

图 10.4　JavaScript 错误

通常情况下，浏览器会提示 JavaScript 有错误，而且会提示一些必要的错误信息，比如错误位于的行数、第几个字符、错误的类型以及发生错误的页面地址。这些提示信息能够给 JavaScript 的调试带来好处，根据这些信息能够发现并修正错误。但是，由于程序本身的多样性，浏览器给出的错误提示，并不一定就是确切的错误位置。在本例中，暂时忽略掉这个错误提示，模拟在不知道错误具体位置的情况下，使用 alert()方法来定位错误的大概位置。

【范例 10-2】　插入了 alert()方法的代码文件如 10-2.html，代码如下所示：

```
01    <html>
02    <head>
03        <title>alert()调试错误</title>
04    </head>
05    <body>
06    <div id="deme2"></div>
07    <div id="deme1"></div>
08    <div id="deme"></div>
09    alert()调试错误
10    <script language="JavaScript">
11    <!--
12    alert("#1");                        //#1 位置
13    var speed=30;
14    alert("#2");                        //#2 位置
15    deme2.innerHTML=deme1.innerHTML;
16    function Marquee12(){
17        if(deme2.offsetWidth-deme.scrollLeft<=0){
18            deme.scrollLeft-=deme1.offsetWidth;
19        }else{
20            deme.scrollLeft++;
21        }
22    }
23    alert("#3");                        //#3 位置
```

```
24  var MyMar=setInterval(Marquee12, speed1);
25  alert("#4");                        //#4 位置
26  deme.onmouseover=function() {
27      clearInterval(MyMar);
28  };
29  alert("#5");                        //#5 位置
30  deme.onmouseout=function(){
31      MyMar=setInterval(Marquee12,speed);
32  }
33  alert("#6");                        //#6 位置
34  //-->
35  </script>
36  </body>
37  </html>
```

以上的代码，一共插入了 6 个 alert()方法，为了区分提示框的位置，使用了"#"号加上数字来表示，经过浏览器执行后发现，前 3 个 alert()方法都能正常执行，说明前面的区域都没有错误，第 4 个 alert()方法没有得到执行，并且弹出了如图 10.4 所示的错误，因此，错误区域被定位在第 3 个 alert()方法和第 4 个 alert()方法之间。代码如下所示：

```
alert("#3");
var MyMar=setInterval(Marquee12, speed1);
alert("#4");
```

通过这样的定位，将很多条语句的程序区域缩减为一条语句，难度降低很多。仔细查看这条 JavaScript 语句，可以发现，speed1 这个变量并不存在，因此，错误被找到了，修改后，浏览器不再报错。

alert()方法，对于调试 JavaScript 而言，相当于不借助任何调试工具，就能够完成对 JavaScript 的调试查错，相信读者经过一段时间的练习和经验积累，一定会喜欢上这个普通而有用的方法。

10.1.3　使用 write()或者 writeln()方法

write()和 writeln()是 documeng 对象的两个方法，同样可以使用 write()或者 writeln()方法来调试 JavScript，原理和 alert()方法一样，都是将方法插入 JavaScript 语句中间，利用最后的输出来查错。但是有一点不同的是，使用 write()或者 writeln()方法，会直接在网页内输出结果，也就是意味着会改变浏览器网页本身的内容，当然这不是说会完全破坏网页的内容，使用 write()或者 writeln()输出的内容会在网页的最后显示出来，通过查看网页的输出，同样也能够进行错误的查找。

【范例 10-3】　下面同样针对 10.1.2 小节中的例子进行调试，使用 writeln()方法调试后的页面代码见 10-3.html，代码如下所示：

```
01  <html>
02  <head>
03  <title>writeln()调试错误</title>
04  </head>
05  <body>
06  <div id="deme2"></div>
07  <div id="deme1"></div>
08  <div id="deme"></div>
```

```
09  writeln()调试错误
10  <script language="JavaScript">
11  <!--
12  document.writeln("#1");                    //#1 位置
13  var speed=30;
14  document.writeln("#2");                    //#2 位置
15  deme2.innerHTML=deme1.innerHTML;
16  function Marquee12(){
17      if(deme2.offsetWidth-deme.scrollLeft<=0){
18          deme.scrollLeft-=deme1.offsetWidth;
19      }else{
20          deme.scrollLeft++;
21      }
22  }
23  document.writeln("#3");                    //#3 位置
24  var MyMar=setInterval(Marquee12,speed1);
25  document.writeln("#4");                    //#4 位置
26  deme.onmouseover=function() {
27      clearInterval(MyMar);
28  };
29  document.writeln("#5");                    //#5 位置
30  deme.onmouseout=function(){
31      MyMar=setInterval(Marquee12,speed);
32  }
33  document.writeln("#6");                    //#6 位置
34  //-->
35  </script>
36  </body>
37  </html>
```

以上的代码，使用了 document.writeln()方法进行调试，在浏览器中查看结果如图 10.5
所示。

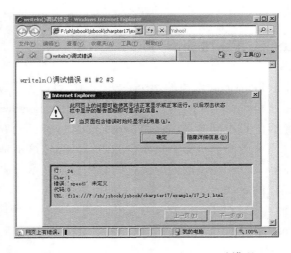

图 10.5　使用 document.writeln()调试错误

查看页面的输出，同样能够根据输入的内容定位到错误发生的区域。其实除了本小节
所讲的 writeln()和 write()方法，以及上一小节讲的 alert()方法，还有其他的方法可以达到同
样的调试作用，比如 confirm()、prompt()、window.onerror()、try...catch 等语句或者方法，
它们的使用方法和原理都大同小异，相信读者在了解这些方法或者语句的功能后，也能够

在合适的情况下使用它们来进行调试。

10.1.4 脚本调试器简介

除了使用 alert()等方法来调试 JavaScript 外，还可以借助专业的 JavaScript 脚本调试器来帮助脚本调试。使用工具的目的就是提高效率，如果不是非常大规模的项目，使用专业的脚本调试器，可能还会显得稍微的累赘。脚本调试器从规模上讲可以分为 JavaScript IDE（集成开发环境）和普通的调试器。不同的浏览器或者平台，有着不同的调试器。

Windows 系统自己带有 JavaScript 脚本调试器，但是使用起来却不是那么的方便。在 Visual Studio 6.0 的光盘里，可以找到一个名为 Visual InterDev 的脚本调试器，这比 Windows 系统自带的调试器要好用很多。更高级的一个调试器是 Office 2010 中带的脚本调试器，比 Visual InterDev 更加强大和稳定。

在一些网页设计工具里也会带有脚本调试器，如 Dreamweaver 还属于 Macromedia 公司时（现在属于 Adobe 公司），就带有一个 JavaScript 调试器，能够检查到网页里的脚本错误并进行调试。

Mozilla 公司也组织开发人员开发了一个 JavaScript 脚本调试器 Venkman，如果安装 Mozilla 套件，在安装过程中会提示选择是否安装 Venkman。在 JavaScript 调试器当中，Venkman 已经非常的强大和完善了。使用 Firefox 和 Venkman 搭配起来开发 JavaScript 程序，是一个完美的组合。

10.2 JavaScript 的网页特效实例

JavaScript 的基础技术我们已经基本介绍完了，为了让读者更好地掌握 JavaScript 这门语言，笔者特意选了一些常用的网页特效。网页的特效一般有文字特效、鼠标特效、图片特效、页面特效、时间特效、状态栏特效以及综合特效等，本节列举了有代表性的几个实例，希望读者能亲自动手学习代码。

10.2.1 文本链接颜色变换

本例控制具有链接的文本，根据一定的规律实现颜色的转换，通过一个数组来设置变换的可选颜色。主函数 linkDance()用来获得页面的链接文本，通过 setTimeout()延迟函数来控制链接颜色间隔转换，并且使用递归让效果持续循环。

【范例 10-4】 HTML 文件见 10-4.html，代码如下所示：

```
01  <html>
02  <head>
03  <title>文本链接变色</title>
04  <script language="JavaScript">
05  <!--Begin
06  //初始化数组
07  function initArray() {
08      for (var i = 0; i < initArray.arguments.length; i++) {
```

```
09              this[i] = initArray.arguments[i];
10          }
11          this.length = initArray.arguments.length;        //数组长度
12      }
13      //初始化颜色数组
14      var colors = new initArray(
15          "red",
16          "blue",
17          "green",
18          "purple",
19          "black",
20          "tan",
21          "red"
22      );
23      delay = 0.5;                                          // 延迟秒数
24      link = 0;
25      vlink = 0;
26      //主函数
27      function linkDance() {
28          link = (link+1)%colors.length;
29          vlink = (vlink+1)%colors.length;
30          document.linkColor = colors[link];
31          document.vlinkColor = colors[vlink];
32          //控制颜色间隔显示时间，递归循环
33          setTimeout("linkDance()",delay*1000);
34      }
35      //执行函数
36      linkDance();
37      // End -->
38      </script>
39      </head>
40      <body>
41      <a href="http://www.ds5u.com">读书无忧网</a>
42      </body>
43      </html>
```

以上的代码，可以使得网页内的文本链接自动进行颜色的变换，比较能够吸引用户的注意。效果如图 10.2 所示，图中显示的是链接的颜色变换为草绿色的情况。

图 10.6　链接颜色变换示例

10.2.2　多种鼠标效果

【范例 10-5】　本例主要使用了 CSS 的样式来规定鼠标的风格，通过 style 属性来进行设置。示例文件见 10-5.html，代码如下所示：

```
01  <!DOCTYPE HTML PUBLIC "-//W3C//DTD HTML 4.0 Transitional//EN">
02  <html>
03  <head>
04  <title>有趣丰富的鼠标形状</title>
05  </head>
06  <body>
07  <form name="">
08      <div align=""> <font size="5" color="#FF0000">有趣丰富的鼠标形状
        </font>
09      <hr noshade width="100%">
10      </div>
11    </form>
12    <table width="53%" border="0">
13      <tr>
14        <td width="51%" height="25">
15          <div align="left"><font face="Arial, Helvetica, sans-serif"
          size="2"><b><a href="cursor.htm"
16  style="cursor:hand">style="cursor:hand"</a></b></font></div>
17        </td>
18        <td width="49%" valign="top" height="25">
19          <div align="left"><font face="Arial, Helvetica, sans-serif"
          size="2"><b><a href="cursor.htm"
20  style="cursor:crosshair">style="cursor:crosshair"</a></b></font>
    </div>
21        </td>
22      </tr>
23      <tr>
24        <td width="51%" height="29" valign="top">
25          <div align="left"><font face="Arial, Helvetica, sans-serif"
          size="2"><b><a href="cursor.htm"
26  style="cursor:text">style="cursor:text"</a></b></font></div>
27        </td>
28        <td width="49%" valign="top" height="29">
29          <div align="left"><font face="Arial, Helvetica, sans-serif"
          size="2"><b><a href="cursor.htm"
30  style="cursor:wait">style="cursor:wait"</a></b></font></div>
31        </td>
32      </tr>
33      <tr>
34        <td width="51%" height="29" valign="top">
35          <div align="left"><font face="Arial, Helvetica, sans-serif"
          size="2"><b><a href="cursor.htm"
36  style="cursor:move">style="cursor:move"</a></b></font></div>
37        </td>
38        <td width="49%" valign="top" height="29">
39          <div align="left"><font face="Arial, Helvetica, sans-serif"
          size="2"><b><a href="cursor.htm"
40  style="cursor:help">style="cursor:help"</a></b></font></div>
41        </td>
42      </tr>
43      <tr>
44        <td width="51%" height="29" valign="top">
45          <div align="left"><font face="Arial, Helvetica, sans-serif"
          size="2"><b><a href="cursor.htm"
46  style="cursor:e-resize">style="cursor:e-resize"</a></b></font>
    </div>
47        </td>
48        <td width="49%" valign="top" height="29">
49          <div align="left"><font face="Arial, Helvetica, sans-serif"
          size="2"><b><a href="cursor.htm"
50  style="cursor:n-resize">style="cursor:n-resize"</a></b></font>
```

```
50        </div>
51      </td>
52    </tr>
53    <tr>
54      <td width="51%" height="29" valign="top">
55        <div align="left"><font face="Arial, Helvetica, sans-serif"
           size="2"><b><a href="cursor.htm"
56  style="cursor:nw-resize">style="cursor:nw-resize"</a></b></font>
    </div>
57      </td>
58      <td width="49%" valign="top" height="29">
59        <div align="left"><font face="Arial, Helvetica, sans-serif"
           size="2"><b><a href="cursor.htm"
60  style="cursor:w-resize"">style="cursor:w-resize"</a></b></font>
    </div>
61      </td>
62    </tr>
63    <tr>
64      <td width="51%" height="29" valign="top">
65        <div align="left"><font face="Arial, Helvetica, sans-serif"
           size="2"><b><a href="cursor.htm"
66  style="cursor:s-resize">style="cursor:s-resize"</a></b></font>
    </div>
67      </td>
68      <td width="49%" valign="top" height="29">
69        <div align="left"><font face="Arial, Helvetica, sans-serif"
           size="2"><b><a href="cursor.htm"
70  style="cursor:se-resize">style="cursor:se-resize"</a></b></font>
    </div>
71      </td>
72    </tr>
73    <tr>
74      <td width="51%" height="29" valign="top">
75        <div align="left"><font face="Arial, Helvetica, sans-serif"
           size="2"><b><a href="cursor.htm"
76  style="cursor:sw-resize">style="cursor:sw-resize"</a></b></font>
    </div>
77      </td>
78      <td width="49%" valign="top" height="29">
79        <div align="left"></div>
80      </td>
81    </tr>
82    </table>
83  </body>
84  </html>
```

鼠标的形状，能够告诉用户当前鼠标指向的区域的状态，比如链接、可单击等，或者计算机目前的状态，如忙碌、等待等。本例显示了很多的鼠标形状，可以在合适的时候进行选择。效果如图 10.7 所示，当鼠标移到设定为等待的文字链接上时，变成了等待的图标。

10.2.3　变换图片

在电子商务网站里，对于产品展示的页面，通常需要根据选择的产品名称显示对应的产品图片，本例对此作了简单的示例。

图 10.7　鼠标形状示例

【范例 10-6】　示例文件见 10-6.html，代码如下所示：

```
01  <html>
02  <head>
03  <title>变换图像</title>
04  <meta http-equiv="Content-Type" content="text/html; charset=gb2312">
05  </head>
06
07  <body>
08  <script language="JavaScript">
09  <!--
10  load();
11  //初始化加载
12  function load ( )
13   {
14    xImage=new Array (2)            //创建数组
15    xImage[0] = "trail1.gif"
16    xImage[1] = "trail2.gif"
17    xImage[2] = "trail3.gif"
18    xText=new Array (2)            //创建数组
19    xText[0] = "text 1"
20    xText[1] = "text 2"
21    xText[2] = "text 3"
22
23   }
24  //加载对应序号的图片
25  function loadimage (x)
26   {
27      obr.src=xImage[x];
28      popis.innerText=xText[x]         //获取内容
29   }
30  // -->
31  </script>
32                  <table border="2" cellpadding="0" cellspacing="1"
                width="200">
33                  <tr>
```

```
34                      <td>
35                        <div align="center">
36                          <center>
37                            <table border="0" cellpadding="3" cellspacing="0">
38                              <tr>
39                                <td width="33%" align="center"><strong><a
                                  href="javascript:
40    loadimage('0')">pic1</a></strong></td>
41                                <td width="33%" align="center"><a href=
                                  "javascript:
42    loadimage('1')"><strong>pic2</strong></a></td>
43                                <td width="34%" align="center"><a href=
                                  "javascript:
44    loadimage('2')"><strong>pic3</strong></a></td>
45                              </tr>
46                            </table>
47                          </center>
48                        </div>
49                      </td>
50                    </tr>
51                    <tr align="center">
52                      <td>
53                        <table border="0" cellpadding="0" cellspacing=
                          "0">
54                          <tr>
55                            <td height="68">
56                              <p align="left"><img src="trail1.gif"
                                border="0" name="obr">
57                            </td>
58                          </tr>
59                          <tr>
60                            <td width="100%" style="font-family: Times New
61                              Roman CE; font-size:10pt">
62                              <div id="popis">
63                                <p>text1 text2 text3</p>
64                              </div>
65                            </td>
66                          </tr>
67                        </table>
68                      </td>
69                    </tr>
70                  </table>
71  </body>
72  </html>
```

以上的示例，通过单击不同的链接实现改变图片的效果，在进行一些产品的预览时尤其有用。效果如图 10.8 所示。

10.2.4　背景滚动

通过 JavaScript 改变背景图片与页面的相对位置，还能实现背景图片滚动的效果，配合合适的背景图片，可以实现特殊的效果。

【范例 10-7】　示例文件见 10-7.html，代码如下所示：

图 10.8　选择了第二个选项的图片

```
01    <html>
02    <head>
03    <title>背景滚动</title>
04    <meta http-equiv="Content-Type" content="text/html; charset=gb2312">
05    </head>
06
07    <body background="star.gif">
08    <script language=JavaScript>
09        //设置初始值
10        var c=-100000;
11        var numgc=document.body.sourceIndex;
12        //主函数
13        function SF(){
14            //改变初始化变量
15            c=c+1;
16            //改变背景位置
17            document.all(numgc).style.backgroundPosition= "0 " + c;
18            //递归调用自身,实现循环
19            id=setTimeout("SF()",16);
20        }
21
22    //调用
23    SF();
24
25    </script>
26    </body>
27    </html>
```

　　浏览后可以看见，背景在不停地滚动，本例是一个星空的图片，这样的效果显得很不错。效果如图 10.9 所示。

10.2.5　倒计时

　　页面上通常会对某个固定的时间倒计时提示，同样是利用了 JavaScript 的时间对象获取当前时间，与设定的到期时间进行比较，即可实现倒计时效果。

　　【范例 10-8】　示例文件见 10-8.html，代码如下所示：

图 10.9　正在滚动的背景图片

```
01  <html>
02  <head>
03  <title>倒计时</title>
04  <meta http-equiv="Content-Type" content="text/html; charset=gb2312">
05  </head>
06
07  <body>
08  <script language="JavaScript">
09  <!--
10      var urodz= new Date("8/8/2008");
11      var  s="奥运会开幕";
12      var now = new Date();                        //创建日期对象
13      var ile = urodz.getTime() - now.getTime();   //获取时间
14      var dni = Math.floor(ile / (1000 * 60 * 60 * 24));
15      if (dni > 1)
16         document.write("今天离"+s+"还有"+dni +"天")
17      else if (dni == 1)
18         document.write("只有 2 天啦！")
19      else if (dni == 0)
20          document.write("只有 1 天啦！")
21      else
22         document.write("好象已经过了哦！");
23  // -->
24  </script>
25  </body>
26  </html>
```

以上是以天为单位的倒计时，还可以扩展到小时、分、秒等。效果如图 10.10 所示。

10.2.6　状态栏跑马灯

【范例 10-9】　本例实现了在状态栏的跑马灯效果。示例文件见 10-9.html，代码如下所示：

图 10.10　倒计时效果

```
01  <html>
02  <head>
03  <title>状态栏跑马灯</title>
04  <meta http-equiv="Content-Type" content="text/html; charset=gb2312">
05  <script>
06  <!--
07      //滚动
08      function scrollit(seed) {
09          var m1 = "你想说的话 1          ";
10          var m2 = "你想说的话 2          ";
11          var m3 = "你想说的话 3          ";
12          var m4 = "你想说的话 4          ";
13          var m5 = "你想说的话 5          ";
14          //组合内容
15          var msg=m1+m2+m3+m4+m5;
16          var out = " ";
17          var c = 1;
18          //设置关键变量
19          if (seed > 100) {
20              seed--;
21              cmd="scrollit("+seed+")";
22              timerTwo=window.setTimeout(cmd,100);
23          }
24          else if (seed <= 100 && seed > 0) {
25              for (c=0 ; c < seed ; c++) {
26                  out+=" ";
27              }
28              out+=msg;
29              seed--;
30              //输出内容
31              window.status=out;
32              cmd="scrollit("+seed+")";
33              timerTwo=window.setTimeout(cmd,100);
34          }
35          else if (seed <= 0) {
36              if (-seed < msg.length) {
37                  out+=msg.substring(-seed,msg.length);
38                  seed--;
39                  //输出内容
40                  window.status=out;
41                  cmd="scrollit("+seed+")";
42                  timerTwo=window.setTimeout(cmd,100);
43              }
44              else {
45                  window.status=" ";
46                  //递归调用
47                  timerTwo=window.setTimeout("scrollit(100)",75);
```

```
48              }
49           }
50      }
51  //-->
52  </script>
53
54  </head>
55
56  <body    onLoad="scrollit(100)">
57
58  </body>
59  </html>
```

状态栏下面会出现设置好的文字，并且以跑马灯的形式出现。效果如图 10.11 所示。

图 10.11　状态栏跑马灯

10.2.7　脚本错误忽略

在页面脚本的编写过程中，难免会产生脚本错误，这样会使得页面会有错误提示，显得很不友好，可以通过脚本错误忽略，来实现屏蔽错误提示，增强了页面的友好性。

【范例 10-10】　示例文件见 10-10.html，代码如下所示：

```
01  <html>
02  <head>
03  <title>脚本错误忽略</title>
04  <meta http-equiv="Content-Type" content="text/html; charset=gb2312">
05  </head>
06
07  <body>
08  <SCRIPT LANGUAGE="JavaScript">
09  <!-- Hide
10  //主函数
11  function killErrors() {
12      return true;              //正常执行
13  }
14  //脚本错误事件
15  window.onerror = killErrors;
16
17  // -->
18  </SCRIPT>
19  </body>
20  </html>
```

效果如图 10.12 所示。

图 10.12　脚本错误忽略

10.2.8　Email 信息发送

【范例 10-11】在页面同样可以实现以 Email 发送表单的信息。示例文件见 10-11.html，代码如下所示：

```
01  <html>
02  <head>
03  <title>Email 发送</title>
04  <meta http-equiv="Content-Type" content="text/html; charset=gb2312">
05  </head>
06
07  <body>
08  <script language="JavaScript">
09  <!--
10  // 表单验证
11  function validate_form() {
12    validity = true;
13    if (!check_empty(document.form.NAME.value))
14        { validity = false; alert('对不起!请你填入你的姓名。'); }
15    if (!check_Email(document.form.EMAIL.value))
16        { validity = false; alert('对不起!请重新正确填入 Email 地址。'); }
17    if (!check_empty(document.form.DESCRIPTION.value))
18        { validity = false; alert('对不起!请你在"留言内容"处留言。'); }
19    if (validity)
20        alert ("                    谢谢你的来信。                      "
21            + "            你所填的信息将以 Email 形式发送给我,          "
22            + "            假如你认为本站内容不错的话,请将本站           "
23            + "            介绍给你的朋友,希望大家经常光顾本站。");
24    return validity;
25  }
26  // 空值验证
27  function check_empty(text) {
28    return (text.length > 0);
29  }
30  // email 验证
31  function check_Email(address) {
32    if ((address == "")
33     || (address.indexOf ('@') == -1)
34     || (address.indexOf ('.') == -1))
35      return false;
36    return true;
37  }
38
```

```
39  // -->
40  </script>
41  <form name="form" method="post" action="mailto:test@163.com?SUBJECT=
    网友的留言"
42  enctype="text/plain" onSubmit="return validate_form()">
43          <table width="90%" border="0" cellspacing="0"
            cellpadding="0">
44            <tr>
45              <td width="77%">
46                <div align="left"><font size="3"><b>姓名:</b></font>
47                  <input type="text" size=46 name="NAME">
48                  <br>
49                  <b><font size="3">Email 地址: </font></b>
50                  <input type="text" size=46 name="EMAIL">
51                  <br>
52                  <b><font size="3">URL 地址: </font></b>
53                  <input type="text" size=46 name="URL" value=
                    "http://">
54                  <br>
55                  <b><font size="3">留言内容:</font></b><br>
56                  <textarea name="DESCRIPTION" rows=8 cols=45
                    wrap=virtual></textarea>
57                </div>
58              </td>
59            </tr>
60            <tr>
61              <td>
62                <div align="center"><br>
63                  <input type="submit" name="submit" value="发送">
64                  <input type="reset" value="清除" name="reset">
65                </div>
66              </td>
67            </tr>
68          </table>
69          </form>
70  </body>
71  </html>
```

效果如图 10.13 所示。

图 10.13   Email 发送信息

10.3　小　　结

　　本章的方法主要对 JavaScript 的调试进行了介绍，对如何发现错误和避免程序发生错误也作了一些说明，避免错误的方法主要包括了 7 个方面；本章还对一些常见的调试方法作了说明，使用 alert()方法是比较可选的一种调试方法，除了 alert()方法还有 document.write() 及 document.writeln()等其他的 JavaScript 自带的方法或者语句；本章最后通过一些网页特效实例让读者进行上机实战。

10.4　习　　题

一、选择题

以下哪种方法不能输出 JavaScript 中的错误？（　　　　）

　　A　alert()方法　　　　　　　　B　write()方法

　　C　writeln()方法　　　　　　　D　toString()方法

二、实践题

不看本书的代码，自己做一个最流行的状态栏跑马灯吧。

【提示】获取窗口的状态栏，然后输出内容。

第 4 篇　jQuery 基础理论

第 11 章　了解 jQuery

本章主要讲解的是 jQuery 的基本入门知识及 jQuery 的相关特点。随着互联网的迅速发展，在前台页面的用户体验需求越来越高。虽然 JavaScript 这种动态语言极大的灵活性导致了项目中每个人截然不同的代码风格，但是其功能和浏览器的兼容性上并不能实现高标准严要求。正是在这种情形下出现了 jQuery，它能够帮助我们实现各种酷炫的页面效果，并且不会担心浏览器的兼容性。

本章主要涉及到的知识点有：
- ❑　了解什么是 jQuery
- ❑　学习用 jQuery 实现酷炫界面
- ❑　搭建 jQuery 运行环境

11.1　认识 jQuery

本节主要介绍 jQuery 的起源和 jQuery 到底是什么。如果不了解它的发展，读者可能并不知道究竟能用 jQuery 做什么。

11.1.1　jQuery 的起源

jQuery 的起源要从 JavaScript 说起。JavaScript 是网景公司在它自己的 Livescript 基础上开发的，JavaScript 的出现是前台脚本语言发展的一个里程碑。它是一种基于对象的事件驱动的解释性语言。它具有实时性、跨平台、开发使用简单并且相对安全等特点。JavaScript 的这种特点决定了它在 Web 前台设计中的重要地位。

但是，随着浏览器的种类推陈出新，JavaScript 的兼容性得到了挑战。而且，前台设计效果的要求越来越高。在这种环境下，JavaScript 语言本身的设计能力有些捉襟见肘。在 2006 年，美国人 John Resig 创建了 JavaScript 的另一个框架，它就是 jQuery。

jQuery 与 JavaScript 相比，它语言更简洁，浏览器的兼容性更强，jQuery 的语法更灵活，对于 Xpath 的支持更强大，一个$符就可以遍历文档中的各级元素。这里用一个例子来比较一下它们。

具体需求是这样的：在页面上有一个无序列表，我们需要将所有列表项中的文本内容提取出来显示。具体效果如图 11.1 所示。

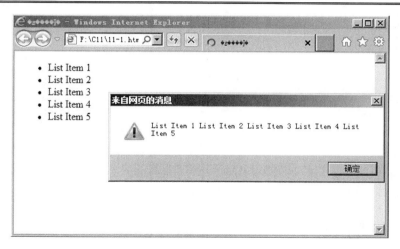

图 11.1　JavaScript 与 jQuery 的代码比较

【**范例 11-1**】　首先，我们来看一下 JavaScript 的实现，文件是 11-1.html，代码如下：

```
01   <html>
02   <head>
03   <meta http-equiv="Content-Type" content="text/html; charset=utf-8" />
04   <title>无标题文档</title>
05   </head>
06   <body>
07     <ul>
08     <li>List Item 1</li>
09       <li>List Item 2</li>
10       <li>List Item 3</li>
11       <li>List Item 4</li>
12       <li>List Item 5</li>
13     </ul>
14     <script type="text/JavaScript">
15         var listitems=document.getElementsByTagName("li");
                                          //获取所有列表项组成的数组
16         var str="";                    //定义保存文本内容的变量
17         for(i=0;i<listitems.length;i++)   //循环数组元素
18             str+=listitems[i].firstChild.nodeValue;//提取列表项的文本内容
19         alert(str);                    //显示所有文本内容
20     </script>
21   </body>
22   </html>
```

从上面的代码我们可以了解 JavaScript 实现这个功能的基本步骤：获取所有元素对象，通过遍历这些元素对象得到文本内容，然后显示。

【**范例 11-2**】　我们再来看一下 jQuery 的实现，文件是 11-2.html，代码如下：

```
01   <html>
02   <head>
03   <meta http-equiv="Content-Type" content="text/html; charset=utf-8" />
04   <title>jQuery 应用一</title>
05   <script type="text/JavaScript" src="jslib/jquery-1.6.js"></script>
06   <script type="text/JavaScript">
07     $(function(){alert($("li").text());}); //获取所有列表项的文本并输出
08   </script>
09   </head>
```

```
10  <body>
11     <ul>
12     <li>List Item 1</li>
13        <li>List Item 2</li>
14        <li>List Item 3</li>
15        <li>List Item 4</li>
16        <li>List Item 5</li>
17     </ul>
18  </body>
19  </html>
```

两段代码相比较，明显发现使用 jQuery 处理会简洁很多，代码量明显减少。在 jQuery 实现中的第 7 行代码就是 jQuery 实现功能部分。

11.1.2　什么是 jQuery

jQuery 是什么？在 jQuery 官方网站上是这样解释的：jQuery 是一个快速简洁的 JavScript 库，它可以简化 HTML 文档的元素遍历、事件处理、动画以及 Ajax 交互，快速地开发 Web 应用。它的设计是为了改变 JavaScript 程序的编写。jQuery 的特点如下：

（1）轻量型，jQuery 是一个轻量型框架，程序短小、配置简单。

（2）DOM 选择，可以轻松获取任意 DOM 元素，或 DOM 元素封装后的 jQuery 对象。

（3）CSS 处理，可以轻松设置、删除和读取 CSS 属性。

（4）链式函数调用，可以将多个函数链接起来被一个 jQuery 对象一次性调用。

（5）事件注册，可以对一个或多个对象注册事件，让画面和事件分离。

（6）对象克隆，可以克隆任意对象及其组件。

（7）Ajax 支持，跨浏览器，支持 Internet Explorer 6.0+、Opera 9.0+、Firefox 2+、Safari 2.0+、Google Chrome 11.0+。

图 11.2 是 jQuery 的官方网站截图。我们可以在它上面获取各种版本的 jQuery 库文件以及官方插件，学习 jQuery，并可提交你在使用 jQuery 中发现的 Bug 等。

图 11.2　jQuery 某官方网站的截图

11.2　jQuery 能做什么

上一节认识了什么是 jQuery，以及它的特点和来历。本节来看一下 jQuery 到底可以做什么。

11.2.1　jQuery 能实现什么

jQuery 库为 Web 脚本编程提供了通用的抽象层，使得它几乎适用于任何脚本编程的情形。由于它容易扩展而且不断有新插件面世来增强它的功能。所以，一本书根本无法涵盖它所有可能的用途和功能。抛开这些不谈，仅就其核心特性而言，jQuery 就能够满足下列需求：

（1）取得页面中的元素。通过上节的例子可以发现，通过一条 jQuery 语句就可获取页面中相同标记名的所有元素。

（2）修改页面的外观。在 jQuery 的众多功能函数中，有专门修改 CSS 样式设定的函数，通过这些函数可以动态修改页面外观。例如，我们可以在页面中通过下拉选择框动态修改一个 DIV 的背景色。

【范例 11-3】　文件是 11-3.html，代码如下所示：

```
01  <html>
02  <head>
03  <meta http-equiv="Content-Type" content="text/html; charset=utf-8" />
04  <title>无标题文档</title>
05  <script type="text/JavaScript" src="jslib/jquery-1.6.js"></script>
06  <script type="text/JavaScript">
07      $(function(){
08          $("#choice").click(function(){          //下拉选择框的单击事件
09              $("#div1").css({background:$("#color").val()});
                                                    //更改 DIV 层的背景色的值
10          });
11      });
12  </script>
13  </head>
14  <body>
15  <center>
16     <div id="div1" style="width:200px;height:200px;border:black 1px
dotted"></div>
17     <select id="color">
18     <option value="white">默认</option>
19         <option value="black">黑色</option>
20         <option value="gray">灰色</option>
21         <option value="orange">橙色</option>
22     </select><br />
23     <input type="button" id="choice" value="更改背景色" />
24  </center>
25  </body>
26  </html>
```

它的实现效果如图 11.3 和图 11.4 所示。

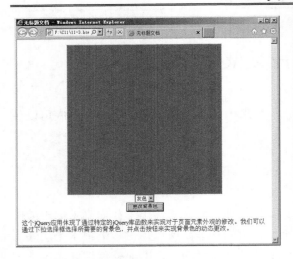
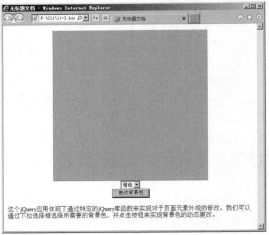

图 11.3　修改 DIV 背景色一　　　　　　　图 11.4　修改 DIV 背景色二

（3）改变页面的内容。jQuery 能够影响的范围并不局限于简单的外观变化，使用少量的代码，jQuery 就能改变文档的内容。它还可以改变文本、插入或翻转图像、对列表重新排序，甚至对 HTML 文档的整个结构都能重写和扩充——所有这些只需一个简单易用的API。

【范例 11-4】　这里看一个通过 DIV 单击修改文本内容的例子，文件是 11-4.html，代码如下所示：

```
01   <html>
02   <head>
03   <meta http-equiv="Content-Type" content="text/html; charset=utf-8" />
04   <title>无标题文档</title>
05   <script type="text/JavaScript" src="jslib/jquery-1.6.js"></script>
06   <script type="text/JavaScript">
07       $(function(){
             //创建 DIV 的鼠标单击触发事件
08       $("#div1").toggle(function(){$(this).text("jQuery 能够影响的范
             围并不局限于简单的外观变化，使用少量的代码，jQuery 就能改变文档的内容。
             可以改变文本、插入或翻转图像、对列表重新排序，甚至，对 HTML 文档的整个结
             构都能重写和扩充——所有这些只需一个简单易用的 API。");},
09       function(){$(this).text("在 jQuery 的众多功能函数中，有专门修改 CSS
             样式设定的函数，通过这些函数我们可以动态修改页面外观。");});
10       });
11   </script>
12   </head>
13   <body>
14       <center>
15       <div id="div1" style="width:400px;height:400px;border:black 1px
             dotted; font-family:Verdana, Geneva, sans-serif; font-size:36px;
             color:#2A0055">在 jQuery 的众多功能函数中，有专门修改 CSS 样式设定的函数，
             通过这些函数我们可以动态修改页面外观。</div>
16       </center>
17       <p>这个 jQuery 应用体现了通过特定的 jQuery 库函数来实现对于页面元素文本的修
             改。我们可以通过点击文本显示区域来实现页面元素文本的动态更改。</p>
18   </body>
19   </html>
```

它的实现效果如图 11.5 和图 11.6 所示。

 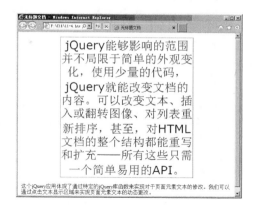

图 11.5 动态修改 DIV 文本内容一 图 11.6 动态修改 DIV 文本内容二

（4）响应用户的页面操作。即使是最强大和最精心设计的行为，如果我们无法控制它何时发生，那它也毫无用处。jQuery 提供了截取形形色色的页面事件（如用户单击一个链接）的适当方式，而不需要使用事件处理程序搞乱 HTML 代码。此外，它的事件处理 API 也消除了经常困扰 Web 开发人员的浏览器的不一致性。从上面的两个例子我们发现，在真正的 HTML 代码中，不需要在元素中加入任何事件说明，所有事件的注册操作全部集中在 jQuery 代码中，而我们只需要一个元素的 ID 属性就万事大吉了。

（5）为页面添加动态效果。为了实现某种交互式行为，设计者也必须向用户提供视觉上的反馈。jQuery 中内置的一批淡入和擦除之类的效果，以及制作新效果的工具包，为此提供了便利。

（6）无需刷新页面即可从服务器获取信息。这种编程模式就是众所周知的 AJAX（Asynchronous JavaScript and XML，异步 JavaScript 和 XML），它能辅助 Web 开发人员创建出反应灵敏、功能丰富的网站。jQuery 通过消除这一过程中的浏览器特定的复杂性，使开发人员得以专注于服务器端的功能设计。

（7）简化常见的 JavaScript 任务。除了这些完全针对文档的特性之外，jQuery 也提供了对基本的 JavaScript 结构（如迭代和数组操作等）的增强。

11.2.2 jQuery 与其他脚本库的区别

jQuery 并不是唯一的 JavaScript 库，除了 jQuery 还有很多优秀的 JavaScript 库，如 Propetype、Dojo、Ext、YUI、MooTools 等。每款 JavaScript 库都有其自身的优点和缺点，要根据不同的使用场景进行选择。如表 11.1 所示的是几款流行的脚本类库比较。

表 11.1 脚本类库比较

类 库	jQuery & jQueryUI	Propetype & script.aculo.us	Dojo	ExtJS	YUI	MooTools
文件大小（KB）	54	46～278	26	84～502	31	65
许可认证	MIT/GPL	MIT	BSD&AFL	Commercial & GPL	BSD	MIT

续表

类　库	jQuery & jQueryUI	Propetype & script.aculo.us	Dojo	ExtJS	YUI	MooTools
XMLHTTPREQUES 获取数据	是	是	是	是	是	是
JSON 数据获取	是	是	是	是	是	是
支持拖放	是	是	是	是	是	是
简单视觉效果	是	是	是	是	是	是
动画效果	是	是	是	是	是	是
事件处理	是	是	是	是	是	是
页面浏览历史	是	附加插件	是	History Manageer	是	附加插件
输入验证	附加插件	是	是	是	是	附加插件
数据网格	附加插件	附加插件	是	是	是	附加插件
文本编辑器	附加插件	附加插件	是	是	是	附加插件
自动完成	是	是	是	是	是	是
HTML 自动生成	是	是	是	是	是	是
主题/皮肤选择	是	是	是	是	是	是
易用性	是	否	是	否	是	是
离线存储	否	否	是	Google Gears/Adobe Air	是	否
IE 版本	6+	6+	6+	6+	6+	6+
FireFox 版本	2+	11.5+	11.5+	11.5+	2+	11.5+
Safari	2+	2+	3+	3+	3+	2+
Opera	9+	9.25+	9+	9+	9+	9+

在表 11.1 中属于轻量型的脚本库应该是 jQuery 和 MooTools 这两个了。在网站开发中，我们应该选择这种轻量型的脚本库。而在这两个轻量型脚本库中，jQuery 以其上手简单、文档全面、易用、运行稳定和高效等因素被绝大多数开发人员青睐。

11.3　搭建 jQuery 运行环境

本节介绍搭建 jQuery 运行环境，因为 jQuery 是个轻量型框架，所以它的运行环境搭建很简单。

11.3.1　jQuery 库的选择

jQuery 在 2006 年 8 月第一个版本 1.0 版正式面世，在这个版本里加入了 CSS 选择器、事件处理和 Ajax 接口。随着 jQuery 功能的不断更新先后出现 1.1 版、1.1.3 版、1.2 版、1.2.6 版、1.3 版、1.3.2 版、1.4 版、1.5 版、1.6 版等，时至今日最新版 1.8 版也已面世。在版本的不断更新的过程中，jQuery 的功能和性能不断增强。而且，在 2007 年 jQuery UI 也发布出来，其中包含大量预定义好的部件（widget），以及一组用于构建高级元素（如可拖放的界面元素）的工具。

jQuery 的官方网站是 www.jQuery.com，下载地址为：http://docs.jquery.com/Downloading_ j Query。在 jQuery 官网上可以找到各种版本的 jQuery 库下载，每种版本几乎都有 3 种形式：

（1）Uncompressed——表示未压缩的脚本库文件。

（2）Minified——压缩后的类库文件，在网站正式上线运行时，我们应该使用这种形式的库文件。

（3）Visual Studio——这种版本是专门为 VS 工具提供的库文件，其中带有完整的文档注释，可以为 VS 工具提供智能感知支持。

本书中绝大部分例子都使用了 jQuery 1.6 版本的库文件，如图 11.7 所示是 jQuery 官网上的下载页面。

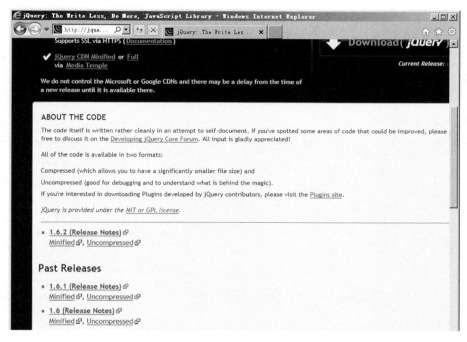

图 11.7　jQuery 各版本下载页面

11.3.2　jQuery 库的引入

在 11.3.1 小节中说过 jQuery 每个版本都有 3 种文件形式。在我们开发的过程中可以使用未压缩版，在真正发布网站时就需要使用压缩库文件。引入 jQuery 库需要使用 HTML 的脚本标记<script>，并通过在这个标记中设定库文件的位置及文件名实现 jQuery 的引入。例如：

```
<script type="text/JavaScript" src="jslib/jquery-1.6.js"></script>
```

jQuery 的库文件，应该保存在独立的一个文件夹内（如图 11.8 所示），不要同其他 HTML 文件、CSS 样式文件或 JS 脚本文件混合在一起存放。

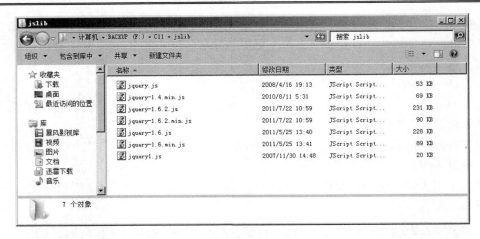

图 11.8　jQuery 库文件存放位置

11.3.3　jQuery 的第一个例子

下面我们来见识一下 jQuery 的特殊页面效果，如图 11.9、图 11.10 和图 11.11 所示。

图 11.9　页面初始加载完成　　　图 11.10　隐藏层放大过程　　　图 11.11　jQuery 显示隐藏元素

【范例 11-5】　在这个例子中需要实现的需求是这样的：页面上有一个按钮和一个隐藏的层元素，当我们单击按钮时，这个隐藏的层逐渐放大显示出来。首先我们来看一下源码（文件是 11-5.html）：

```
01    <html>
02    <head>
03    <meta http-equiv="Content-Type" content="text/html; charset=utf-8" />
04    <title>无标题文档</title>
05    <script type="text/JavaScript" src="jslib/jquery-1.6.js"></script><!--
      引入 jQuery 库文件-->
06    <script type="text/JavaScript">
07        $(function(){
08            $("#btn").click(function(){        //按钮的单击事件
09                $("#div1").show(2000);         //DIV 层显示
10            });
11        });
12    </script>
13    </head>
14    <body>
15    <center>
```

```
16          <input id="btn" type="button" value="第一个 jQuery 效果" />
17          <div id="div1" style="display:none;width:400px;height:400px;border:
            solid 1px #000080;background-color:#AFA; font-family:'MS Serif', 'New
            York', serif; font-size:xx-large; color:#2A0000">Hello World!</div>
18      </center>
19      </body>
20      </html>
```

上述代码第 5 行就是 jQuery 脚本库的引入,这里使用了 1.6 版本的脚本库。第 7 行使用了 jQuery 最重要的一个事件,文档加载完成事件,这个事件用 ready() 函数表示,我们这里使用了省略语法。第 8 行属于事件注册,将按钮的单击事件注册到按钮上。第 9 行使用了 jQuery 特效中的显示功能方法 show(),将隐藏的元素显示出来,我们这里给定了显示过程为 2000 毫秒。上述代码中的 $ 符号是 jQuery 的选择器符号,jQuery 的强大选择功能都是通过它完成的。

上面这个例子初步见到了 jQuery 的功能。后面的章节将会帮助读者逐步了解 jQuery 的使用。

11.3.4　如何学习 jQuery

在学习 jQuery 之前,需要掌握一些相关的入门知识:HTML、CSS、JavaScript 基本编程、JavaScript DOM 编程、XML 基础、AJAX 原理等相关内容。

除了掌握基础知识外,还有就是对 jQuery 的核心功能选择器使用方法的掌握,以及对 jQuery 工具函数如何使用的掌握。在 HTML 5 中国官网上有 jQuery 的相关工具函数介绍,如图 11.12 所示。

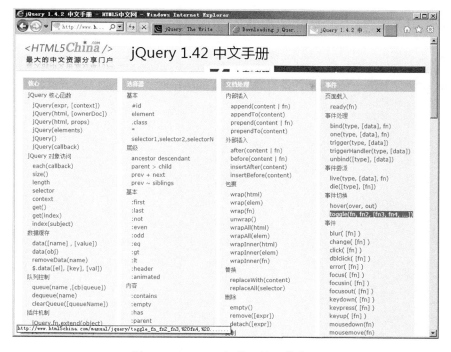

图 11.12　jQuery 相关工具函数介绍

11.4　小　　结

本章主要帮助读者初步认识了什么是 jQuery，jQuery 具有什么样的特点，以及如何在页面中引入使用jQuery。本章的重点在于jQuery库的选择与引入。下一章我们将就jQuery的一些基础知识及工作原理进行讲解。

11.5　习　　题

一、填空题

1．jQuery 的语法更灵活，对于 Xpath 的支持更强大，一个＿＿＿＿＿＿符号就可以遍历文档中的各级元素。

2．说出 3 种常见的 JavaScript 库：＿＿＿＿＿＿、＿＿＿＿＿＿和＿＿＿＿＿＿。

二、选择题

以下 jQuery 不能实现的功能是（　　）。

A　取得页面中的元素

B　修改页面的外观

C　实现页面的后台更新

D　改变页面的内容

E　响应用户的页面操作

F　为页面添加动态效果

三、实践题

引入你自己的 jQuery 库，做第一个例子，实现一个层的逐渐放大过程。

【提示】看一下本章 11.3.3 小节的介绍，非常简单。

第 12 章 jQuery 原理与运行机制

jQuery 应该说是一种综合应用，因为它所涉及的知识内容相对比较的繁杂，要想学好 jQuery 就需要理解它的应用原理及运行机制。学习 jQuery 的原理与运行机制有助于更好理解 jQuery 的核心选择器功能，并更合理地使用 jQuery 选择器，有助于利用 jQuery 创建出高效的动画效果。

本章主要涉及到的知识点有：

- ❑ Javascript BOM
- ❑ Javascript DOM
- ❑ Ajax 原理
- ❑ jQuery 原理
- ❑ jQuery 运行机制

12.1 Javascript 的浏览器对象模型 BOM 操作

BOM 是浏览器对象模型的简称。JavaScript 将整个浏览器窗口按照实现的功能拆分成若干个对象，这样 JavaScript 语言就可以以对象的形式来操作浏览器。

在一个完整的 BOM 中，主要包括 window、navigator、screen、history、location、document 等对象。其中，document 和 location 对象既属于 BOM 也属于 DOM。window 对象是整个 BOM 的顶层对象。各个对象所处位置关系如图 12.1 和图 12.2 所示。

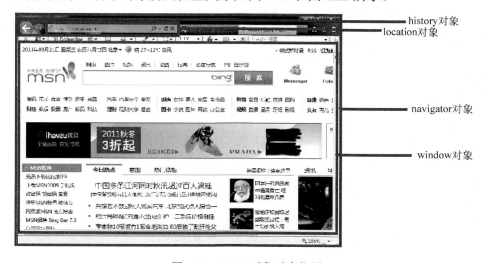

图 12.1　BOM 对象对应位置

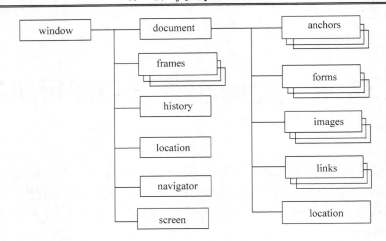

图 12.2　BOM 对象之间的关系

下面依次介绍 JavaScript 如何操作这些对象，这些对象在前面曾经提到过，但是介绍得不深，可能很多读者有点一头雾水，这里将对象的原理再详细介绍下。

12.1.1　window 对象——窗口对象

window 对象包括浏览器打开的窗口，也包括框架窗口。这个对象的属性和方法如表 12.1 和表 12.2 所示。

表 12.1　window对象属性说明

属性	描述
closed	返回窗口是否已被关闭
defaultStatus	设置或返回窗口状态栏中的默认文本
document	对 document 对象的只读引用
history	对 history 对象的只读引用
innerheight	返回窗口的文档显示区的高度
innerwidth	返回窗口的文档显示区的宽度
length	设置或返回窗口中的框架数量
location	用于窗口或框架的 location 对象
name	设置或返回窗口的名称
navigator	对 navigator 对象的只读引用
opener	返回对创建此窗口的窗口的引用
outerheight	返回窗口的外部高度
outerwidth	返回窗口的外部宽度
pageXOffset	设置或返回当前页面相对于窗口显示区左上角的 X 位置
pageYOffset	设置或返回当前页面相对于窗口显示区左上角的 Y 位置
parent	返回父窗口
screen	对 screen 对象的只读引用
self	返回对当前窗口的引用。等价于 window 属性
status	设置窗口状态栏的文本
top	返回最顶层的先辈窗口

续表

属性	描述
window	window 属性等价于 self 属性，它包含了对窗口自身的引用
screenLeft screenTop screenX screenY	只读整数。声明了窗口的左上角在屏幕上的 x 坐标和 y 坐标。IE、Safari 和 Opera 支持 screenLeft 和 screenTop，而 Firefox 和 Safari 支持 screenX 和 screenY

表 12.2　window对象方法说明

方　　法	描　　述
alert()	显示带有一段消息和一个确认按钮的警告框
blur()	把键盘焦点从顶层窗口移开
clearInterval()	取消由 setInterval()方法设置的 timeout
clearTimeout()	取消由 setTimeout()方法设置的 timeout
close()	关闭浏览器窗口
confirm()	显示带有一段消息以及确认按钮和取消按钮的对话框
createPopup()	创建一个 pop-up 窗口
focus()	把键盘焦点给予一个窗口
moveBy()	可相对窗口的当前坐标将它移动指定的像素
moveTo()	把窗口的左上角移动到一个指定的坐标
open()	打开一个新的浏览器窗口或查找一个已命名的窗口
print()	打印当前窗口的内容
prompt()	显示可提示用户输入的对话框
resizeBy()	按照指定的像素调整窗口的大小
resizeTo()	把窗口的大小调整到指定的宽度和高度
scrollBy()	按照指定的像素值来滚动内容
scrollTo()	把内容滚动到指定的坐标
setInterval()	按照指定的周期（以毫秒计）来调用函数或计算表达式
setTimeout()	在指定的毫秒数后调用函数或计算表达式

下面，我们用例子来说明 window 对象的使用。

1. 打开窗口

打开窗口操作主要是使用了 window 对象的 open()方法，这个在前面已经有所介绍，这里再次回顾下。open()方法语法形式如下：

```
window.open(URL,name,features,replace)
```

△注意：URL 参数表示一个可选的地址字符串；name 参数表示窗口名称；features 表示窗口特征；replace 表示是否替换浏览器历史中的当前条目。

【范例 12-1】　下面是一个简单的回顾案例，文件是 12-1.html，代码如下：

```
01  <html xmlns="http://www.w3.org/1999/xhtml">
02  <head>
03  <meta http-equiv="Content-Type" content="text/html; charset=utf-8" />
```

```
04  <title>打开窗口</title>
05  <script type="text/javascript">
06      function open_win()
07      {
08          window.open("http://wwwbaidu.com");      //在当前窗口打开百度主页
09      }
10  </script>
11  </head>
12  <body>
13      <form>
14          <input type=button value="打开窗口" onclick="open_win()">
15      </form>
16  </body>
17  </html>
```

上述代码第 8 行是按钮单击事件函数打开窗口的实现，在这里我们打开了百度网站，并且是在一个新窗口打开，效果如图 12.3 所示。

图 12.3　在新窗口打开页面

【范例 12-2】　刚才看到了简单打开一个窗口的实现。如果还想控制打开窗口的尺寸大小，那就需要对这个打开方法再进行加工。文件是 12-2.html，代码如下所示：

```
01  <script type="text/javascript">
02  function open_win()
03  {
04      window.open("http://www.baidu.com","_blank","toolbar=yes,
        location=yes, status=no, menubar=yes, scrollbars=yes, resizable=
        no,width=400, height=400");      //在新窗口打开百度主页
05  }
06  </script>
```

在 open()函数中加入了 3 个参数，第一个参数是打开的文档的地址，第二个是打开位置，这里使用了新窗口的设置，第三个参数是对窗口的大小及窗口上出现的内容进行设定，

包括工具条显示、地址栏显示、状态栏隐藏、菜单栏显示、滚动条显示和不可调整大小等功能，效果如图 12.4 所示。

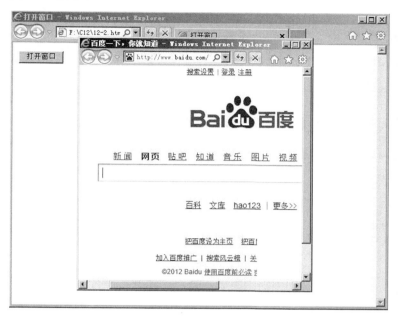

图 12.4 设定打开窗口样式

2. 设置窗口的状态栏文本

这个功能是通过对 window 对象的 status 属性设定值来实现的。status 语法形式如下：

```
window.status=sometext
```

注意：status 属性是一个可读可写的字符串，声明了要在窗口状态栏中显示的一条消息。

【范例 12-3】 下面是一个简单的示例，文件是 12-3.html，代码如下：

```
01  <html xmlns="http://www.w3.org/1999/xhtml">
02  <head>
03  <meta http-equiv="Content-Type" content="text/html; />
04  <title>设置状态栏</title>
05  </head>
06  <body>
07      <script type="text/javascript">
08          window.status="新的状态栏文本!!";        //更改窗口状态栏文本
09      </script>
10      <p>设置状态栏中的文本。</p>
11  </body>
12  </html>
```

效果如图 12.5 所示。

3. 改变窗口大小

window 对象为我们提供了改变当前窗口大小的函数

图 12.5 设置窗口状态栏文本

resizeBy()和 resizeTo()。resizeBy()语法形式如下：

```
resizeBy(width,height)
```

🔔注意：width 和 height 参数分别表示窗口增加的宽度和高度，正负数均可。

resizeTo()语法形式如下：

```
resizeTo(width,height)
```

🔔注意：width 和 height 参数分别表示窗口想要改变到的宽度和高度。

【范例 12-4】　下面代码完成了窗口宽度和高度都缩小 100 个像素的功能，文件是 12-4.html，代码如下：

```
01  <html>
02  <head>
03  <script type="text/javascript">
04     function resizeWindow()
05     {
06          window.resizeBy(-100,-100);      //调整窗口大小
07     }
08  </script>
09  </head>
10  <body>
11     <form>
12      <input type="button" onclick="resizeWindow()" value="改变窗口大小">
13     </form>
14     <p><b>说明：</b>Javascript 语言可以通过 window 对象的 resizeBy()函数动态
       修改窗口的大小。</p>
16  </body>
17  </html>
```

效果如图 12.6 和图 12.7 所示。

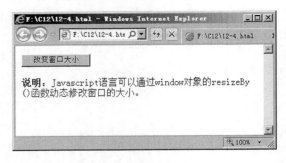

图 12.6　窗口初始大小

图 12.7　窗口改变大小

【范例 12-5】　刚才的例子是通过差值改变窗口大小，我们也可以直接给定要改变的宽度和高度值。文件是 12-5.html，代码如下：

```
01  <script type="text/javascript">
02   function resizeWindow()
03   {
04        window.resizeTo(300,300);   //调整窗口大小
05   }
```

```
06 </script>
```

这里我们直接指定了将窗口大小调整至 300 像素高、300 像素宽，效果如图 12.8 所示。

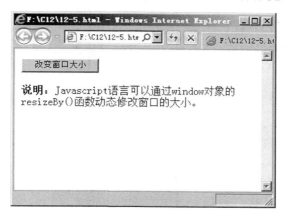

图 12.8　变化到指定宽度和高度

4．滚动页面文本内容

window 对象支持将页面内容进行滚动的操作。scrollBy()语法形式如下：

```
scrollBy(xnum,ynum)
```

注意：xnum 参数表示文档向右滚动的像素数，ynum 参数表示文档向下滚动的像素数。

scrollTo()语法形式如下：

```
scrollTo(xpos,ypos)
```

注意：xpos 参数表示要在窗口文档显示区左上角显示的文档的 x 坐标，ypos 参数表示要在窗口文档显示区左上角显示的文档的 y 坐标。

【范例 12-6】下面代码将页面内容动态向上滚动了 100 个像素距离，文件是 12-6.html，代码如下：

```
01  <html>
02  <head>
03  <script type="text/javascript">
04     function scrollWindow()
05     {
06        window.scrollBy(100,100);          //滚动页面内容
07     }
08  </script>
09  </head>
10  <body>
11  <input type="button" onclick="scrollWindow()" value="滚动" />
12  <p>Javascript</p>
13  <br /><br /><br /><br /><br />
14  <br /><br /><br />
15  <p>Javascript</p>
16  <br /><br /><br /><br /><br />
17  <br /><br /><br />
```

```
18    <p>Javascript</p>
19    </body>
20    </html>
```

效果如图 12.9 和图 12.10 所示。

图 12.9　页面内容初始位置　　　　　　图 12.10　页面内容滚动后

【范例 12-7】　我们也可以将上述代码改成移动到指定位置，文件是 12-7.html，代码如下：

```
01 <script type="text/javascript">
02   function scrollWindow()
03   {
04       window.scrollTo(100,200);        //滚动页面内容
05   }
06 </script>
```

上述代码利用了 window 对象的移动到某一位置的方法，效果与刚才的例子类似。

5．setInterval()和setTimeout()之间的区别

window 对象中的 setInterval()和 setTimeout()这两个函数都和计时器相关。它们之间的区别是前者执行过程是多次的，后者只执行一次。setTimeout()语法形式如下：

```
setTimeout(code,millisec)
```

🔔注意：code 参数表示调用函数后要执行的 JavaScript 代码串，millsec 参数表示在执行代码前需等待的毫秒数。

setInterval()语法形式如下：

```
setInterval(code,millisec[,"lang"])
```

🔔注意：code 参数表示调用函数后要执行的 JavaScript 代码串，millsec 参数表示周期性执行或调用 code 之间的时间间隔，以毫秒计。

【范例 12-8】　首先，我们来看 setTimeout()这个方法，下面代码表示当单击按钮后延迟

两秒钟弹出一个警告对话框，文件是 12-8.html，代码如下：

```
01  <html>
02  <head>
03  <script type="text/javascript">
04      function timedMsg()
05      {
06          var t=setTimeout("alert('2秒!')",2000);//间隔两秒钟后弹出提示对话框
07      }
08  </script>
09  </head>
10  <body>
11  <input type="button" value="弹出时间警告!" onClick="timedMsg()">
12  </body>
13  </html>
```

效果如图 12.11 所示。

图 12.11　定时调用代码

我们可以将 setTimeout()改成 setInterval()多次调用对话框显示。但是，这里有一个问题，setInterval()是无限次使用，如果需要停止则需要调用 clearInterval()这个函数清空计时器。

6．坐标值的获取

window 对象代表窗口对象，这个对象中也涉及到了坐标获取与设置的操作。但是，在 BOM 中的一些坐标属性并不是所有浏览器所有版本都能够接受的。所以，当浏览器类型或版本不同时，我们需要进行判定。

【范例 12-9】下面代码主要根据不同浏览器的标准判断，获取页面内容滚动的偏移量。根据不同浏览器对不同对象及属性的支持，例如，网景浏览器支持 window 对象的 pageXOffset 和 pageYOffset 属性，而 IE 浏览器则支持 document 中 documentElement 的 scrollTop 和 scrollLeft 属性，文件是 12-9.html，代码如下：

```
01  <html xmlns="http://www.w3.org/1999/xhtml">
02  <head>
03  <meta http-equiv="Content-Type" content="text/html; charset=utf-8" />
04  <title>无标题文档</title>
05  <script type="text/javascript">
```

```
06      function getScrollXY() {
07        var scrOfX = 0, scrOfY = 0;
08        if( typeof( window.pageYOffset ) == 'number' ) {
09          //网景浏览器适配
10          scrOfY = window.pageYOffset;
11          scrOfX = window.pageXOffset;
12        } else if( document.body && ( document.body.scrollLeft || document
          .body.scrollTop ) ) {
13          //DOM 适配
14          scrOfY = document.body.scrollTop;
15          scrOfX = document.body.scrollLeft;
16        } else if( document.documentElement && ( document.documentElement
          .scrollLeft ||
17  document.documentElement.scrollTop ) ) {
18          //IE6 标准适配
19          scrOfY = document.documentElement.scrollTop;
20          scrOfX = document.documentElement.scrollLeft;
21        }
22        alert( 'Horizontal scrolling = ' + scrOfX + '\nVertical scrolling
          = ' + scrOfY );;
23      }
24  </script>
25  </head>
26  <body>
27      <br /><br /><br /><br />
28      <br /><br /><br /><br /><br />
29      <br /><br /><br /><br />
30      <br /><br /><br /><br />
31      <br /><br /><br /><br /><br />
32      <br /><br /><br /><br />
33      <br /><br /><br /><br />
34      <br /><br /><br /><br /><br />
35      <br /><br /><br /><br />
36      <a href="javascript:getScrollXY()">获取偏移量</a>
37  </body>
38  </html>
```

效果如图 12.12 所示。

图 12.12　测试页面内容滚动偏移量

【范例 12-10】　当我们获取窗口大小的时候，同样碰到了上面提到的情况。所以，我们还是要进行浏览器类型及版本号的判断。下面代码检测在不同浏览器类型和版本情况下获得窗口大小的情况，文件是 12-10.html，代码如下：

```html
<html xmlns="http://www.w3.org/1999/xhtml">
<head>
<meta http-equiv="Content-Type" content="text/html; charset=utf-8" />
<title>无标题文档</title>
<script type="text/javascript">
    function alertSize() {
      var myWidth = 0, myHeight = 0;
      if( typeof( window.innerWidth ) == 'number' ) {
        //非 IE 浏览器
        myWidth = window.innerWidth;
        myHeight = window.innerHeight;
      } else if( document.documentElement && ( document.documentElement
      .clientWidth || document.documentElement.clientHeight ) ) {
        //IE 6 以上的标准浏览器
        myWidth = document.documentElement.clientWidth;
        myHeight = document.documentElement.clientHeight;
      } else if( document.body && ( document.body.clientWidth || document
      .body.clientHeight ) ) {
        //IE 4 浏览器
        myWidth = document.body.clientWidth;
        myHeight = document.body.clientHeight;
      }
      alert( 'Width = ' + myWidth+'\n Height = ' + myHeight  );
    }
</script>
</head>
<body>
    <a href="javascript:alertSize()">获取窗口大小</a>
</body>
</html>
```

效果如图 12.13 所示。

图 12.13　获取窗口大小

【范例 12-11】 不过，现在最新版本的浏览器基本上都已经支持了 window 对象的这些
属性。我们来看下面这个例子，文件是 12-11.html，代码如下：

```
01    <html xmlns="http://www.w3.org/1999/xhtml">
02    <head>
```

```
03  <meta http-equiv="Content-Type" content="text/html; charset=utf-8" />
04  <title>无标题文档</title>
05  </head>
06  <body>
07     <a href="javascript:alert('Inner Height: '+window.innerHeight+'\
       n'+'Inner Width: '+window.innerWidth)">
08  窗口尺寸</a>
09     <a href="javascript:alert('Outer Height: '+window.outerHeight+'\
       n'+'Outer Width:
10  '+window.outerWidth)">窗口外部尺寸</a>
11     <a href="javascript:alert('screenX:'+window.screenX+'\nscreenY: '+
12  window.screenY)">窗口在屏幕上的位置</a>
13  <br /><br /><br /><br />
14  <br /><br /><br /><br />
15  <br /><br /><br /><br />
16  <br /><br /><br /><br />
17  <br /><br /><br /><br />
18  <br /><br /><br /><br />
19     <a href="javascript:alert('PageXOff: '+window.pageXOffset+'\nPage
       YOff: '+window.pageYOffset)">
20  页面滚动偏移量</a>
21  </body>
22  </html>
```

上述代码使用了 window 对象有关坐标及窗口尺寸的相关属性。测试环境为 IE9，效果如图 12.14～12.17 所示。

图 12.14　窗口内部大小

图 12.15　窗口外部大小

图 12.16　窗口在屏幕上的位置

图 12.17　页面内容滚动偏移量

12.1.2　navigator 对象——浏览器对象

navigator 对象代表了浏览器相关信息集合。在这个对象中我们可以获取有关当前被使用的浏览器的信息内容。有关这个对象的属性及方法参考表 12.3 和表 12.4 所示。

表 12.3　navigator对象属性说明

属　　性	描　　述
appCodeName	返回浏览器的代码名
appMinorVersion	返回浏览器的次级版本
appName	返回浏览器的名称
appVersion	返回浏览器的平台和版本信息
browserLanguage	返回当前浏览器的语言
cookieEnabled	返回指明浏览器中是否启用 cookie 的布尔值
cpuClass	返回浏览器系统的 CPU 等级
onLine	返回指明系统是否处于脱机模式的布尔值
platform	返回运行浏览器的操作系统平台
systemLanguage	返回 OS 使用的默认语言
userAgent	返回由客户机发送服务器的 user-agent 头部的值
userLanguage	返回 OS 的自然语言设置

表 12.4　navigator对象的方法说明

方　　法	描　　述
javaEnabled()	规定浏览器是否启用 Java
taintEnabled()	规定浏览器是否启用数据污点 (data tainting)

【范例12-12】下面利用这个对象的属性来获取我们使用浏览器的所有信息，文件是 12-12. html，代码如下：

```
01  <html>
02  <body>
03  <script type="text/javascript">
04      document.write("CodeName=" + navigator.appCodeName);
05      document.write("<br />");
06      document.write("MinorVersion=" + navigator.appMinorVersion);
07      document.write("<br />");
08      document.write("Name=" + navigator.appName);
09      document.write("<br />");
10      document.write("Version=" + navigator.appVersion);
11      document.write("<br />");
12      document.write("CookieEnabled=" + navigator.cookieEnabled);
13      document.write("<br />");
14      document.write("CPUClass=" + navigator.cpuClass);
15      document.write("<br />");
16      document.write("OnLine=" + navigator.onLine);
17      document.write("<br />");
18      document.write("Platform=" + navigator.platform);
19      document.write("<br />");
20      document.write("UA=" + navigator.userAgent);
21      document.write("<br />");
```

```
22        document.write("BrowserLanguage=" + navigator.browserLanguage);
23        document.write("<br />");
24        document.write("SystemLanguage=" + navigator.systemLanguage);
25        document.write("<br />");
26        document.write("UserLanguage=" + navigator.userLanguage);
27   </script>
28   </body>
29   </html>
```

效果如图 12.18 所示。

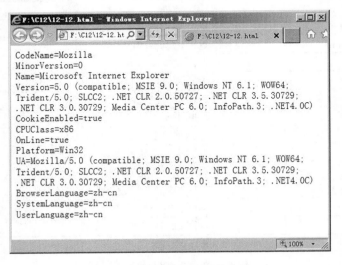

图 12.18　获取浏览器信息

1．Screen对象

这个对象包含了用户当前使用的显示器的相关信息，其属性请参考表 12.5 所示。

表 12.5　Screen对象的属性说明

属　　性	描　　述
availHeight	返回显示器屏幕的高度（除 Windows 任务栏之外）
availWidth	返回显示器屏幕的宽度（除 Windows 任务栏之外）
bufferDepth	设置或返回调色板的比特深度
colorDepth	返回目标设备或缓冲器上的调色板的比特深度
deviceXDPI	返回显示器屏幕的每英寸水平点数
deviceYDPI	返回显示器屏幕的每英寸垂直点数
fontSmoothingEnabled	返回用户是否在显示器控制面板中启用了字体平滑
height	返回显示器屏幕的高度
logicalXDPI	返回显示器屏幕每英寸的水平方向的常规点数
logicalYDPI	返回显示器屏幕每英寸的垂直方向的常规点数
pixelDepth	返回显示器屏幕的颜色分辨率（比特每像素）
updateInterval	设置或返回屏幕的刷新率
width	返回显示器屏幕的宽度

【范例 12-13】下面我们利用它的属性来获取当前屏幕的相关信息，文件是 12-13.html，

代码如下：

```
01  <html>
02  <body>
03  <script type="text/javascript">
04      document.write("Screen resolution: ")
05      document.write(screen.width + "*" + screen.height)
06      document.write("<br />")
07      document.write("Available view area: ")
08      document.write(screen.availWidth + "*" + screen.availHeight)
09      document.write("<br />")
10      document.write("Color depth: ")
11      document.write(screen.colorDepth)
12      document.write("<br />")
13      document.write("Buffer depth: ")
14      document.write(screen.bufferDepth)
15      document.write("<br />")
16      document.write("DeviceXDPI: ")
17      document.write(screen.deviceXDPI)
18      document.write("<br />")
19      document.write("DeviceYDPI: ")
20      document.write(screen.deviceYDPI)
21      document.write("<br />")
22      document.write("LogicalXDPI: ")
23      document.write(screen.logicalXDPI)
24      document.write("<br />")
25      document.write("LogicalYDPI: ")
26      document.write(screen.logicalYDPI)
27      document.write("<br />")
28      document.write("FontSmoothingEnabled: ")
29      document.write(screen.fontSmoothingEnabled)
30      document.write("<br />")
31      document.write("PixelDepth: ")
32      document.write(screen.pixelDepth)
33      document.write("<br />")
34      document.write("UpdateInterval: ")
35      document.write(screen.updateInterval)
36      document.write("<br />")
37  </script>
38  </body>
39  </html>
```

效果如图 12.19 所示。

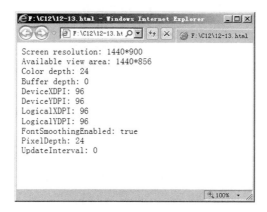

图 12.19　屏幕对象信息

2．History对象

这个对象代表了用户访问 URL 的历史信息记录，它的属性和方法参考表 12.6 和表 12.7。

表 12.6　History对象的属性说明

属　　性	描　　述
length	返回浏览器历史列表中的 URL 数量

表 12.7　History对象的方法说明

方　　法	描　　述
back()	加载 history 列表中的前一个 URL
forward()	加载 history 列表中的下一个 URL
go()	加载 history 列表中的某个具体页面

这个对象相对比较简单，因此我们不作具体示例。有一点要说明的是，在这个对象中，go()这个方法可以替代 back()和 forward()方法，即 go(-1)的使用相当于 back()方法的调用，go(1)的使用相当于 forward()方法的调用。

3．Location对象

这个对象代表了当前访问的 URL 的所有信息，它的属性和方法参考表 12.8 和表 12.9。

表 12.8　Location对象的属性说明

属　　性	描　　述
hash	设置或返回从井号（#）开始的 URL（锚）
host	设置或返回主机名和当前 URL 的端口号
hostname	设置或返回当前 URL 的主机名
href	设置或返回完整的 URL
pathname	设置或返回当前 URL 的路径部分
port	设置或返回当前 URL 的端口号
protocol	设置或返回当前 URL 的协议
search	设置或返回从问号（?）开始的 URL（查询部分）

表 12.9　Location对象的方法说明

方　　法	描　　述
assign()	加载新的文档
reload()	重新加载当前文档
replace()	用新的文档替换当前文档

这个对象相对比较简单，因此我们不作具体示例。有兴趣的读者可以自己编写代码测试这个对象。

12.2　Javascript 的 HTML 文档 DOM 操作

DOM 是文档对象模型的简称，JavaScript 通过文档对象的形式可以对 HTML 文档中的所有对象进行访问操作。第 1 章已经讲过 DOM，因为 jQuery 中的选择器实际上和 JavaScript 通过 DOM 来选取元素对象有很大关系，所以本节读者要复习一下前面的知识，同时拓展 DOM 操作。

12.2.1　DOM 节点

HTML 文档中的每个元素都是一个节点。DOM 中的规定如下：

（1）整个文档是一个文档节点。

（2）每个 HTML 标签是一个元素节点。

（3）包含在 HTML 元素中的文本是文本节点。

（4）每一个 HTML 属性是一个属性节点。

（5）注释属于注释节点。

图 12.20 在第 1 章曾接触过，这里再来复习一下。

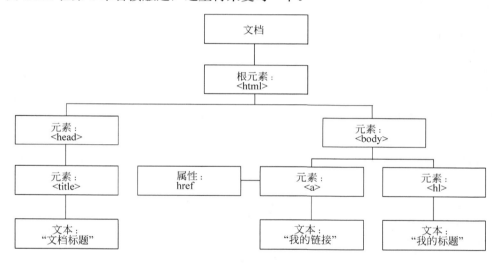

图 12.20　DOM 节点树

【范例 12-14】　我们可以用一个简单的 HTML 文档来说明节点的特点。来看下面这个静态 HTML 文档，文件是 12-14.html，代码如下：

```
01  <html>
02  <head>
03    <title>DOM Tutorial</title>
04  </head>
05  <body>
06    <h1>DOM Lesson one</h1>
07    <p>Hello world!</p>
08  </body>
09  </html>
```

上面所有的节点彼此间都存在关系。

（1）除文档节点之外的每个节点都有父节点。例如，<head>和<body>的父节点是<html>节点，文本节点"Hello world！"的父节点是<p>节点。大部分元素节点都有子节点。例如，<head>节点有一个子节点：<title>节点。<title>节点也有一个子节点：文本节点"DOM

Tutorial"。

（2）当节点分享同一个父节点时，它们就是同辈（同级节点）。例如，<h1>和<p>是同辈，因为它们的父节点均是<body>节点。

（3）节点也可以拥有后代，后代指某个节点的所有子节点，或者这些子节点的子节点，以此类推。例如，所有的文本节点都是<html>节点的后代，而第一个文本节点是<head>节点的后代。

（4）节点也可以拥有先辈。先辈是某个节点的父节点，或者父节点的父节点，以此类推。比方说，所有的文本节点都可把<html>节点作为先辈节点。

12.2.2　访问文档节点

访问文档节点可以动态获取或者设置各节点的显示样式和内容等信息，便于前台设计人员更好地控制页面元素。访问文档节点可以通过一些方法来实现。

1. 通过ID访问页面元素

通过 ID 访问页面元素的语法形式如下：

```
document.getElementById(id)
```

参数 id 为必选项，为字符串（String）。返回值为对象，返回相同 id 对象中的第一个，如果无符合条件的对象，则返回 null。

【范例 12-15】我们可以通过访问节点来得到节点中的 Html 内容，文件是 12-15.html，代码如下：

```
01  <html>
02  <head>
03  <script type="text/javascript">
04      function getValue()
05      {
06          var x=document.getElementById("myHeader")//通过 ID 访问页面元素
07          alert(x.innerHTML)
08      }
09  </script>
10  </head>
11  <body>
12  <h1 id="myHeader" onclick="getValue()">这是标题</h1>
13  <p>单击标题，会提示出它的值。</p>
14  </body>
15  </html>
```

效果如图 12.21 所示。

2. 通过name访问页面元素

通过 name 访问页面元素的语法形式如下：

```
document.getElementsByName(name)
```

图 12.21　利用 ID 访问页面元素

参数 name 为必选项，为字符串（String）。返回值为数组对象，如果无符合条件的对象，则返回空数组。

【范例 12-16】　我们可以通过访问节点来得到节点中的 Html 内容大小，文件是 12-16. html，代码如下：

```
01  html>
02  head>
03  script type="text/javascript">
04      function getElements()
05      {
06      var x=document.getElementsByName("myInput");//通过 name 属性访问页面元素
07      alert(x.length);
08      }
09  /script>
10  </head>
11  <body>
12  <input name="myInput" type="text" size="20" /><br />
13  <input name="myInput" type="text" size="20" /><br />
14  <input name="myInput" type="text" size="20" /><br />
15  <br />
16  <input type="button" onclick="getElements()" value="名为 'myInput' 的
    元素有多少个？" />
17  </body>
18  </html>
```

效果如图 12.22 所示。

图 12.22　利用 name 访问页面元素

3．通过TagName访问页面元素

通过 TagName 访问页面元素的语法形式如下：

```
document.getElementsByTagName(tagname)
```

参数 tagname 为必选项，为字符串（String）。返回值为数组对象，如果无符合条件的对象，则返回空数组。

【范例 12-17】　我们也可以批量访问标记名相同的所有节点，文件是 12-17.html，代码如下：

```
01  <html>
02  <head>
03  <script type="text/javascript">
04      function getElements()
05      {
06      var x=document.getElementsByTagName("input");//通过标记名访问页面元素
07      alert(x.length);
08      }
09  </script>
10  </head>
11  <body>
12  <input name="myInput" type="text" size="20" /><br />
13  <input name="myInput" type="text" size="20" /><br />
14  <input name="myInput" type="text" size="20" /><br />
15  <br />
16  <input type="button" onclick="getElements()" value="标记名为 'input' 的
    元素有多少个？" />
17  </body>
18  </html>
```

效果如图 12.23 所示。

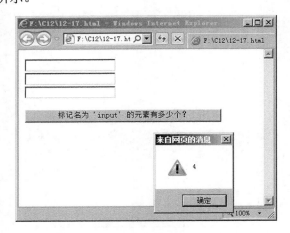

图 12.23　利用 TagName 访问页面元素

12.2.3　节点操作

刚才我们看到了如何通过 JavaScript 来访问已有节点。下面来看一下 JavaScript 对

HTML 文档节点的其他操作。

1．节点信息

前面介绍了与 HTML 的相关获取操作。在 HTML 文档中我们实际可得的节点是多样的。每个节点都有相应的属性来描述并区分不同类型的节点。JavaScript 通过 3 种属性来识别不同的节点：znodeName 节点名称、nodeValue 节点值和 nodeType 节点类型。

（1）nodeName 节点名称：
- 元素节点的 nodeName 是标签名称。
- 属性节点的 nodeName 是属性名称。
- 文本节点的 nodeName 永远是#text。
- 文档节点的 nodeName 永远是#document。

（2）nodeValue 节点值：
- 对于文本节点，nodeValue 属性包含文本。
- 对于属性节点，nodeValue 属性包含属性值。
- nodeValue 属性对于文档节点和元素节点是不可用的。

（3）nodeType 节点类型：节点类型参见表 12.10。

表 12.10　节点类型说明

元 素 类 型	节 点 类 型
元素	1
属性	2
文本	3
注释	8
文档	9

【范例 12-18】　我们可以获取节点本身的一些说明信息，如节点类型、节点名称和节点值等，文件是 12-18.html，代码如下：

```
01  <html>
02  <head>
03   <title>JavaScript!</title>
04  </head>
05  <body>
06      <div id="div1">这是一个层!</div>
07       <script type="text/javascript">
08         var x=document.getElementById("div1");
09         alert(x.nodeName);        //节点名
10         alert(x.nodeValue);       //节点值
11         alert(x.nodeType);        //节点类型
12      </script>
13   </body>
14  </html>
```

效果如图 12.24、图 12.25 和图 12.26 所示。

图 12.25 中为何显示为空，请读者考虑。

2．节点的遍历操作

刚才讨论了如何获取指定节点以及如何获取节点的相关信息。JavaScript 还提供了根据已知节点遍历相关节点的操作属性。parentNode 获取父节点，firstChild 获取第一个子节点，lastChild 获取最后一个子节点。下面用两个例子来说明它们的使用。

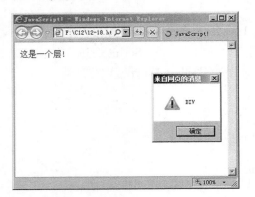

图 12.24　元素的节点名称　　　　　　　　　　　图 12.25　元素的节点值

图 12.26　元素的节点类型

【范例 12-19】　下面代码使用 firstChild 属性，获取第一个子节点的节点值、节点类型和节点名称。文件是 12-19.html，代码如下：

```
01  <html>
02    <head>
03        <title>JavaScript!</title>
04    </head>
05    <body>
06        <p id="intro">My first paragraph...</p>
07        <ul>
08            <li>List item 1</li>
09            <li>List item 2</li>
10            <li>List item 3</li>
11            <li>List item 4</li>
12            <li>List item 5</li>
13        </ul>
14        <script type="text/javascript">
15            // 将 UL 中的列表项创建为节点列表:
16            var allListItems = document.getElementsByTagName('li');
17            // 现在我们可以使用 for 循环遍历列表项:
18            for (var i = 0, length = allListItems.length; i < length; i++) {
```

```
19                      // 提取其文本节点并 alert 它的内容:
20                      alert( allListItems[i].firstChild.nodeValue );
21                      alert(allListItems[i].firstChild.nodeType);
22                      alert(allListItems[i].firstChild.nodeName);
23                  }
24          </script>
25      </body>
26  </html>
```

效果如图 12.27 所示。

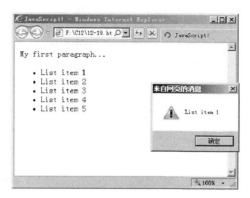

图 12.27　利用 firstChild 获取文本节点

【范例 12-20】　下面代码分别使用了 parentNode、firstChild 和 lastChild 等属性。文件是 12-20.html，代码如下：

```
01  <html>
02  <head>
03   <title>Javascript</title>
04  <script type="text/javascript">
05      function getTest()
06      {
07          var x = document.getElementById("test");
08          x.style.border = "1px dashed";
09      }
10      function getParent()
11      {
12          //对父节点操作
13          var x = document.getElementById("test");x.parentNode.style
            .border = "1px dashed";
14      }
15      function getFirst()
16      {
17      //对第一个子节点操作
18          var x = document.getElementById("test");alert(x.firstChild
            .nodeValue);
19      }
20      function getLast()
21      {
22          //对最后一个子节点操作
23          var x = document.getElementById("test2");alert(x.lastChild
            .nodeValue);
24      }
25  </script>
26   </HEAD>
```

```
27    <BODY>
28     <div>
29     <p id="test">我是第一个p的文字</p>
30     <p id="test2">我是第二个p的文字，span的文字</p></div>
31     <input type="button" onclick="getTest()" value="getTest()">
32     <input type="button" onclick="getParent()" value="getParent()">
33     <input type="button" onclick="getFirst()" value="getFirst()">
34     <input type="button" onclick="getLast()" value="getLast()">
35    </BODY>
36    </HTML>
```

效果如图 12.28 和图 12.29 所示。

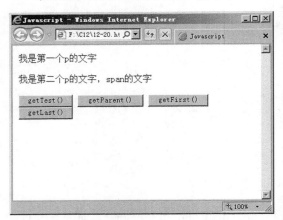

图 12.28　parentNode 获取父节点　　　　图 12.29　lastChild 获取最后一个子节点

3. 节点的其他操作

【范例 12-21】 这里附加了一些节点其他比较有用的操作，同时这些操作也是 DOM 所特有的。innerHTML 属性设置或返回表格行的开始和结束标签之间的 HTML。文件是 12-21.html，代码如下：

```
01    <html>
02    <head>
03     <title>Javascript</title>
04    <script type="text/javascript">
05        function testW()
06        {
07            var str = "<p align='center'>面目全非！完全不一样喽！</p>";
08        document.getElementById("test").innerHTML = str;
09        }
10    </script>
11    </HEAD>
12    <BODY>
13     <div id="test">
14     <p>我是测试段落。</p>
15     </div>
16     <input type="button" value="testW" onclick="testW()">
17    </BODY>
18    </HTML>
```

效果如图 12.30 所示。

图 12.30　innerHTML 测试

实际上在 JavaScript 中还有另一个和 innerHTML 类似的属性是 innerText。但是，innerText 属性在浏览器的兼容性上只能在 IE 下使用，为了能设计出通用的 JavaScript 脚本程序，希望读者尽量使用 innerHTML。

说明：DOM 节点还有两个方法和一个属性，如下所示:

❑ childNodes 属性，表示当前节点的直接子节点的集合。

❑ removeChild()方法，用于移除子节点。

❑ appendChild()方法，用于添加子节点。

下面用两个例子分别说明这两个方法和一个属性的使用。

【范例 12-22】 使用 childNodes 属性及 removeChild()方法举例，文件是 12-22.html，代码如下:

```
01  <html>
02  <head>
03   <title> New Document </title>
04   <script type="text/javascript">
05   function remove()
06   {
07       var test = document.getElementById("test");
08       var children = test.childNodes;        //获取子节点集合
09       for(i=0;i<children.length;i++)
10       {
11          test.removeChild(children[i]);      //移除指定子节点
12       }
13   }
14   </script>
15  </HEAD>
16  <BODY>
17   <div id="test">
18   <p>我是将要被删除的节点</p>
19   <hr size=5 width=200 color=red>
20   </div>
21   <input type="button" value="Delete" onclick="remove()">
22  </BODY>
23  </HTML>
```

上述代码使用了 childNodes 属性及 removeChild()方法，效果如图 12.31 和图 12.32 所示。

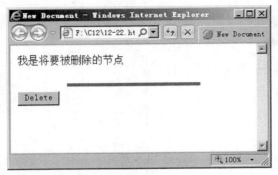
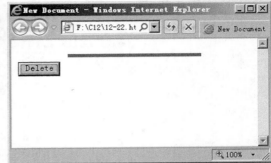

图 12.31　删除子节点前　　　　　　　　　　图 12.32　删除子节点后

【范例 12-23】　使用文档对象来创建一个段落标记、文本节点方法和文本节点等，文件是 12-23.html，代码如下：

```
01  <HTML>
02  <HEAD>
03  <TITLE> New Document </TITLE>
04      <script type="text/javascript">
05          function test()
06          {
07              var test = document.getElementById("test");
08              var para = document.createElement("P");        //创建 Html 元素
09              var text = document.createTextNode("要添加的文本");//创建文本元素
10              para.appendChild(text);              //向 Html 元素中添加文本元素
11              test.appendChild(para);              //将 Html 元素添加到页面中
12          }
13      </script>
14  </HEAD>
15
16  <BODY>
17  <div id="test" style="border:1px solid"></div>
18  <input type="button" value="insert" onclick="test()">
19  </BODY>
20  </HTML>
```

上述代码中使用了文档对象中创建元素的方法，第 8 行创建了一个段落标记；还使用了创建文本节点方法，第 9 行创建了文本节点；第 10 行利用添加节点方法先将文本节点加入到段落中；第 11 行将段落添加到层中，效果如图 12.33 所示。

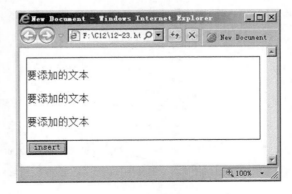

图 12.33　添加节点操作

12.3　Ajax 原理

jQuery 可以在客户端浏览器实现无刷新的情况下页面内容发生改变。但 jQuery 本身操作的还是浏览器上的数据，如果 jQuery 可以和 Ajax 搭配使用则会发挥更大功效。本书中很多插件也支持 Ajax 数据。因此，我们在这里简单介绍一下 Ajax 的工作原理及如何使用。

12.3.1　Ajax 组成

第 1 章提到过 Ajax 效果，但是没有具体讲解，这里读者先了解下它的组成。

Ajax（Asynchronous JavaScript and XML），它包括 HTML/XHTML、CSS、DOM、XML、XSLT、XMLHttp 和 JavaScript。它使用 XHTML 和 CSS 标准化呈现，使用 DOM 实现动态显示和交互，使用 XML 和 XSLT 进行数据交换与处理，使用 XMLHttpRequest 进行异步数据读取，使用 JavaScript 绑定和处理所有数据。

12.3.2　Ajax 与基本 Web 应用工作比较

以往我们浏览网页的原理是由 Client 向 Server 提交页面申请，再由 Server 将申请通过 HTTP 传回给 Client 生成浏览页面，如图 12.34 所示。

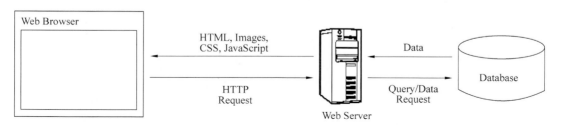

图 12.34　基本 Web 应用工作过程

使用 Ajax 后的工作原理如图 12.35 所示。

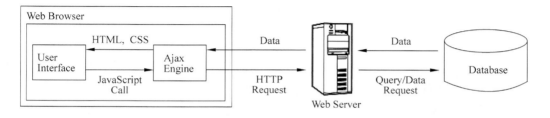

图 12.35　Ajax 工作原理

我们也可以直接从交互时序上来观察使用了 Ajax 的效果，如图 12.36 和图 12.37 所示。

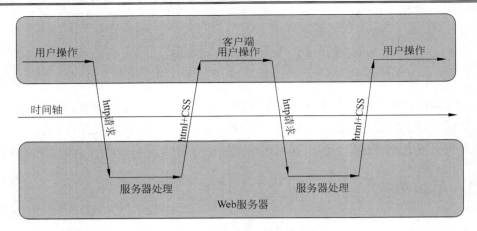

图 12.36　基本 Web 应用时序

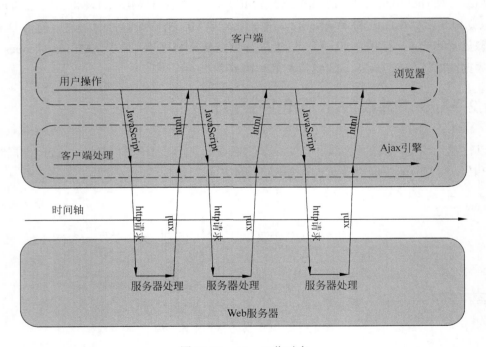

图 12.37　Ajax 工作时序

从以上几幅图的对比我们可以总结出 Ajax 的工作原理和优点。

1. 工作原理

Ajax 的工作原理相当于在用户和服务器之间加了一个中间层，使用户操作与服务器响应异步化。并不是所有的用户请求都提交给服务器，像一些数据验证和数据处理等都交给 Ajax 引擎自己来做，只有确定需要从服务器读取新数据时再由 Ajax 引擎代为向服务器提交请求。当请求被响应时，服务器返回的数据是 XML 格式。由 Ajax 引擎进行解析然后交给浏览器显示处理。

Ajax 其核心只有 JavaScript、XMLHTTPRequest 和 DOM，在旧的交互方式中，由用户

触发一个 HTTP 请求到服务器,服务器对其进行处理后再返回一个新的 HTHL 页到客户端。每当服务器处理客户端提交的请求时，客户都只能空闲等待，并且哪怕只是一次很小的交互，只需从服务器端得到很简单的一个数据，都要返回一个完整的 HTML 页。而用户每次都要浪费时间和带宽去重新读取整个页面。而使用 Ajax 后用户感觉几乎所有的操作都会很快响应，没有页面重载（白屏）的等待。

2．Ajax优点

通过适当的 Ajax 应用能达到更好的用户体验；把以前的一些服务器负担的工作转嫁到客户端，利用客户端闲置的处理能力来处理，减轻了服务器和带宽的负担，从而达到节约 ISP 的空间及带宽租用成本的目的。

12.3.3　Ajax 核心对象 XMLHTTPRequest

Ajax 的一个最大的特点是无需刷新页面便可向服务器传输或读写数据（又称无刷新更新页面），这一特点主要得益于 XMLHTTP 组件中的 XMLHTTPRequest 对象。我们可以参考表 12.11 和表 12.12 了解这个对象的相关属性和方法。

表 12.11　XMLHTTPRequest对象方法说明

方　　法	说　　明
open("method", "url")	建立对服务器的调用
send(content)	向服务器发送请求
abort()	停止当前请求
getAllResponseHeaders()	返回 http 请求的所有响应首部的键/值对
getResponseHeader("header")	返回指定响应首部的串值
setRequestHeader("header", "value")	设置指定首部的值，在设置前必须先调用 open()

表 12.12　XMLHTTPRequest对象属性说明

属　　性	说　　明
readyState	就绪的状态，参考表 12.13
status	服务器的 http 状态码
statusText	http 状态码的相应文本
onreadystatechange	状态改变时都会触发这个事件
responseText	服务器的响应，表示为一个字符串
responseXML	服务器的响应，表示为 XML，这个 XML 可以解析为一个 DOM 对象

表 12.13　就绪状态说明

就 绪 状 态	说　　明
0	请求没有发出
1	请求已经建立但还没有发出
2	请求已经发出且正在处理之中
3	请求已经处理
4	响应已完成

12.3.4　Ajax 工作用例

下面用一个例子来演示 Ajax 的工作过程及 XMLHTTPRequest 的使用方法。因为 Ajax 的工作是需要后台服务器支撑的，所以我们用到的这个例子要在有服务器的环境下使用。读者可以在具有 IIS 的计算机上测试这个例子。

【范例 12-24】　首先，我们来看它的 JavaScript 源码，HTML 代码请参考光盘内容，文件是 12-24.html。

```
01  <script type="text/javascript">
02      var xmlHttp=null;
03      try
04      {
05          xmlHttp=new XMLHttpRequest();
06          //检查浏览器是否使用本地 JavaScript 对象技术支持 XMLHttpRequest
07      }
08      catch (e)
09      {
10          try
11          {
12              xmlHttp=new ActiveXObject("Msxml12.XMLHTTP");
                                              //使用新版本的 XMLHTTPRequest
13          }
14          catch (e)
15          {
16              xmlHttp=new ActiveXObject("Microsoft.XMLHTTP");
                                              //早期版本的 XMLHTTPRequest
17          }
18      }
19
20      function getpage(serverPage,objId)
21      {
22          var obj = document.getElementById(objId);
23          xmlHttp.open("GET", serverPage);        //打开与请求页面的连接
24          xmlHttp.onreadystatechange = function()
                                              //Xml 模块的准备状态改变事件
25          {
26              if (xmlHttp.readyState == 4 && xmlHttp.status == 200)
                                              //判断是否正确返回结果
27              {
28                  obj.innerHTML = xmlHttp.responseText;
29              }
30          }
31          xmlHttp.send(null);                //在 Get 方式下发送请求
32      }
33  </script>
```

上述代码第 2 行定义了获取 XMLHTTPRequest 对象的变量。第 3~18 行是 XMLHTTPRequest 对象的创建，其中使用到了 JavaScript 的异常处理技术 try…catch。如果能够使用本地 JavaScript 对象技术支持 XMLHttpRequest，则创建，否则判断新老版本的 XMLHTTPRequest 哪一个可以使用并创建。第 22 行表示获取需要动态显示 Ajax 请求返回内容的区域。第 23 行指定用 GET 方式向 URL 发送一个异步请求，获取指定的页面。

第 24 行是一个事件订阅方式，这个事件是当 XMLHTTPRequest 的就绪状态发生改变

时激发。第 26 行判断就绪状态是否响应结束及 HTTP 的返回状态是否良好。第 28 行将服务器返回的请求页面内容文本显示在页面的区域内。第 31 行把请求发送给指定的目标资源，当发送请求的方式为 POST 时，send 方法可以指定一个参数：串/DOM 对象，它作为请求体的一部分发送到目标 URL。当发送方式为 GET 时参数为 null。效果如图 12.38 所示，当我们单击链接，显示另一个页面时，浏览器是不会刷新的。

图 12.38　Ajax 测试效果

12.4　jQuery 工作原理

jQuery 在实际应用中基本是依靠它的选择器筛选匹配的页面元素对象，并调用它提供的功能函数来完成我们所需要的工作。它的编写和我们前面所看到的 JavaScript 的编写很不一样。所以，官方在介绍 jQuery 的时候引用了这样一段话：jQuery 是为了改变 JavaScript 的编码方式而设计的。下面我们用图 12.39 来说明 jQuery 的工作原理。

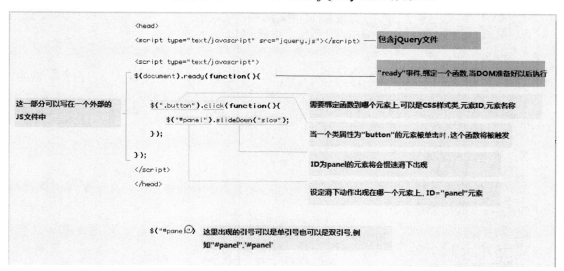

图 12.39　jQuery 工作原理

通过图 12.39 认识到一个 jQuery 应用程序是如何编写及执行的。jQuery 本身具有下面的特点：

（1）在 jQuery 应用中对于元素的选择是关键，所有的 jQuery 的功能函数都是绑定到一定元素上才执行的。jQuery 的源代码中，可以看到：var$=jQuery。因此，当我们$(selector)操作时，其实就是 jQuery(selector)，创建的是一个 jQuery 对象。正确的写法应该是：var jq = new $(selector);而 jQuery 使用了一个小技巧在外部避免了 new，在 jquery 方法内部实现：if (window == this) return new jQuery(selector)。

（2）函数的使用是依靠 jQuery 对象来执行，而创建出来的 jQuery 对象形式可能不同，有时可以代表单一元素，有时会代表一组元素。所以我们可以 each()这个函数对一组元素的对象进行遍历操作。

（3）jQuery 具有可扩展性，不管是从框架扩展还是对象扩展都可以实现。

12.5　jQuery 运行机制

jQuery 运行机制主要包含两个方面：元素选择和事件机制。

12.5.1　jQuery 的元素选择

jQuery 的强大之处就在于它本身支持多种选择器样式。在编写 jQuery 应用的时候可以根据我们的要求使用不同的选择器来选择元素。下面分别介绍一下它所支持的选择器。

1．基本元素选择器

使用这种选择器时，可以使用元素标记名、元素的类名和元素的 ID 来填写选择器。例如：

```
$("p")                    //选取 <p> 元素
$("p.intro")              //选取所有 class="intro" 的 <p> 元素
$("p#demo")               //选取 id="demo" 的第一个 <p> 元素
```

分层选择器：这种选择器的使用时，需要传入多个值，并用空格或大于号分割。例如：

```
$("div input");           //div 下所有 input
$("div > input);          //父元素下的子元素
```

2．基本条件选择器

使用这种选择器时，需要在元素的选择符后加上基本条件运算符，这些条件运算符都是 jQuery 内置的运算符。例如：

```
$("p:first")                      //选择第一个段落
$("p:last")                       //选择最后一个段落
$("tr:even")                      //选择偶数表格行
$("tr:odd")                       //选择奇数表格行
$("input:not(:checked)")          //选择所有未被选中的元素
```

```
$("tr:eq(1)")                          //选择索引值为 1 的表格行
$("tr:gt(0)")                          //选择索引值大于 0 的表格行
$("tr:lt(2)")                          //选择索引值小于 2 的表格行
$(":header")                           //选择所有标题元素
$(":animated")                         //选择所有正在执行动画的元素
```

3. 内容条件选择器

使用这种选择器时，需要在元素的后面加上内容筛选运算符。例如：

```
$("div:contains('John')")              //选择包含'John'文本的层元素
$("td:empty")                          //选择不包含文本或者子元素的表格单元
$("div:has(p)")                        //选择包含段落元素的层元素
$("td:parent")                         //选择包含子元素或者文本的表格单元
```

4. 可见性条件选择器

使用这种选择器时，需要在元素后面加上可见性条件。例如：

```
$("tr:hidden")                         //选择所有隐藏的表格行
$("tr:visible")                        //选择所有可见的表格行
```

5. 属性选择器

使用这种选择器时，需要利用元素属性并使用一定的条件来进行选择。例如：

```
$("div[id]")        //选择具有 id 属性的层
$("input[name='newsletter']")
    //选择具有属性 name 并且属性值为'newsletter'的表单输入元素
$("input[name!='newsletter']")
    //选择具有属性 name 并且属性值不为'newsletter'的表单输入元素
$("input[name^='news']")
    //选择具有属性 name 并且属性值以'news'为起始内容的表单输入元素
$("input[name$='letter']")
    //选择具有属性 name 并且属性值以'letter'为结束内容的表单输入元素
$("input[name*='man']")
    //选择具有属性 name 并且属性值包含'man'内容的表单输入元素
$("input[id][name$='man']")
    //选择具有属性 id 和 name 并且 name 的值以'man'为结束内容的表单输入元素
```

6. 子元素选择器

使用这种选择器时，需要加入子元素的选择条件。例如：

```
$("ul li:nth-child(2)")                //选择第 2 个列表项
$("ul li: nth-child(even)")            //选择偶数索引列表项
$("ul li: nth-child(odd)")             //选择奇数索引列表项
$("ul li: nth-child(3n)")              //选择索引值为 3 的倍数的列表项
$("ul li:first-child")                 //选择第一个列表项
$("ul li: last-child")                 //选择最后一个列表项
$("ul li:only-child")                  //选择列表出现且仅出现一个的列表项
```

7．表单元素选择器

使用这种选择器时，需要加入代表不同表单元素类型的标示符。例如：

```
$(":input")                      //选择所有 input、textarea、select 和 button 元素
$(":text")                       //选择当行文本框
$(":password")                   //选择密码框
$(":radio")                      //选择单选按钮
$(":checkbox")                   //选择复选按钮
$(":submit")                     //选择提交按钮
$(":image")                      //选择所有图像域
$(":reset")                      //选择重置按钮
$(":button")                     //选择普通按钮
$(":file")                       //选择文件域
$(":hidden")                     //选择隐藏域
```

8．表单属性选择器

使用这种选择器时，需要利用对表单属性的筛选操作符。例如：

```
$("input:enabled")              //选择所有可用元素
$("input:disabled")             //选择所有不可用元素
$("input:checked")              //选择所有被选中的单选、复选按钮
$("select option:selected")//选择所有被选中的 option
```

12.5.2　jQuery 事件

在 JavaScript 的事件模型中，我们一般是这样处理事件的：事件处理程序是通过把函数实例的引用指派到 DOM 元素的属性而声明的。定义这些属性用来处理特定类型的事件，例如，指派函数到 onclick 属性用来处理单击事件。指派函数到 onmouseover 属性用来处理 mouseover 事件，而元素支持这些事件类型。这种事件模型我们称之为 DOM 0 模型。但是，这种模型有一定缺陷，那就是浏览器的差异性问题。

jQuery 弥补了浏览器中的差异性，提供了一种统一的事件模型，相对来说简单了许多。要添加一个事件处理程序，使用 bind(eventType,data,listener)方法。其中 eventType 是事件的名称，data 会被作为 event 对象的 data 属性附加到 event 对象，传给事件响应函数 listener()。data 可以省略，如果省略，第二个参数就是 listener。这个函数还是比较简单的。

jQuery 还提供了几种变形，对于常用的事件，可以采用 eventTypeName(listener)的函数来绑定，例如 $('#somediv').click(somefunction)，这样就绑定了 click 事件的响应函数为 somefunction。one（listener)方法绑定一个事件处理函数，一旦此函数被执行过一次，就删除它。用 bind 命令绑定的事件处理程序被调用时，Event 对象总是作为处理程序的第一个参数被传入的，这样也弥补了不同浏览器对于 Event 的处理。下面我们把 jQuery 的事件处理功能大致介绍一下，具体使用在后续章节中我们会进行讲解。

jQuery 事件处理函数分类：

（1）页面载入 ready()

当 DOM 载入就绪可以查询及操纵时绑定一个要执行的函数。这是事件模块中最重要的一个函数，因为它可以极大地提高 Web 应用程序的响应速度。简单地说，这个方法纯粹是向 window.load 事件注册事件的替代方法。通过使用这个方法，可以在 DOM 载入就绪能够读取并操纵时立即调用你所绑定的函数，而 99.99%的 JavaScript 函数都需要在那一刻执行。

（2）事件处理 bind()

为每个匹配元素的特定事件绑定事件处理函数。bind()方法是用于往文档上附加行为的主要方式。所有 JavaScript 事件对象，如 focus、mouseover 和 resize，都是可以作为 type 参数传递进来的。

（3）事件处理 one()

为每一个匹配元素的特定事件（如 click）绑定一个一次性的事件处理函数。在每个对象上，这个事件处理函数只会被执行一次。其他规则与 bind()函数相同。这个事件处理函数会接收到一个事件对象，可以通过它来阻止浏览器默认的行为。如果既想取消默认的行为，又想阻止事件冒泡，这个事件处理函数必须返回 false。

（4）事件处理 trigger()

在每一个匹配的元素上触发某类事件。这个函数也会导致浏览器同名的默认行为的执行。例如，如果用 trigger()触发一个 submit，则同样会导致浏览器提交表单。如果要阻止这种默认行为，应返回 false。

（5）事件处理 triggerHandler()

这个特别的方法将会触发指定的事件类型上所有绑定的处理函数。但不会执行浏览器默认动作，也不会产生事件冒泡。

（6）事件委派 live()

jQuery 给所有匹配的元素附加一个事件处理函数，即使这个元素是以后再添加进来的也有效。

（7）事件委派 die()

解除用 live 注册的自定义事件。

（8）事件切换 hover()

一个模仿悬停事件（鼠标移动到一个对象上面及移出这个对象）的方法。这是一个自定义的方法，它为频繁使用的任务提供了一种"保持在其中"的状态。

（9）事件切换 toggle()

每次单击后依次调用函数。

（10）事件 blur()

触发每一个匹配元素的失去焦点事件。

（11）事件 change()

触发每个匹配元素的状态改变事件。

（12）事件 click()

触发每一个匹配元素的单击事件。

（13）事件 dbclick()

触发每一个匹配元素的双击事件。

（14）事件 error()

触发每一个匹配元素的 error 事件。

（15）事件 focus()

触发每一个匹配元素的获得焦点事件。

（16）事件 focusin()

当一个元素，或者其内部任何一个元素获得焦点的时候会触发这个事件。这跟 focus 事件的区别在于，它可以在父元素上检测子元素获取焦点的情况。

（17）事件 focusout()

当一个元素，或者其内部任何一个元素失去焦点的时候会触发这个事件。这跟 blur 事件的区别在于，它可以在父元素上检测子元素失去焦点的情况。

（18）事件 keydown()

这个函数会调用执行绑定到 keypress 事件的所有函数，包括浏览器的默认行为。可以通过在某个绑定的函数中返回 false 来防止触发浏览器的默认行为。keypress 事件会在键盘按下时触发。

（19）事件 keypress()

这个函数会调用执行绑定到 keyPress 事件的所有函数，包括浏览器的默认行为。可以通过在某个绑定的函数中返回 false 来防止触发浏览器的默认行为。keyPress 事件会在键盘按下时触发。

（20）事件 keyup()

这个函数会调用执行绑定到 keyup 事件的所有函数，包括浏览器的默认行为。可以通过在某个绑定的函数中返回 false 来防止触发浏览器的默认行为。keyup 事件会在按键释放时触发。

（21）事件 mousedown()

mousedown 事件在鼠标在元素上单击后触发。

（22）事件 mousemove()

mousemove 事件通过鼠标在元素上移动来触发。事件处理函数会被传递一个变量——事件对象，其.clientX 和.clientY 属性代表鼠标的坐标。

（23）事件 mouseout()

mouseout 事件在鼠标从元素上离开后会触发。

（24）事件 mouseover()

mouseover 事件会在鼠标移入对象时触发。

（25）事件 mouseup()

mouseup 事件会在鼠标单击对象释放时。

（26）事件 resize()

当文档窗口改变大小时触发。

（27）事件 scroll()

当滚动条发生变化时触发。

（28）事件 select()

这个函数会调用执行绑定到 select 事件的所有函数，包括浏览器的默认行为。可以通过在某个绑定的函数中返回 false 来防止触发浏览器的默认行为。

（29）事件 submit()

这个函数会调用执行绑定到 submit 事件的所有函数，包括浏览器的默认行为。可以通过在某个绑定的函数中返回 false 来防止触发浏览器的默认行为。

（30）事件 unload()

在每一个匹配元素的 unload 事件中绑定一个处理函数。

12.6　小　　结

本章介绍了与 jQuery 相关的基础知识。其中，JavaScript 以及 DOM 部分是本章的重点部分，是后续章节的主要基础知识，同时这两个部分也是本章难点。Ajax 是流行的 Web 2.0 技术，读者也应该掌握其工作原理。本章最后介绍了 jQuery 的运行机制，如果没有学会，务必再回头温习一下，只有掌握其运行规律，才能让其为我们的程序所用。

12.7　习　　题

一、简答题

1．简述 Ajax 的工作原理。

2．简述 jQuery 的工作原理。

3．说出 5 种 jQuery 最常用的事件。

二、实践题

1．滚动页面文本内容到(100,300)坐标处。

【提示】利用 window 对象。

2．获取读者使用浏览器的所有信息。

【提示】利用 navigator 对象。

第 5 篇　*jQuery* 实战开发与应用

第 13 章 控制 DIV 层

在 HTML+CSS 的设计模式中，DIV 这个标记一直起着很大的作用，jQuery 在对页面元素操作时，很多情况下都有 DIV 直接或者间接参与。本章我们将讲解 jQuery 如何操作 DIV，为后续章节的学习打下基础。

本章主要涉及到的知识点有：

❑ DIV 的鼠标选取
❑ DIV 层的尺寸
❑ 层的显示与隐藏
❑ DIV 内的内容控制

13.1 DIV 的鼠标选取

jQuery 对于 DIV 的鼠标选取可以通过鼠标的悬停和鼠标单击来实现。在 jQuery 的众多应用中能够准确选择 DIV 是关键。

13.1.1 利用鼠标悬停实现 DIV 的选取

一般在动态菜单或图片切换等应用中需要使用这种效果。其中，需要使用 jQuery 的函数 ready()和 mouseover()。我们使用 ready()函数在文档加载完成后注册 DIV 的鼠标悬停事件，在鼠标悬停事件中作出响应。

1．jQuery函数ready()——文档加载完成

该函数表示当 DOM 载入就绪可以查询及操纵时绑定一个要执行的函数。其语法形式如下：

```
ready(fn)
```

🔔注意：这是事件模块中最重要的一个函数，因为它可以极大地提高 Web 应用程序的响应速度。这个方法纯粹是向 Window.load 事件注册事件的替代方法。通过使用这个方法，可以在 DOM 载入就绪，能够读取并操纵时立即调用所绑定的函数。

2．jQuery函数mouseover()——鼠标悬停事件

该函数在每一个匹配元素的鼠标悬停事件中绑定一个处理函数。其语法形式如下：

```
mouseover(fn)
```

<img style="vertical-align:middle">**注意**：fn 表示需要绑定的函数。

【**范例 13-1**】HTML 代码和 CSS 样式参考光盘内容，直接看一下 JavaScript 功能实现，
文件是 13-1.html，代码如下：

```
01  <script type="text/javascript">
02      $(function(){
03          $("#div1").mouseover(function(){          //鼠标悬停事件
04              alert("层被选择");
05          });
06      });
07  </script>
```

效果如图 13.1 所示，上面的例子使用 jQuery 的 mouseover()函数实现鼠标对层的悬停
选取。在 jQuery 中还有一个函数也可以作为鼠标悬停事件处理使用，这个函数是 hover()。
它和 mouseover()的区别是：hover()不仅可以模拟鼠标的悬停，同时也会对鼠标的离开作出
响应，并修正了鼠标离开 mouseout()的一些错误。

3．jQuery函数hover()——鼠标悬停/离开切换事件

该方法模仿悬停事件（鼠标移动到一个对象上面及移出这个对象）。其语法形式如下：

```
hover(over,out)
```

<img style="vertical-align:middle">**注意**：当鼠标移动到一个匹配的元素上面时，会触发指定的第一个函数。当鼠标移出这
个元素时，会触发指定的第二个函数。而且，会伴随着对鼠标是否仍然处在特定
元素中的检测，如果是，则会继续保持"悬停"状态，而不触发移出事件（修正
了使用 mouseout 事件的一个常见错误）。Over 为鼠标悬停在元素上的函数，out
为鼠标离开元素时调用的函数。

【**范例 13-2**】我们用 hover()替换 mouseover()，文件是 13-2.html，代码如下：

```
01  <script type="text/javascript">
02      $(function(){
03          $("#div1").hover(function(){          //鼠标悬停/离开切换事件
04              alert("层被选择");
05          },
06          function(){
07              alert("层被反选");
08          }
09          );
10      });
11  </script>
```

因为 hover()可以对两个事件都作出响应，所以在 hover()中使用了两个 function 参数，
第一个是鼠标悬停事件，第二个是修正了的鼠标离开事件。当鼠标悬停在 DIV 上时效果如
图 13.1 所示，当鼠标离开 DIV 时效果如图 13.2 所示。

图 13.1　鼠标选择 DIV 层

图 13.2　鼠标离开 DIV 层

13.1.2　利用鼠标单击实现 DIV 的选取

有时我们不希望鼠标悬停就选取一个 DIV，而是当鼠标对 DIV 单击时选择它。如果是这样我们需要使用鼠标的单击事件来操作对 DIV 的选取。其中，需要使用的 jQuery 函数为 ready() 和 click()。使用 ready() 函数在文档加载完成后注册 DIV 的鼠标单击事件，在鼠标单击事件中作出响应。

1. jQuery 函数 click()——鼠标单击事件

该函数触发每一个匹配元素的单击事件。其语法形式如下：

```
click([fn])
```

🔔注意：这个函数会调用执行绑定到 click 事件的所有函数。

【范例 13-3】 HTML 代码和 CSS 样式参考光盘内容，我们直接看一下 JavaScript 功能实现，文件是 13-3.html，代码如下：

```
01   <script type="text/javascript">
02       $(function(){
03           $("#div1").click(function(){          //鼠标单击事件
04               alert("单击层被选择");
05           });
06       });
07   </script>
```

效果如图 13.3 所示。在 jQuery 中还有一个事件响应函数 toggle()。它是对鼠标的单击不同次数进行响应，而不仅仅是单击事件。当发生多次单击的时候，每次单击事件都可以用这个函数做处理操作，它和上面所介绍的 hover() 函数同属于事件切换函数。这里我们想要实现当鼠标第一次单击 DIV 的时候选取，第二次单击 DIV 的时候撤销选取。

2. jQuery 函数 toggle()——单击切换

该函数表示每次单击后依次调用函数。其语法形式如下：

```
toggle(fn1,fn2,[fn3,fn4,…])
```

🔔注意：如果单击了一个匹配的元素，则触发指定的第一个函数，当再次单击同一元素
　　　　时，则触发指定的第二个函数，如果有更多函数，则再次触发，直到最后一个。
　　　　随后的每次单击都重复对这几个函数的轮番调用。

将 13-3.html 更改如下：

```
01  script type="text/javascript">
02      $(function(){
03          $("#div1").toggle(function(){        //鼠标单击事件切换
04              alert("单击层被选择");
05          },
06              function(){
07              alert("再次单击层被反选");
08          }
09          );
10      });
11  </script>
```

在 toggle()中添加了两个 function()函数，第一个表示鼠标第一次单击层（如果后面还
有多次单击的时候，则它表示奇数次单击）。第二个表示鼠标第二次单击层（它表示偶数
次单击）。第一次单击效果如图 13.3 所示，第二次单击效果如图 13.4 所示。

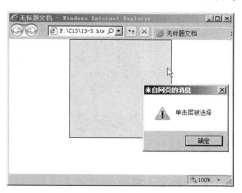

图 13.3　鼠标单击选择 DIV 层　　　　　　　　图 13.4　再次单击取消 DIV 的选择

13.2　DIV 层的尺寸

jQuery 对于 DIV 层的尺寸主要是动态读取和动态修改。本节我们介绍通过 jQuery 控
制 DIV 的尺寸。

13.2.1　jQuery 动态读取 DIV 层的尺寸

jQuery 在动态读取 DIV 的高度和宽度的时候需要两个固有函数：height()、width()。这
两个函数分别获取匹配元素对象的高度和宽度。我们可以在 DIV 的单击事件中使用这两个
函数来取值。

1．jQuery函数height()——元素高度

该函数获取或者设置元素的高度，单位为像素。其语法形式如下：

```
height([val])
```

🔔**注意**：该函数也可以获取 window 和 document 的高度。

2．jQuery函数width()——元素宽度

该函数获取或者设置元素的宽度，单位为像素。其语法形式如下：

```
width([val])
```

🔔**注意**：该函数也可以获取 window 和 document 的宽度。

【**范例 13-4**】 HTML 代码和 CSS 样式参考光盘内容，直接看一下 JavaScript 功能实现，文件是 13-4.html，代码如下：

```
01  <script type="text/javascript">
02      $(function(){
03          $("#div1").click(function(){
04              var width=$(this).width();        //获取元素宽度
05              var height=$(this).height();       //获取元素高度
06              alert("层的宽: "+width+"px"+"层的高: "+height+"px");
07          });
08      });
09  </script>
```

上述代码中的$(this)就代表$("#div1")，效果如图 13.5 所示。

上面的代码是直接通过尺寸函数来获取层的大小，也可以通过 css()函数来获取大小。但是，有一点需要注意：尺寸函数返回的值是个整型数字，但 css()函数返回的是带有 px 像素单位的字符串。

3．jQuery函数css()——样式设定

图 13.5　单击获取层的尺寸

该函数获取或设定匹配元素的 CSS 样式。其语法格式如下：

```
css(name)
css(properties)
css(name,value|fn)
```

🔔**注意**：properties 表示要设置为样式属性的名/值对；fn 函数返回要设置的属性值，接受两个参数，index 为元素在对象集合中的索引位置，value 为原先的属性值。

我们可以将上面的代码稍作修改如下：

```
01  <script type="text/javascript">
```

```
02          $(function(){
03              $("#div1").click(function(){
04                  var width=$(this).css("width");//通过 CSS 函数获取元素宽度
05                  var height=$(this).css("height");//通过 CSS 函数获取元素高度
06                  alert("层的宽: "+width+"px"+"层的高: "+height+"px");
07              });
08          });
09      </script>
```

13.2.2　jQuery 动态修改 DIV 层的尺寸

对于 jQuery 动态修改 DIV 层的尺寸，同样可以使用前面提到的尺寸函数，只是这里需要将参数值带给这两个函数。在下面的例子中用两个文本框接收用户动态输入 DIV 的宽和高，并当用户单击"修改尺寸"按钮时，修改 DIV 的尺寸。

1. JavaScript功能实现

【范例 13-5】　HTML 代码和 CSS 样式参考光盘内容，我们直接看一下 JavaScript 功能实现，文件是 13-5.html，代码如下：

```
01  <script type="text/javascript">
02      $(function(){
03          $("#update").click(function(){
04              var width=$("#divwidth").val();
05              var height=$("#divheight").val();
06              $("#div1").width(width).height(height);
                                //通过高度和宽度函数设定元素高和宽
07          });
08      });
09  </script>
```

效果如图 13.6 和图 13.7 所示。

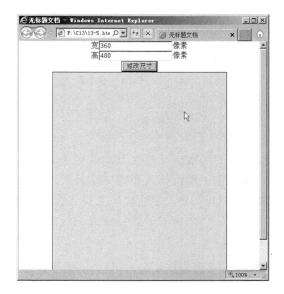

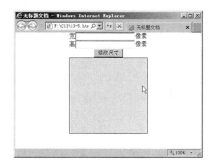

图 13.6　DIV 初始尺寸大小　　　　　图 13.7　动态修改 DIV 的尺寸

2．通过css()函数修改DIV尺寸

与上面获取尺寸的操作同样，也可以通过 css()函数来修改 DIV 的尺寸。修改后代码如下：

```
01  <script type="text/javascript">
02      $(function(){
03          $("#update").click(function(){
04              var width=$("#divwidth").val();
05              var height=$("#divheight").val();
06              //通过 CSS 样式设定函数设定元素的高和宽
07              $("#div1").css({"width":width+"px","height":height+"px"});
08          });
09      });
10  </script>
```

这里使用了 css()函数属性对象的形式设定了 DIV 层的大小。jQuery 的一个主要特点是函数链，所谓函数链就是可以将多个元素操作函数以链条的形式接在元素对象后面，从而完成对元素对象的顺序多种操作。例如，我们可以使用刚才的例子以函数链的形式编写：

```
01  <script type="text/javascript">
02      $(function(){
03          $("#update").click(function(){
04              var width=$("#divwidth").val();
05              var height=$("#divheight").val();
06              //两次调用 CSS 样式设定函数链接使用方式设定元素的高度和宽度
07              $("#div1").css("width",width+"px").css("height",
                  height+"px");
08          });
09      });
10  </script>
```

上述代码就是两个 css()函数链接在 DIV 元素对象后面，实现了对尺寸大小的修改。这种函数链不仅可以是同一种函数，也可以是多个不同的函数。例如：

```
01  <script type="text/javascript">
02      $(function(){
03          $("#update").click(function(){
04              var width=$("#divwidth").val();
05              var height=$("#divheight").val();
06              //利用 CSS 样式设定函数与高度设定函数链接使用方式设定元素的高度和宽度
07              $("#div1").css("width",width+"px").height(height);
08          });
09      });
10  </script>
```

jQuery 的函数链功能使其功能更强大，代码更简洁。

jQuery 除了使用样式设定方法及尺寸方法动态修改 DIV 的大小外，还可以使用自定义动画来完成 DIV 的大小变化。在自定义动画中我们可以将 DIV 要修改的尺寸大小传递给函数，由函数以动画的形式完成变化。而且可以设定一次动画操作完成所有变化，也可以分多次完成。

3．jQuery函数animate()——自定义动画

该函数用于创建自定义动画。其语法形式如下：

```
animate(params,[duration],[easing],[callback])
animate(params,options)
```

注意：这个函数的关键在于指定动画形式及结果样式属性对象。这个对象中每个属性都表示一个可以变化的样式属性（如 height、top 或 opacity）。params 表示一组包含作为动画属性和终值的样式属性和及其值的集合；duration 为 3 种预定速度之一的字符串（"slow"、"normal" 或 "fast"）或表示动画时长的毫秒数值（如 1000）；easing 表示要使用的擦除效果的名称（需要插件支持），默认 jQuery 提供 linear 和 swing；callback 表示在动画完成时执行的函数；options 表示一组包含动画选项的值的集合。

下面这段代码可以完成一次动画将 DIV 的大小变化完成：

```
01  <script type="text/javascript">
02      $(function(){
03          $("#update").click(function(){
04              var width=$("#divwidth").val();
05              var height=$("#divheight").val();
06              //利用自定义动画函数动态显示元素宽度和高度的更改
07              $("#div1").animate({width:width+"px",height:height+"px"},
                4000);
08          });
09      });
10  </script>
```

具体完成效果和前面的相同。我们也可分两次动画完成：

```
01  <script type="text/javascript">
02      $(function(){
03          $("#update").click(function(){
04              var width=$("#divwidth").val();
05              var height=$("#divheight").val();
06              $("#div1").animate({width:width+"px"},4000).animate
                ({height:height+"px"},4000);
07          });
08      });
09  </script>
```

上述代码的效果是 DIV 先横向变化，并到达设定值后再纵向变化。

13.3　层的显示与隐藏

本节介绍如何利用 jQuery 控制 DIV 的显示与隐藏。实际上 DIV 的显示与隐藏可以通过多种途径实现，我们从最简单的开始介绍。

13.3.1　利用 jQuery 的显示与隐藏函数实现

1. 显示和隐藏函数

在 jQuery 的众多函数中，专门提供了操作元素显示和隐藏的函数 show() 和 hide()。我们可以直接使用这两个函数来操作。

（1）jQuery 函数 show()——显示元素

该函数显示隐藏的元素。其语法形式如下：

```
show()
show(speed,[callback])
```

注意：如果选择的元素是可见的，这个方法将不会改变任何东西。无论这个元素是通过 hide()方法隐藏的还是在 CSS 里设置了 display:none;，这个方法都将有效。Speed 表示 3 种预定速度之一的字符串（"slow"、"normal"或"fast"）或表示动画时长的毫秒数值（如 1000）；callback 表示在动画完成时执行的函数，每个元素执行一次。

（2）jQuery 函数 hide()——隐藏元素

该函数隐藏显示的元素。其语法形式如下：

```
hide()
hide(speed,[callback])
```

注意：如果选择的元素是隐藏的，这个方法将不会改变任何东西。Speed 表示 3 种预定速度之一的字符串（"slow"、"normal"或"fast"）或表示动画时长的毫秒数值（如 1000）；callback 表示在动画完成时执行的函数，每个元素执行一次。

【范例 13-6】HTML 代码和 CSS 样式参考光盘内容，直接看一下 JavaScript 功能实现，文件是 13-6.html，代表如下：

```
01    <script type="text/javascript">
02       $(function(){
03          $("#update").toggle(function(){
04                $("#div1").hide();         //隐藏元素
05             },
06             function(){
07                $("#div1").show();         //显示元素
08             }
09          );
10       });
11    </script>
```

上述代码简单实现了 DIV 的显示与隐藏的切换。页面初始加载及按钮的偶数次单击时效果如图 13.8 所示，奇数次单击"显示/隐藏"按钮后效果如图 13.9 所示。

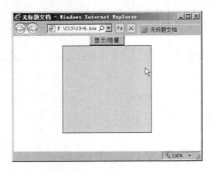

图 13.8　DIV 的显示

图 13.9　DIV 的隐藏

　　刚才的例子使用了显示与隐藏函数的基本形式。实际上这两个函数还有变形形式，就是添加了显示与隐藏速度的设定及附加了回调函数。我们可以将上述代码修改如下：

```
01    <script type="text/javascript">
02      $(function(){
03          $("#update").toggle(function(){
04              //设定隐藏元素过程的时间跨度，并利用消息提示框显示附加信息
05              $("#div1").hide(4000,function(){alert("You can't see
                me!");});
06              },
07              function(){
08              //设定显示元素过程的时间跨度，并利用消息提示框显示附加信息
09              $("#div1").show(4000,function(){alert("You can see
                me!");});
10              }
11          );
12      });
13    </script>
```

　　上述代码在显示与隐藏函数中加入了速度设定 4000 毫秒，并在层的显示及隐藏后出现提示对话框。隐藏效果是 DIV 向中间逐渐缩小，显示效果是 DIV 由中间逐步放大到预定大小，效果如图 13.10 和图 13.11 所示。

　　　图 13.10　DIV 隐藏过程　　　　　　　　　图 13.11　DIV 显示过程

2．转换函数

　　前面我们讲解了转换函数 toggle()，这个函数对于层的显示状态也可进行转换。其语法形式如下：

```
toggle()
toggle(switch)
toggle(speed,[callback])
```

注意：如果 switch 设为 true，则调用 show()方法来显示匹配的元素，如果 switch 设为 false 则调用 hide()来隐藏元素。Speed 表示 3 种预定速度之一的字符串（"slow"、"normal" 或 "fast"）或表示动画时长的毫秒数值（如 1000）；callback 表示在动画完成时执行的函数，每个元素执行一次。

　　我们先来看最基础的应用。将上面的代码稍作修改如下：

```
01  <script type="text/javascript">
02      $(function(){
03          $("#update").click(function(){
04              $("#div1").toggle();              //切换元素的显示状态
05          });
06      });
07  </script>
```

toggle()函数在这里就是转换 DIV 的显示状态的。如果 DIV 是显示的则隐藏，反之则显示，效果如前面的图 13.8 和图 13.9 所示。这个函数还有变形形式。例如，给定需要转换的状态，通过给函数设定参数来实现。将上面代码再次修改如下：

```
01  <script type="text/javascript">
02      $(function(){
03          $("#update").toggle(function(){
04              $("#div1").toggle(false);//指定将元素的显示状态切换成隐藏
05          },
06          function(){
07              $("#div1").toggle(true);//指定将元素的显示状态切换成显示
08          }
09          );
10      });
11  </script>
```

当参数为真的时候相当于调用 show()这个函数，为假的时候调用 hide()。这个函数也可以指定状态切换速度及附加的回调函数，代码如下：

```
01  <script type="text/javascript">
02      $(function(){
03          $("#update").click(function(){
04              //指定元素显示状态切换过程的时间跨度，并显示附加信息
05              $("#div1").toggle(4000,function(){alert("Change Visible
                Status");});
06          });
07      });
08  </script>
```

效果如图 13.12 和图 13.13 所示。

图 13.12　设置 DIV 的隐藏

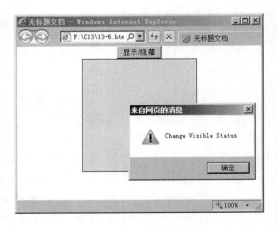

图 13.13　设置 DIV 的显示

13.3.2　利用 jQuery 实现滑动效果

在 jQuery 的众多特效函数中，我们可以利用滑动函数来操作 DIV 的显示与隐藏。

1. jQuery函数slideUp()——滑动函数

该函数通过向上减小高度来动态隐藏所有匹配的元素。其语法形式如下：

```
slideUp(speed,[callback])
```

注意：speed 表示 3 种预定速度之一的字符串（"slow"、"normal" 或 "fast"）或表示动画时长的毫秒数值（如 1000）；callback 表示在动画完成时执行的函数，每个元素执行一次。

2. jQuery函数slideDown()——滑动函数

该函数通过向下增大高度来动态显示所有匹配的元素。其语法形式如下：

```
slideDown(speed,[callback])
```

注意：参数同上函数介绍。

【范例 13-7】　HTML 代码和 CSS 样式参考光盘内容，我们直接看一下 JavaScript 功能实现，文件还是 13-6.html，代码如下：

```
01  <script type="text/javascript">
02      $(function(){
03          $("#update").toggle(function(){
04                  //利用向上滑动函数设定元素向上滑动及时间跨度，并显示附加信息
05                  $("#div1").slideUp(4000,function(){alert("Slide Up
                    DIV");});
06              },
07              function(){
08                  利用向下滑动函数设定元素向下滑动及时间跨度，并显示附加信息
09                  $("#div1").slideDown(4000,function(){alert("Slide
                    Down DIV");});
10              }
11          );
12      });
13  </script>
```

上述代码中的 slideUp() 和 slideDown() 这两个函数用来实现 jQuery 特效函数的向上滑动与向下滑动。在这里给出了效果的持续时间和附加回调函数，效果如图 13.14 和图 13.15 所示。

和前面提到的切换函数类似，对于滑动操作也有相应的滑动切换函数 slideToggle()，它在滑上和滑下两种状态下切换。

3. jQuery函数slideToggle()——切换高度变化

该函数通过高度变化来切换所有匹配元素的可见性。其语法形式如下：

图 13.14　DIV 滑动隐藏　　　　　　　　　　图 13.15　DIV 滑动显示

```
slideToggle(speed,[callback])
```

注意：参数同上函数介绍。

我们可以将上述代码修改如下：

```
01   <script type="text/javascript">
02       $(function(){
03           $("#update").click(function(){
04               //利用滑动方向切换函数切换元素滑动动作及时间跨度，并显示附加信息
05               $("#div1").slideToggle(4000,function(){alert("Change
                 Visible Status");});
06           });
07       });
08   </script>
```

上述代码就是切换滑动动作函数的用法，效果和前面 toggle()函数效果相同。

13.3.3　利用 jQuery 实现淡入淡出效果

前面提到的滑动效果是通过改变 DIV 的高度来实现显示与隐藏操作，我们还可以使用改变 DIV 的透明度来实现显示与隐藏。这需要使用到 jQuery 的淡入淡出函数 fadeIn()和 fadeout()。

1．jQuery函数fadeIn()——淡入效果

该函数通过不透明度变化来实现元素的淡入。其语法形式如下：

```
fadeIn(speed,[callback])
```

注意：speed 表示 3 种预定速度之一的字符串（"slow"，"normal" or "fast"）或表示动画时长的毫秒数值（如 1000）；callback 表示在动画完成时执行的函数，每个元素执行一次。

2．jQuery函数fadeOut()——淡出效果

该函数通过不透明度变化来实现元素的淡出。其语法形式如下：

```
fadeOut(speed,[callback])
```

注意：speed 表示 3 种预定速度之一的字符串（"slow"、"normal"或"fast"）或表
示动画时长的毫秒数值（如 1000）；callback 表示在动画完成时执行的函数，每
个元素执行一次。

【范例 13-8】 HTML 代码和 CSS 样式参考光盘内容，我们直接看一下 JavaScript 功能
实现，文件还是 13-6.html，代码如下：

```
01  <script type="text/javascript">
02     $(function(){
03        $("#update").toggle(function(){
04        //设定元素淡出效果，并加入淡出时间跨度，及显示附加信息
05        $("#div1").fadeOut(4000,function(){alert("Fade Out DIV");});
06        },
07           function(){
08           //设定元素淡入效果，并加入淡入时间跨度，及显示附加信息
09           $("#div1").fadeIn(4000,function(){alert("Fade In DIV");});
10           }
11        );
12     });
13  </script>
```

上述代码实现的效果如图 13.16 和图 13.17 所示。

图 13.16　DIV 淡出隐藏　　　　　　　图 13.17　DIV 的淡入显示

淡入淡出效果也可用一个转换单独实现，它的实现是依靠 DIV 的不透明属性的变化来
完成。

3. jQuery 函数 fadeTo()——淡入淡出切换

该函数把所有匹配元素的不透明度以渐进方式调整到指定的不透明度。其语法形式如下：

```
fadeTo(speed,opacity,[callback])
```

注意：speed 表示 3 种预定速度之一的字符串（"slow"、"normal"或"fast"）或表
示动画时长的毫秒数值（如 1000）；callback 表示在动画完成时执行的函数，每
个元素执行一次；opacity 是要调整到的不透明度。

我们可以将上面的代码修改如下：

```
01  <script type="text/javascript">
02      $(function(){
03          $("#update").toggle(function(){
04              //利用元素淡入淡出动作切换函数，设定元素淡出效果，并加入淡出时间跨
                度，及显示附加信息
05              $("#div1").fadeTo(4000,0,function(){alert("Fade Out
                DIV");});
06              },
07              function(){
08              //利用元素淡入淡出动作切换函数，设定元素淡入效果，并加入淡入时间跨
                度，及显示附加信息
09              $("#div1").fadeTo(4000,1,function(){alert("Fade In
                DIV");});
10              }
11          );
12      });
13  </script>
```

上述代码中使用了 fadeTo()函数，这是一个调整元素透明度的函数，透明度参数为这个函数的第二个参数位置，透明度取值范围为 0~1 之间，0 表示彻底透明，1 表示不透明，效果如图 13.16 和图 13.17 所示。

13.4　DIV 内的内容控制

对于 DIV 的内容控制我们介绍这样几种操作：内容清空、内容替换、内容复制、内容添加和内容包装等。这些操作都涉及到 jQuery 的文档处理方法。

13.4.1　内容清空

首先来介绍 DIV 中内容的清空。在 jQuery 的文档操作中具有清空文档子内容的方法 empty()。这里可以利用它来完成内容清空。

该函数删除匹配的元素集合中所有的子节点。其语法形式如下：

```
empty()
```

【范例 13-9】HTML 代码和 CSS 样式参考光盘内容，直接看一下 JavaScript 功能实现，文件是 13-7.html，代码如下：

```
01  <script type="text/javascript">
02      $(function(){
03          $("#update").click(function(){
04              $("#div1").empty();        //清空元素内容
05          });
06      });
07  </script>
```

当我们单击页面上的按钮时，jQuery 就会清空 DIV 下所有的子内容，效果如图 13.18 和图 13.19 所示。

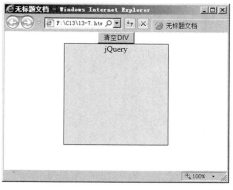

图 13.18　DIV 原有内容

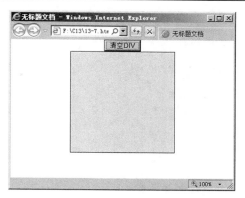

图 13.19　清空 DIV 内容

13.4.2　内容替换

内容替换操作使用了 jQuery 工具函数中的 replaceWith()函数。这个函数将参数携带的内容替换掉匹配元素的内容。

1．jQuery函数replaceWith()——替换元素内容

该函数将所有匹配的元素替换成指定的 HTML 或 DOM 元素。其语法形式如下：

```
replaceWith(content)
```

注意：content 表示将匹配元素替换掉的内容。如果这里传递一个函数进来的话，函数返回值必须是 HTML 字符串。

【范例 13-10】 HTML 代码和 CSS 样式参考光盘内容，直接看一下 JavaScript 功能实现，文件是 13-8.html，代码如下：

```
01  <script type="text/javascript">
02      $(function(){
03          $("#update").click(function(){
04              $("#div1").children().replaceWith("<b>Paragraph. </b>");
    //将元素内容替换为指定内容
05          });
06      });
07  </script>
```

当我们单击按钮时，DIV 原有内容被替换成粗体的 Paragraph，效果如图 13.20 所示。

和 replaceWith() 实现效果类似，但操作不同的是 relaceAll()函数。relaceWith()是由被替换的对象调用，替换内容为参数。而 relaceAll()则是由替换内容调用，参数是被替换的匹配元素。

图 13.20　DIV 内容替换

2．jQuery函数replaceAll()——元素替换

该函数用匹配的元素替换掉所有 selector 匹配到的元素。其语法形式如下：

```
replaceAll(selector)
```

我们可以将上面代码修改如下：

```
1  <script type="text/javascript">
2    $(function(){
3        $("#update").click(function(){
     //利用指定内容去替换匹配元素中的内容
4            $("<b>Paragraph. </b>").replaceAll($("#div1").children());
5        });
6    });
7  </script>
```

效果和图 13.20 一致。

13.4.3　内容复制

有时我们需要将 DIV 中的内容复制出来进行其他操作，后面的章节中我们会多次用到这个功能。jQuery 进行内容复制是使用了 clone()这个函数，它将匹配的所有元素复制出来并返回它们。

该函数克隆匹配的 DOM 元素（及其事件）并且选中这些克隆的副本。其语法形式如下：

```
clone()
clone(true)
```

注意：设置为 true 以便复制元素的所有事件处理。

【范例 13-11】 HTML 代码和 CSS 样式参考光盘内容，我们直接看一下 JavaScript 功能实现，文件是 13-9.html，代码如下：

```
01  <script type="text/javascript">
02    $(function(){
03        $("#update").click(function(){
04        //复制div1中的子元素，并将其文本填入clonetxt
05        $("#clonetxt").text($("#div1").children().clone().text());
06        });
07    });
08  </script>
```

上面的代码实现了单击按钮后将 DIV 中的内容复制出来并将其文本内容显示到文本区域内的功能，效果如图 13.21 所示。

下面利用前面的替换函数和这里介绍的复制函数组合起来使用。这个例子所要达到的目的是首先复制出 DIV 原有内容，然后在复制出来的对象上进行文本替换，然后再将复制出来的对象替换回原有 DIV 中的内容。实现功能的 JavaScript 代码如下：

```
01  <script type="text/javascript">
02    $(function(){
03        $("#update").click(function(){
04            var txt=$("#clonetxt").text();
05            //复制div1中的子元素，并将其文本替换掉clonetxt中的原有内容
06            $("#div1").children().replaceWith($("#div1").children()
             .clone().text(txt));
07        });
```

```
08        });
09    </script>
```

具体效果如图 13.22 所示。

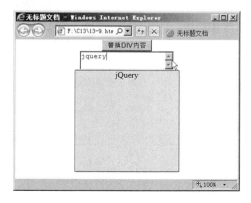

图 13.21　复制 DIV 内容

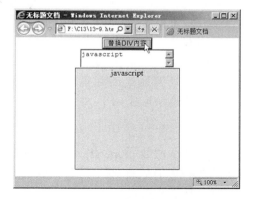

图 13.22　复制内容替换原有内容

13.4.4　内容添加

jQuery 本身对于内容的添加分成内部添加和外部添加两种，每种方式又都有前、后两种添加位置。

1. 向内部添加函数

首先，来看内部添加如何操作。DIV 的内部添加需要用到 jQuery 的 append() 和 prepend() 函数。这两个函数分别负责在 DIV 内容的后端添加内容和前端添加内容。

（1）jQuery 函数 append()——添加元素内容

该函数向每个匹配的元素内部追加内容。其语法形式如下：

```
append(content|fn)
```

（2）jQuery 函数 prepend()——添加元素内容

该函数向每个匹配的元素内部前置内容。其语法形式如下：

```
prepend(content|fn)
```

【范例 13-12】下面，用一个例子来演示和如何向 DIV 中添加内容。HTML 代码和 CSS 样式参考光盘内容，我们直接看一下 JavaScript 功能实现，文件是 13-10.html，代码如下：

```
01    <script type="text/javascript">
02        $(function(){
03            $("#append").click(function(){
04                $("#div1").append($("#txt").val());
                                            //将文本框中的内容追加到 div1 尾部
05            });
06            $("#prepend").click(function(){
07                $("#div1").prepend($("#txt").val());
                                            //将文本框中的内容添加到 div1 头部
08            });
09        });
```

```
10   </script>
```

上述代码的执行效果如图 13.23 所示。

和 append()、prepend()这两个函数有相同效果的还有 appendTo()和 prependTo()。只不过这两个函数的调用者是被添加的元素，而参数是 DIV。

（3）jQuery 函数 appendTo()——添加元素内容

该函数把所有匹配的元素追加到另一个指定的元素集合中。其语法形式如下：

```
appendTo(content)
```

（4）jQuery 函数 prependTo()——添加元素内容

该函数把所有匹配的元素前置到另一个指定的元素集合中。其语法形式如下：

```
prependTo(content)
```

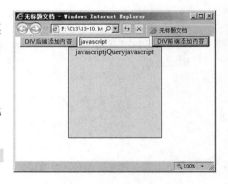

图 13.23　向 DIV 内添加内容一

我们可以修改上面的代码如下所示：

```
01   <script type="text/javascript">
02      $(function(){
03         $("#append").click(function(){
04            $("<p>"+$("#txt").val()+"</p>").appendTo($("#div1"));
                                      //将指定内容追加到div1尾部
05         });
06         $("#prepend").click(function(){
07            $("<p>"+$("#txt").val()+"</p>").prependTo($("#div1"));
                                      //将指定内容添加到div1头部
08         });
09      });
10   </script>
```

上面代码的效果如图 13.24 所示。

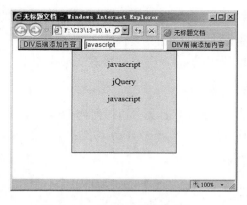

图 13.24　向 DIV 内添加内容二

2．向外部添加函数

刚才见到了如何使用内部添加函数向 DIV 中添加内容，下面来看一下利用外部添加函数的实现。外部添加函数包括 after() 和 before()。这两个函数表示对当前匹配的元素作添加操作。

（1）jQuery 函数 after()——外部添加元素内容

该函数在每个匹配的元素之后插入内容。其语法形式如下：

```
after(content|fn)
```

🔔注意：fn 函数必须返回一个 html 字符串。

（2）jQuery 函数 before()——外部添加元素内容

该函数在每个匹配的元素之前插入内容。其语法形式如下：

```
before(content|fn)
```

🔔注意：fn 函数必须返回一个 html 字符串。

我们再利用这两个函数的时候需要先获取 DIV 内的子元素才可进行操作。可以将上面的代码修改如下：

```
01  <script type="text/javascript">
02      $(function(){
03          $("#append").click(function(){
04              $("#div1").children().after($("#txt").val());
                                    //在 div1 的子元素后插入文本框内容
05          });
06          $("#prepend").click(function(){
07              $("#div1").children().before($("#txt").val());
                                    //在 div1 的子元素前插入文本框内容
08          });
09      });
10  </script>
```

上述代码利用获取 DIV 内的子元素，并在子元素外添加内容来实现在 DIV 中添加内容，效果如图 13.25 所示。

对于外部插入函数，也有类似于内部插入函数的反调用形式，即插入内容调用方法，如 insertAfter() 和 insertBefore()。这两个函数就是待插入的内容调用函数，插入位置作为参数传递给函数。

（3）jQuery 函数 insertAfter()——外部插入元素内容

该函数把所有匹配的元素插入到另一个指定的集合的后面。其语法形式如下：

```
insertAfter(content)
```

（4）jQuery 函数 insertBefore()——外部插入元素内容

该函数把所有匹配的元素插入到另一个指定的元素集合的前面。其语法形式如下：

```
insertBefore(content)
```

我们可以将上面的代码修改如下：

```
01  <script type="text/javascript">
02      $(function(){
03          $("#append").click(function(){
```

```
04                  //在div1的子元素后插入文本框内容
05                  $("<p>"+$("#txt").val()+"</p>").insertAfter($("#div1")
                    .children());
06          });
07          $("#prepend").click(function(){
08                  //在div1的子元素前插入文本框内容
09                  $("<p>"+$("#txt").val()+"</p>").insertBefore($("#div1")
                    .children());
10          });
11      });
12  </script>
```

效果如图 13.25 和图 13.26 所示。

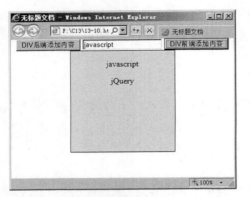

图 13.25　DIV 利用外部添加函数插入添加内容一

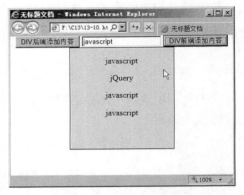

图 13.26　DIV 利用外部添加函数插入添加内容二

13.4.5　内容包装

所谓内容包装实际上是将 DIV 中的内容外层再包裹上一层标记，需要使用到 jQuery 的工具函数 wrap()。例如，我们利用动态包装操作将 DIV 中的原有文本转换成文字超链接。该函数把所有匹配的元素用其他元素的结构化标记包裹起来。其语法形式如下：

```
wrap(html)
wrap(elem)
wrap(fn)
```

注意：html 表示 HTML 标记代码字符串，用于动态生成元素并包裹目标元素；elem 表示用于包装目标元素的 DOM 元素；fn 是生成包裹结构的一个函数。

【范例 13-13】 HTML 代码和 CSS 样式参考光盘内容，我们直接看一下 JavaScript 功能实现，文件是 13-11.html，代码如下：

```
01  <script type="text/javascript">
02      $(function(){
03          $("#wrap").click(function(){
04  //在div1内包装了一个超链接元素
05              $("#div1").wrapInner("<a href='http://jQuery.com'></a>");

06          });
07      });
08  </script>
```

效果如图 13.27 所示。

图 13.27　DIV 内元素包装

13.5　层 的 定 位

DIV 层的定位是 jQuery 对层操作的一个主要应用。通过改变 DIV 的左上角坐标能够随心所欲地将 DIV 放在需要的位置。

前面介绍 DIV 改变大小的部分可以通过 css()函数来修改。这一节同样可以通过这个函数修改 DIV 的位置，只是利用的属性不同。HTML 代码和 CSS 样式参考光盘内容，我们直接看一下 JavaScript 功能实现：

```
01  <script type="text/javascript">
02      $(function(){
03          $("#move").click(function(){
04          //通过 CSS 样式设定函数定位 div1 在浏览器中的位置
05          $("#div1").css({position:"absolute",top:$("#Y_index").val()
            +"px",left:$("#x_index").val()+"px"});
06          });
07      });
08  </script>
```

上述代码通过在css()函数中设定DIV的左上角的坐标位置来进行定位，效果如图 13.28所示。

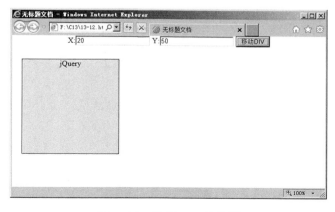

图 13.28　改变 DIV 的位置

13.6　小　　结

　　本章主要介绍了 jQuery 对于 DIV 层的常用操作。重点内容是 DIV 层的显示与隐藏、DIV 层的改变大小、DIV 层定位和 DIV 层内容的包装。DIV 层内容的包装是本章的难点部分。下一章我们将讲解列表的设计。

13.7　习　　题

实践题

1．利用 jQuery 动态修改 DIV 层的尺寸。

【提示】通过 css()函数修改 DIV 尺寸。

2．利用 jQuery 实现滑动效果。

【提示】利用滑动函数 slideUp()和 slideDown()。

3．利用 jQuery 实现淡入淡出效果。

【提示】利用淡入淡出函数 fadeIn()和 fadeout()。

第 14 章 设 计 列 表

列表是网页陈述信息的一种方式。它由一定格式的文字和图片元素构成。在静态页面中可以设计列表的内容、列表的嵌套等。但是，对于列表一些其他特性控制起来相对困难。本章将讲解如何使用 jQuery 更有效地控制列表。

本章主要涉及到的知识点有：

- ❏ 控制列表宽度
- ❏ 控制列表项符号图片
- ❏ 图片列表
- ❏ 列表的显示与收缩
- ❏ 列表项动态排序

14.1 控制列表宽度

在实际应用中，列表的创建有多种不同的形式，在这里列举两种创建形式：一是直接使用 HTML 标记中的<ol>或者<ul>与<li>搭配使用创建列表；二是使用<DIV>的嵌套来创建。下面将讲解以这两种形式创建的列表如何控制列表宽度。

14.1.1 参差不齐的列表

在我们创建列表的时候，由于不同列表项的文字内容不同，必然造成列表项宽度不同。例如，下面这个静态页面：

```
1  <div>
2      <ul>
3          <li><span class="list">jQuery 是一个 JavaScript 库。</span></li>
4          <li><span class="list"> jQuery 极大地简化了 JavaScript 编程。
             </span></li>
5          <li><span class="list"> jQuery 很容易学习。</span></li>
6          <li><span class="list"> jQuery 拥有供 AJAX 开发的丰富函数（方法）库。
             </span></li>
7      </ul>
8  </div>
```

其得到的结果如图 14.1 所示。

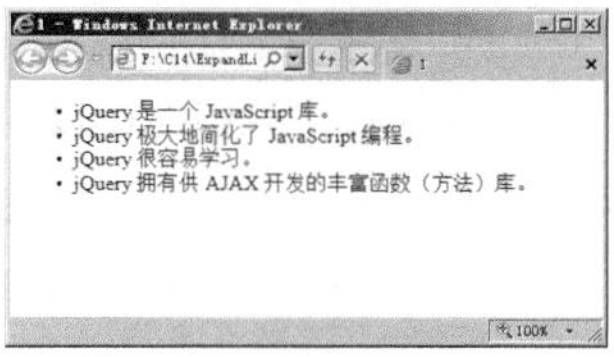

这样的列表在页面中占用大量的空间，而且列表项长度参差不齐影响页面效果。在页面布局中其他部分必须要适应这种列表宽度来安排，不能做到灵活布局。对于这样的问题

图 14.1 列表中宽度不同的列表项

可以用 jQuery 来解决，其控制列表的宽度往往有两种解决方法，下面依次讲解其实现方式。

14.1.2　截取文字内容实现控制列表宽度

这种方式的原理为：可以把所有列表项截取长度相同。这样截取出来的列表项宽度就一致了。当然这种解决方式是基于字符等宽的基础上，如汉字字符。但是，如果是英文字符，这种解决方法就差强人意了。其中，使用到 jQuery 的 ready()、each()和 text()方法以及 JavaScript 的 substr()函数。

1．jQuery的ready()函数——文档加载完成事件

该函数在文档就绪后，添加特殊效果，或者加入动态事件。其语法如下：

```
语法一    $(document).ready(function)
语法二    $().ready(function)
语法三    $(function)
```

💬**注意**：以上 3 种语法形式都表示调用 ready()函数。function 参数是一个必选参数，表示函数定义，在其中定义了当文档加载后要运行的功能。

2．jQuery的each()函数——遍历jQuery对象

该函数是对 jQuery 对象进行遍历，为每个匹配元素执行函数。其语法如下：

```
语法一    each(function)
语法二    each(object,function)
```

💬**注意**：语法一的形式是以每一个匹配的元素作为上下文来执行一个函数；语法二的形式通用遍历方法，可用于遍历对象和数组。

3．jQuery的text()函数——所有匹配元素的内容

该函数可以获取并设置所有匹配包含的文本内容所组合起来的文本。其语法如下：

```
text([val|function])
```

其中，参数 val 表示文本内容，function 表示产生文本的函数。

4．功能实现

控制列表宽度的步骤如下：
（1）需要利用 jQuery 的 ready()函数来实现在页面整体加载完成后执行特效效果。
（2）在 function()内部使用 each()函数遍历列表项。
（3）在 each()函数中获取当前被遍历的<li>中嵌套的<span>元素对象的文本内容。
（4）如果文本长度超出范围，则通过 substr()函数截取并加上删节号。
首先，把 jQuery 库引入进来：

```
<script src="jslib/jquery-1.6.min.js" type="text/javascript"></script>
```

然后，添加 JavaScript 代码，利用 jQuery 的选择器找出每个列表项，获取文字长度，并按照要求来进行截取。

【**范例 14-1**】　完整代码如下，文件是 14-1.html。

```
01  <script type="text/javascript">
02      $(document).ready(function() {
                            //使用 ready() 函数，实现页面加载后即出现特效
03          $(".list").each(function() {  //使用 each() 遍历每一个<span>
04              var inText = $(this).text();  //获取<span>中的文字内容
05              if (inText.length > 10) {        //判断文字内容长度
06                  //使用 text() 函数设置<span>中的文本，并用 substr() 截取
07                  $(this).text(inText.substr(0,10)+"...");
08              }
09          });
10      });
11  </script>
```

图 14.2 是加入 jQuery 代码调整列表项长度后得出来的效果。将其与图 14.1 进行比较可以发现，列表项长度统一，不会占用大量的页面空间，更方便页面布局。而且，这种修改列表项长度的方式能灵活控制长度值，灵活适应页面布局。

图 14.2　截取文字内容实现列表中宽度相同的列表项

如同前面提到的，在这里如果文字内容是英文字符，由于英文字符不是等宽字符，所以得出的结果并不是相同长度。

14.1.3　修改层的宽度控制列表宽度

修改层的宽度控制列表宽度的原理为：可以把所有列表项所在的层设置成长度相同，这样截取出来的列表项宽度就一致了。这种解决方式与字符宽度无关，所以字符宽度不同不会影响到列表项的宽度。

先创建列表，列表的创建需使用 DIV，步骤如下。

（1）在页面头部添加下面的样式定义代码：

```
01  <style type="text/CSS">
02      .list
03      {
04          font-size:14px;
05          width:150px;
06      }
```

```
07          .subone
08          {
09              float:left;
10              overflow:hidden;
11          }
12          .subtwo
13          {
14              float:left;
15              color:Blue;
16          }
17  </style>
```

上面的样式定义中，.list 是一个完整列表项所在的层的样式定义，.subone 和.subtwo 分别是列表项中第一部分和第二部分所在层的样式定义。

（2）下面的代码利用 DIV 标记创建列表：

```
<div>
    <div class="list">
        <div class="subone"> jQuery 是一个 JavaScript 库。</div>
        <div class="subtwo"> 简介</div>
    </div>
    <div class="list">
        <div class="subone"> jQuery 极大地简化了 JavaScript 编程。</div>
        <div class="subtwo"> 简介</div>
    </div>
    <div class="list">
        <div class="subone"> jQuery 很容易学习。</div>
        <div class="subtwo"> 简介</div>
    </div>
    <div class="list">
        <div class="subone"> jQuery 拥有供 AJAX 开发的丰富函数（方法）库。</div>
        <div class="subtwo"> 简介</div>
    </div>
</div>
```

图 14.3 是列表的实际效果。

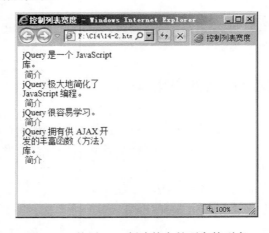

图 14.3   使用 DIV 创建的参差不齐的列表

对于这种形式的列表，需要使用 jQuery 来修改层的宽度。要实现控制列表项长度的效果所用到的函数有：jQuery 的 ready()、each()、width()和 CSS()函数。

1. jQuery的width()函数——元素宽度

该函数取得或者设置匹配元素当前计算的宽度值（px）。其语法形式如下：

```
语法一    width()
语法二    width(val)
```

注意：第一种语法形式表示取得第一个匹配元素当前计算的宽度值；第二种语法形式表示设置每个匹配元素当前计算的宽度值，val 为宽度值的参数。

2. jQuery的CSS()函数——元素的层叠样式

该函数取得或者设置匹配元素的层叠样式。其语法形式如下：

```
语法一    CSS(name)                //访问第一个匹配元素的样式属性
语法二    CSS(properties)          //把一个"名/值对"对象设置为所有匹配元素的样式属性
语法三    CSS(name,value|fn)//在所有匹配元素中，设置一个样式的值，数字自动转换为像素值
```

注意：第一种语法形式中 name 参数必须是有效的属性名；第二种语法形式中参数是以 CSS 样式设定的形式出现，并用花括号包围；第三种语法形式参数分成两种表现形式，一种是(name，value)，name 为有效属性名，value 为属性值，另一种是 (name,fn)，同样 name 是有效属性名，fn 为返回属性值的函数。

3. 功能实现

控制列表项宽度的步骤如下：

（1）需要利用 jQuery 的 ready()函数来实现在页面整体加载完成后执行特效效果。

（2）在 function()内部使用 each()函数遍历列表项。

（3）判断每一个列表项的整体宽度是否大于预定宽度。

（4）如果大于，计算出列表项第一部分需要的长度并设置。

（5）适当调整每个列表项的高度。

首先，把 jQuery 库引入进来：

```
<script src="jslib/jquery-1.6.min.js" type="text/javascript"></script>
```

然后，添加 JavaScript 代码，利用 jQuery 的选择器找出每个列表项，获取需要的长度，并按照要求来进行设置。

【范例 14-2】　完整代码如下，文件是 14-2.html。

```
01 <script type="text/javascript">
02      $(function () {                         //隐式调用 ready()函数
03          var linelen = 120;                  //预定义列表项的宽度
04          $.each($(".list"), function (i)     //使用 each()遍历每一个 div
                //判断列表项实际长度是否超出范围
05              if (($(".subone:eq(" + i + ")").width() + $(".subtwo:eq("
                + i + ")").width()) > linelen) {
                //计算出列表项第一部分需要的宽度
06                  var length = linelen - $(".subtwo:eq(" +i+ ")").width();
```

```
07                    $(".subone:eq(" + i + ")").CSS("width", length + "px");
                                        //设置列表项第一部分的宽度
08                    $(".subone:eq("+i+")").CSS("height",65+"px");
                                        //适当调整列表项高度
09              }
10        });
11    });
12 </script>
```

这里假定列表项第二部分，也就是"简介"的宽度是相同的。由于层的宽度改变后原有内容要变成多行，所以在代码的最后一部分可以修改标题所在 DIV 的高度，使标题信息可以完全显示出来，而不会被其他内容覆盖掉。图 14.4 为应用了 jQuery 调整列表项宽度后的效果。

图 14.4　调整层的宽度实现列表中宽度相同的列表项

以上两种控制列表项宽度的方法实现原理不同，个人认为第二种适用性更强，读者可根据现实需求灵活掌握。

14.2　控制列表项符号图片

本节将讨论列表项符号的灵活运用问题，主要是将原来死板的列表项符号用各种新颖的图片来代替。以图片代替原来的列表项符号，可以使列表看起来更美观生动。

14.2.1　样式死板的列表项符号

在创建列表的时候，<ul>中有 type 属性可以指定列表项符号样式。但是，单纯依靠该属性指定列表项样式的话效果过于单调死板。例如，下面这个静态页面：

```
01 <ul id="ulstyle">
02     <li> jQuery 是一个 JavaScript 库。</li>
```

```
03          <li> jQuery 极大地简化了 JavaScript 编程。</li>
04          <li> jQuery 很容易学习。</li>
05          <li> jQuery 拥有供 AJAX 开发的丰富函数（方法）库。</li>
06   </ul>
```

其得到的结果如图 14.5 所示。

图 14.5　样式死板的列表项符号

在 CSS 中也有特定属性来设定列表项符号的图片（list-style-image）。但是，这个属性不被大多数浏览器所支持。所以，需要另一种方法来设定符号图片。

14.2.2　利用 jQuery 与 CSS 控制列表项符号图片

利用 jQuery 与 CSS 控制列表项符号图片的原理是：利用 jQuery 为每个列表项动态加载 CSS 样式背景图片，并把原有的列表项符号隐藏。其中，使用到 jQuery 的 addClass() 函数。

1．jQuery的addClass()函数——添加样式类选择

该函数为每个匹配的元素添加指定的类名。其语法形式如下：

```
addClass(class|fn)
```

注意：参数中 class 表示一个或多个要添加的类名，类名间可用空格分隔。fn 的使用形式为 function(index, class)，此函数必须返回一个或多个空格分隔的 class 名。fn 接收两个参数：index 参数为对象在这个集合中的索引值，class 参数为这个对象原先的 class 属性值。

2．功能实现

【范例 14-3】　控制列表项符号图片的步骤如下：
（1）添加含有指定背景图片的 CSS 样式类。
（2）需要利用 jQuery 的 ready() 函数来实现在页面整体加载完成后执行特效效果。
（3）在 function() 内部使用 each() 函数遍历列表项。
（4）为每一个列表项添加 CSS 样式类。
首先，加入 CSS 样式类定义：

```
<style type="text/CSS">
    #ulstyle {list-style:none;}              //设定列表样式，取消原有的列表符号
    .list {background:url(img/listico.jpg) no-repeat;padding-left:20px}
                                             //设定背景图片样式
</style>
```

然后，把 jQuery 库引入进来：

```
<script src="jslib/jquery-1.6.min.js" type="text/javascript"></script>
```

最后，添加 JavaScript 代码，利用 jQuery 的选择器找出每个列表项，并将 CSS 类添加到列表项上。完整代码如下，文件是 14-3.html。

```
01  <script language="javascript">
02      $(document).ready(function(){
03          $("#ulstyle li").each(function(){   //使用 each()遍历每一个 li
04              $(this).addClass("list");       //为 li 添加样式类
05          });
06      });
07  </script>
```

图 14.6 是最后显示的效果。但是，这里要注意的是，一定不能让背景图片重复显示，因为如果背景图片重复摆放的话会造成文字部分模糊不清，失去了我们预先需要的效果。

图 14.6　控制列表项符号图片

14.3　列表项的滚动

现在，众多网站采用一种可以垂直滚动的新闻列表，每一个列表项都作为一个新闻标题。这一节就来探讨如何让静态列表滚动起来，出现滚动新闻的效果，静态页面如图 14.5 所示。让静态的列表滚动起来可以加强页面的动感效果，列表项的滚动一般适用于实时更新的网站内容标题。

使用 jQuery 产生滚动列表的原理是两个动作：隐藏与添加，即首先需要取得列表的滚动区间，然后获取滚动内容的第一列表项并隐藏第一列表项，将隐藏的第一列表项添加到整个列表结尾。

其中，使用到 jQuery 的 hover()、find()、height()、animate()、appendTo()和 trigger()函数以及 first 属性、mouseleave 事件和 JavaScript 的 clearInterval()、setInterval()函数，如表 14.1 所示。

表 14.1 列表项的滚动所用到的函数

名 称	功 能	语 法	说 明
jQuery 函数			
hover()	自定义方法,模仿鼠标的悬停与移出事件	hover(over,out)	参数中 over 表示鼠标的悬停事件处理函数, out 表示鼠标的移出事件处理函数
find()	搜索所有与指定表达式匹配的元素	find(expr)	参数 expr 表示用于查找的表达式,这个函数是用于找出正在处理的元素的后代元素的适宜方法
height()	取得或设置这在处理的元素的高度	语法形式一: height() 语法形式二: height(val)	无参函数表示取得元素高度,有参函数表示设置元素高度,默认单位为像素
appendTo()	把所有匹配的元素加入到另一个指定的元素集合中	appendTo(content)	参数 content 表示指定的元素集合
trigger()	在每一个匹配的元素上触发指定的事件	trigger(type,[data])	该函数既可以触发固有事件也可以触发自定义事件。参数 type 表示事件对象或者触发的事件类型,data 表示传递给事件处理函数的附加参数,以数组形式存在
mouseleave	代替原有的 JavaScript 的 onmouseout 事件,但是修正了其一些错误	mouseleave(fn)	此事件不会像 onmouseout 事件一样,在不同的子元素间移动并不会触发它。参数 fn 表示事件处理函数
JavaScript 函数			
clearInterval()	取消周期方法调用	clearInterval(val)	参数 val 是函数 setInterval 返回的一个 timer ID

（1）jQuery 的 animate()函数——自定义动画

该函数负责创建自定义动画。其语法形式如下：

```
语法形式一    animate(params,option)
语法形式二    animate(params,[duration],[easing],[fn])
```

🔔注意：语法形式一中，第一个参数表示一组包含动画属性成样属性的集合，第二个参数表示一组包含动画选项的值的集合；语法形式二后面 3 个参数可省，依次表达的意义为：一组包含作为动画属性:终值的样式属性及其值的集合；3 种预定速度之一的字符串（"slow"、"normal"或"fast"）或表示动画时长的毫秒数值（如1000）；要使用的擦除效果的名称（需要插件支持），默认 jQuery 提供 linear 和 swing，在动画完成时执行的函数。

（2）jQuery 的属性:first——获取第一个子元素

该属性获取当前匹配元素的第一个子元素。其语法形式如下：

```
Selector:first
```

（3）JavaScript 函数 setInterval()——设定一定时间间隔调用函数

该函数将不停地按照指定的周期调用函数或者表达式，直到窗口关闭或者调用了 clearInterval()函数。其语法形式如下：

```
setInterval(fn,millsecond)
```

🔔注意：参数 fn 表示被调用的函数或者表达式，参数 millsecond 表示毫秒值。

1．功能实现

【范例 14-4】　实现列表项滚动的步骤如下：

（1）取得整个列表的滚动区间。

（2）使用 jQuery 的 hover()函数分别响应鼠标的悬停与离开事件。

（3）在鼠标的悬停时间中获取滚动内容的第一列表项并隐藏第一列表项，将隐藏的第一列表项添加到整个列表结尾。

（4）设定滚动间隔，及滚动过程中动画持续时间。

首先，加入 CSS 样式定义：

```
1 <style type="text/CSS">
2    ul.scrollline{height:90px;}
3 </style>
```

然后，把 jQuery 库引入进来：

```
<script src="jslib/jquery-1.6.min.js" type="text/javascript"></script>
```

最后，添加完整代码如下，文件是 14-4.html。

```
01  script language="javascript">
02     $(function(){
03          var area=$('ul.scrollline');     //取得滚动区域
04          var timespan=1000;               //定义滚动时间间隔
05          var timeID;                      //需要清除的动画
06          area.hover(function(){           //自定义鼠标悬停与移出事件处理
07            clearInterval(timeID);//当鼠标在滚动区域中时停止滚动，移出事件处理
08            },function(){                  //鼠标悬停事件处理
09               timeID=setInterval(function(){//设置滚动时间间隔及滚动动作
10               var moveline=area.find('li:first');
                             //最先需要获取列表当前的第一行，这个位置很重要
11               var lineheight=moveline.height();    //取得每次滚动高度
12               //通过取负 margin 值，隐藏第一行
13               moveline.animate({marginTop:-lineheight+'px'},500,
                 function(){
14               //隐藏后，将该行的 margin 值置零，并添加到列表尾部，实现循环滚动
15               moveline.CSS('marginTop',0).appendTo(area);

16               })
17            },timespan)                    //滚动间隔时间取决于 timespan
18          }).trigger('mouseleave');//函数载入时，模拟执行 mouseleave，即自动滚动
19     });
20  </script>
```

因为这种特效属于动态形式，所以它的效果我们不给出图片，请读者自行测试。

14.4　图　片　列　表

图片是网页中传达信息的基本元素，也是设计网页时最常用到的信息表现形式。但是，在页面布局中图片的摆放与排列却是很让人头疼的问题。本节主要介绍使用 jQuery 控制图片以列表的形式规则摆放。

14.4.1　大小不一的图片不规则排列

如果单纯依靠<li>和<img>标记来摆放图片的话，实现图片大小统一并规则摆放是件很麻烦的事情。例如，下面这个静态页面：

```
01  <ul>
02  <li><img src="img/img1.jpg"/></li>
03  <li><img src="img/img2.gif" /></li>
04  <li><img src="img/img3.jpg"/></li>
05  <li><img src="img/img4.gif" /></li>
06  <li><img src="img/img5.jpg" /></li>
07  <li><img src="img/img6.jpg"/></li>
08  <li><img src="img/img7.gif" /></li>
09  <li><img src="img/img8.gif"/></li>
10  </ul>
```

具体效果如图 14.7 所示。

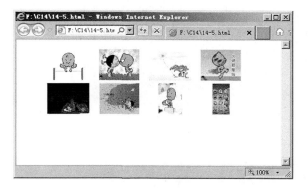

图 14.7　控制图片列表

14.4.2　利用 jQuery 控制图片列表

利用 jQuery 控制图片列表的原理是：为每张图片设定一个相同大小的显示区域，并把这些显示区域通过列表的形式规则摆放。其中使用到 jQuery 的 ready()、each()函数和 JavaScript 对象属性 style。

1．Javascript对象属性：style——CSS属性

该属性获取或者设置匹配的标签的 CSS 属性。其语法形式如下：

```
object.style
```

🔔 **注意**：可以通过 style 引用 CSS 各种子属性。

2．功能实现

【范例 14-5】 实现控制图片列表的步骤如下。

（1）设定图片在列表中排列的格式。

（2）通过 jQuery 选择器及函数获取每一个图片元素对象。

（3）为每一个图片元素对象设定一定的尺寸。

首先，加入 CSS 样式定义：

```
<style type="text/CSS">
 .imglist{float:left;width:400px;list-style:none} //每行排列 4 个图片列表项
 .imglist li{float:left;width:90px;margin:3px;text-align:center}
                                        //设定每个列表项的宽度、边距、内容居中
 .imglist li .area{height:60px;width:80px;display:block;}
                                        //设定图片所在的区域大小并显示
</style>
```

然后，把 jQuery 库引入进来：

```
<script src="jslib/jquery-1.6.js" type="text/javascript"></script>
```

并对原来的列表的代码部分进行修改：

```
01  <ul class="imglist">
02  <li><span class="area"><img src="img/img1.jpg"/></span></li>
03  <li><span class="area"><img src="img/img2.gif" /></span></li>
04  <li><span class="area"><img src="img/img3.jpg"/></span></li>
05  <li><span class="area"><img src="img/img4.gif" /></span></li>
06  <li><span class="area"><img src="img/img5.jpg" /></span></li>
07  <li><span class="area"><img src="img/img6.jpg"/></span></li>
08  <li><span class="area"><img src="img/img7.gif" /></span></li>
09  <li><span class="area"><img src="img/img8.gif"/></span></li>
10  </ul>
```

最后，添加完整代码如下，文件是 14-5.html。

```
01  <script language="javascript">
02  $(document).ready(function(){
03   $(".imglist").find("img").each(
04   function(){
05    var imgwidth=80;                       //图片显示标准宽度
06    var imgheight=60;                      //图片显示标准高度
07    var percent=0;                         //缩放比例
08    var image=new Image();                 //创建临时图片对象
09    image.src=this.src;                    //保存当前遍历到的图片对象
10
11     if(image.width>0 && image.height>0){     //获取加载完成的图片实际大小
12     //计算图片需要缩放的比例
13     percent =
14  (imgwidth/image.width < imgheight/image.height)?imgwidth/image.width:
    imgheight/image.height;
15     if(percent <= 1){                      //如果图片太大，按照一定比例缩小图片
```

```
16        this.style.width = image.width*percent;
17        this.style.height =image.height*percent;
18      }
19      else {                              //否则，保持图片原大小
20          this.style.width = image.width;
21          this.style.height =image.height;
22       }
23     }
24   }
25   );
26 });
27 </script>
```

图 14.7 是最后显示的效果。如前面的操作步骤所说，把列表项的排列形式设成了左对齐，并设定了列表的整体宽度为 400px。取得每个列表项中的图片并根据图片的大小缩小到合适的范围。其中，<span>标记就是图片显示的容器。

14.5　列表的显示与收缩

本节主要介绍列表的显示与收缩。在很多网站中都会出现类似的网页特效，即：页面加载完成后，某一部分只显示大的标题。当把鼠标移动到标题上时，会在标题下动态出现列表信息项。例如，网站信息、产品分类说明等都可以使用这种效果。

14.5.1　占用页面空间的静态列表

当需要对页面中的某些信息分项描述时，列表是最有效的手段。但是，在静态页面中过多使用列表会占用大量空间，而且不易布局，影响页面美观。静态页面代码及 CSS 样式设定如下。

CSS 样式设定：

```
<style type="text/CSS">
ul{list-style:none;}
.menu{position:relative;width:300px;padding:0px;}
.menu ul{display:block;background:#fefefe;border:1px solid #ddd;
width:300px;padding:5px;margin:0px;}
.menu ul li{padding:5px 0;border-bottom:1px dotted #ddd;}
</style>
```

HTML 代码：

```
01    jQuery 特点<br/>
02          <ul class="content">
03            <li>jQuery 是一个 JavaScript 库。</li>
04            <li>jQuery 极大地简化了 JavaScript 编程。</li>
05            <li>jQuery 很容易学习。</li>
06            <li>jQuery 拥有供 AJAX 开发的丰富函数（方法）库。</li>
07          </ul>
```

这种通过 HTML 标记产生的静态页面如图 14.8 所示。

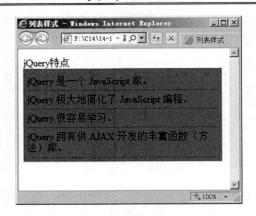

图 14.8　静态显示列表

14.5.2　利用 jQuery 动态控制列表内容展开与收缩

利用 jQuery 动态控制列表内容展开与收缩的原理是：通过 jQuery 的滑动效果函数将原本隐藏的列表内容滑动显示或者将原本显示的列表内容滑动隐藏。其中使用到的 jQuery 的函数有：ready()、hover()、toggle()、slideDown()和 slideUp()。

1．jQuery函数介绍

（1）jQuery 的 toggle()函数——事件切换

该函数每次单击后依次调用函数。其语法形式如下：

```
toggle(fn1,fn2,[fn3,fun4,…])
```

🔔注意：如果单击了一个匹配的元素，则触发指定的第一个函数。当再次单击同一元素时，则触发指定的第二个函数。如果有更多函数，则再次触发，直到最后一个。随后的每次单击都重复对这几个函数轮番调用。可以使用 unbind("click")来删除。fn1 是第一次单击要执行的函数，fn2 是第二次单击要执行的函数。fn3、fn4 等都是可选参数，表示更多次单击要调用的函数。

（2）jQuery 的 slideDown()函数——向下滑动

该函数通过高度变化（向下增大）来动态地显示所有匹配的元素，在显示完成后可选地触发一个回调函数。其语法形式如下：

```
slideDown(speed,[callback])
```

🔔注意：这个动画效果只调整元素的高度，可以使匹配的元素以"滑动"的方式显示出来。speed 表示 3 种预定速度之一的字符串（"slow"，"normal" 或 "fast"）或表示动画时长的毫秒数值（如 1000）；callback 表示在动画完成时执行的函数。

（3）jQuery 的 slideUp()函数——向上滑动

该函数通过高度变化（向上减小）来动态地隐藏所有匹配的元素，在隐藏完成后可选地触发一个回调函数。其语法形式如下：

```
slideUp(speed,[callback])
```

🔔注意：这个动画效果只调整元素的高度，可以使匹配的元素以"滑动"的方式隐藏起来。
speed 表示 3 种预定速度之一的字符串（"slow"，"normal"或"fast"）或表示动画时长的毫秒数值（如 1000）；callback 表示在动画完成时执行的函数。

2. 功能实现

【范例 14-6】 实现列表内容展开与收缩的步骤如下：

（1）选定需要动态触发隐藏与显示列表内容的事件、hover()事件或者 toggle()事件。

（2）在事件中编写隐藏与显示的具体动作，并设置动作持续时间。

首先，把 jQuery 库引入进来：

```
<script language="javascript" src="jslib/jquery-1.6.js"></script>
```

然后添加完整代码，文件是 14-6.html。

```
01  <script language="javascript" type="text/javascript">
02  $(document).ready(function(){
03      $(".menu").hover(                         //鼠标悬停与离开事件
04          function(){
05              $(".content").slideDown(800);     //展开
06          },function(){
07              $(".content").slideUp(1000)       //收缩
08          });
09  })
10  </script>
```

上面这段代码设定了鼠标覆盖事件，也可以使用鼠标单击事件：

```
01  <script language="javascript" type="text/javascript">
02  $(document).ready(function(){
03      $(".menu").toggle(                        //鼠标单击事件
04          function(){
05              $(".content").slideDown(800);     //展开
06          },function(){
07              $(".content").slideUp(1000)       //收缩
08          });
09  })
10  </script>
```

上述两段代码只是在事件的使用上有所不同。在这里还要注意一点，当加入 jQuery 代码后，在 CSS 样式设定中需要把原来的列表显示状态改成隐藏，即：

```
.menu ul{display:block;background:#fefefe;border:1px solid #ddd;width:
300px;padding:5px;margin:0px;}
```

当页面加载完毕时，效果如图 14.9 所示。

当单击或者将鼠标停滞在"jQuery 特点"这几个字上时，隐藏的列表会向下滑动展开显示，如图 14.8 所示，整个列表内容都会显示出来。再次单击或者将鼠标移开后，页面又恢复到图 14.9 所示的效果。

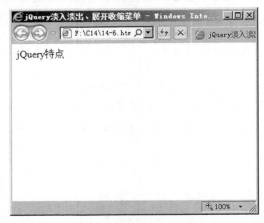

图 14.9　页面加载完毕时隐藏列表

14.6　列表项动态排序

本节主要介绍如何通过 jQuery 在客户端实现对无序列表项的排序。这种做法虽然应用不广泛，但是从减轻服务器负载的角度来看还是有其优点的。

14.6.1　构建一个无序列表

首先创建一个无序列表，代码如下：

```
01  <ul class="orderobj">
02      <li>Tom</li>
03      <li>Snoopy</li>
04      <li>Jerry</li>
05      <li>Micky</li>
06  </ul>
```

效果如图 14.10 所示。

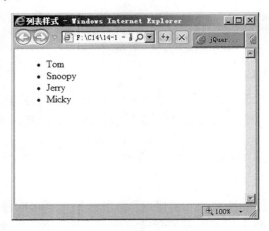

图 14.10　无序的列表项

14.6.2 利用 jQuery 对无序列表排序

利用 jQuery 对无序列表排序的原理是：获取无序列表中的所有列表项，并转成数组形式，使用 JavaScript 函数对其进行排序后再次输出。其中使用到的 jQuery 函数有：ready()、get()、text()、each()、append()和 JavaScript 函数 sort()。

1．jQuery函数介绍

（1）jQuery 函数 get()——获取匹配元素集合

该函数取得所有匹配元素的一种向后兼容的方式（不同于 jQuery 对象，而实际上是元素数组）。其语法形式如下：

```
object.get()
```

🔔注意：如果想要直接操作 DOM 对象而不是 jQuery 对象，这个函数非常有用。

（2）jQuery 函数 text()——获取和设置元素内容

该函数获取和设置匹配元素的文本内容。其语法形式如下：

```
object.text([val|fn])
```

🔔注意：VAI 和 fn 参数可选。val 是设置元素的文本内容值；fn(index,text)函数返回一个字符串,接受两个参数：index 为元素在集合中的索引位置，text 为原先的 text 值。

（3）jQuery 函数 append()——向元素追加内容

该函数向每个匹配的元素内部追加内容。其语法形式如下：

```
object.append(content|fn)
```

🔔注意：这个操作与对指定的元素执行 appendChild 方法，将它们添加到文档中的情况类似。content 参数表示追加的内容；function(index,html)返回一个 HTML 字符串，用于追加到每一个匹配元素的里边，接受两个参数：index 参数为对象在这个集合中的索引值，html 参数为这个对象原先的 html 值。

2．JavaScript函数介绍

JavaScript 函数 sort()——元素排序

该函数用于对数组元素进行排序。其语法形式如下：

```
arrayObject.sort([sortby])
```

🔔注意：sortby 可选，规定排列顺序，必须是函数，返回值为排序后的数组本身。如果调用该方法时没有使用参数，将按字母顺序对数组中的元素进行排序，说得更精确点，是按照字符编码的顺序进行排序。要实现这一点，首先应把数组的元素都转换成字符串（如有必要），以便进行比较。

如果想按照其他标准进行排序，就需要提供比较函数，该函数要比较两个值，然后返回一个用于说明这两个值的相对顺序的数字。比较函数应该具有两个参数 a 和 b，其返回值如下：若 a 小于 b，在排序后的数组中 a 应该出现在 b 之前，则返回一个小于 0 的值；若 a 等于 b，则返回 0；若 a 大于 b，则返回一个大于 0 的值。

3．功能实现

【范例 14-7】 实现无序列表项排序功能的步骤如下：
（1）获取所有的列表项，并将其装入数组。
（2）对数组对象进行排序。
（3）将排好序的数组重新填充到无序列表中。
首先，把 jQuery 库引入进来：

```
<script language="javascript" src="jslib/jquery-1.6.js"></script>
```

然后添加完整代码，文件是 14-7.html，如下所示：

```
01  <script language="javascript" type="text/javascript">
02  $(document).ready(function(){
03      var items = $(".orderobj li").get();//获取所有待排序li装入数组items
04      items.sort(function(a,b)               //调用JjavaScript内置函数sort
05      {
06      var elementone = $(a).text();
07      var elementtwo = $(b).text();
08      if(elementone < elementtwo) return -1;
09      if(elementone > elementtwo) return 1;
10      return 0;
11      });
12
13      var ul = $(".orderobj");
14      $.each(items,function(i,li)           //通过遍历每一个数组元素，填充无序列表
15      {
16      ul.append(li);
17      });
18  });
19  </script>
```

以上代码通过数组排序，并重新填充了无序列表，使得列表项有序。具体效果如图 14.11 所示。

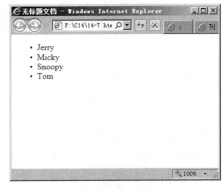

图 14.11　无序列表项排序

14.7　小　　结

本章主要介绍了如何通过 jQuery 操作列表对象。其中包括列表宽度的控制、列表项符号的定制、列表项的滚动、图片列表、列表项的收缩与展开及无序列表列表项的排序等功能。本章的重点是列表内容的动态变化及不同列表项内容的现实，难点部分在于理解如何控制列表项的滚动。

14.8　习　　题

一、实践题

1．利用 jQuery 与 CSS 控制列表项符号图片。

【提示】使用到 jQuery 的 addClass()函数。

2．利用 jQuery 动态控制列表内容展开与收缩。

【提示】使用 jQuery 的函数：ready()、hover()、toggle()、slideDown()和 slideUp()。

3．利用 jQuery 对无序列表排序。

【提示】使用 jQuery 函数 ready()、get()、text()、each()、append()和 JavaScript 函数 sort()。

第15章 网 站 导 航

网站导航是所有网站所必备的元素之一。它可以使网站的用户能够清楚自己所浏览的页面位置，并能快速找到自己所感兴趣的页面。目前，网站导航的表现形式基本为菜单样式或 TreeView 样式。本章将就这两种样式，讲解 jQuery 如何控制网站导航。

本章主要涉及到的知识点有：

❑ 设计菜单
❑ 学习第三方菜单插件
❑ 掌握 TreeView 设计

15.1 菜 单 设 计

菜单形式的网站导航在页面中的位置适合放在页眉部分，主要应用到 HTML 中的 <div>标记和<ul><li>配合使用，再加上 jQuery 实现动态效果。这一节用几个例子来展示菜单形式的网站导航功能。

15.1.1 普通下拉菜单

首先介绍最简单效果的一种下拉菜单形式的网站导航，下拉菜单是最常见的菜单模式，该模式主要用在表达整个网站的站点地图。

这种下拉菜单的实现原理是：获取鼠标指针是否通过顶层菜单。如果动作发生则将下层菜单定位并显示出来，其间利用下拉动画实现效果。如果鼠标指针从当前菜单位置离开则将子菜单利用动画收起，效果如图 15.1 和图 15.2 所示。

图 15.1 普通下拉菜单加载

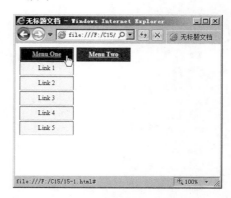

图 15.2 鼠标进入菜单区域触发子菜单下拉

其中，应用到的 jQuery 函数有：ready()、mouseenter()、stop()、hide()、parent()、next()、css()、offset()、height()、slideDown()、slideUp()和 mouseleave()，如表 15.1 所示。

表 15.1　普通下拉菜单所用的函数

名　　称	功　　能	语　　法	说　　明
		jQuery 函数	
mouseenter ()	该函数响应鼠标进入到元素时产生的事件	$(selector).mouseenter()	与mouseover事件不同，只有在鼠标指针穿过被选元素时，才会触发mouseenter事件。如果鼠标指针穿过任何子元素，同样会触发mouseover事件
stop ()	该函数停止所有在指定元素上正在运行的动画	stop([clearQueue], [gotoEnd])	clearQueue参数：布尔型参数，可选，清空动画队列，如果设置为真则立即清空队列，动画立即停止；gotoEnd参数：布尔型参数，可选，让当前正在执行的动画立即完成，并重新设定show和hide的原始样式。如果队列中有等待执行的动画（并且clearQueue不为真），则马上执行
hide ()	该函数隐藏所有匹配的元素	语法形式一：hide() 语法形式二：hide(speed,[fn])	第一种语法形式简单地隐藏匹配元素；第二种语法形式以动画隐藏匹配元素，并在显示完成后可选地触发回调函数。speed参数规定了动画时长，fn参数为回调函数，并且每个匹配元素都执行一次
parent ()	该函数取得一个包含着所有匹配元素的唯一父元素的元素集合	parent([expr])	expr参数表示筛选表达式
next ()	该函数取得一个包含匹配的元素集合中每一个元素紧邻的后面同辈元素的元素集合	next([expr])	expr参数表示筛选表达式。这个函数只返回后面那个紧邻的同辈元素，而不是后面所有的同辈元素
offset	该函数获取匹配元素在当前视口的相对偏移	mouseleave(fn)	无参数调用时，返回的对象包含两个整型属性：top和left。此方法只对可见元素有效。携带参数时重新设置元素位置，此元素位置是相对于document对象。如果元素的position属性是static，会被改成relative实现重新定位。Coordinates参数是包含top和left坐标属性的对象

1．功能实现

【范例 15-1】　动态下拉菜单的实现步骤如下：

（1）需要利用 jQuery 的 ready()函数来实现在页面整体加载完成后执行特效效果。

（2）在 function()内部实现主菜单的鼠标进入事件，所有的下拉效果都在这个事件中。

（3）先停止播放所有特效动画并隐藏下级菜单。

（4）获取下级菜单对象，重新设定下级菜单位置。

（5）停止下级菜单其他动画并使其下拉。

（6）添加下级菜单的鼠标移出事件，让下级菜单向上收起。

为了使页面效果美观，在 HTML 文件中加入 CSS 样式设定，需要设定一些元素的样式，如 ul、ul li、ul li a 等等。具体 CSS 代码请参考光盘内容。

2．代码的实现

在页面中加入无序列表作为菜单主体：

```
01  <div id="menudiv">
02    <ul>
03  <li><a href="#" class="mainmenu">Menu One</a></li>
04   <li class="submenu">
05  <a href="#">Link 1</a>
06  <a href="#">Link 2</a>
07  <a href="#">Link 3</a>
08  <a href="#">Link 4</a>
09  <a href="#">Link 5</a>
10   </li>
11    </ul>
12     <ul>
13  <li><a href="#" class="mainmenu">Menu Two</a></li>
14   <li class="submenu">
15  <a href="#">Link 1</a>
16  <a href="#">Link 2</a>
17  <a href="#">Link 3</a>
18  <a href="#">Link 4</a>
19  <a href="#">Link 5</a>
20   </li>
21    </ul>
22  </div>
```

把 jQuery 库引入进来：

```
<script src="jslib/jquery-1.6.min.js" type="text/javascript"></script>
```

然后，添加 JavaScript 代码，完整代码如下，文件是 15-1.html。

```
01  <script language="javascript">
02  $(function(){
03    $('.mainmenu').mouseenter(function(){        //实现主菜单的鼠标进入事件
04      $('.submenu').stop(false, true).hide();
                                    //先停止播放所有特效动画并隐藏下级菜单
05      var submenu = $(this).parent().next(); //获取下级菜单对象
06      submenu.css({                          //设定子菜单样式，重新定位
07              position:'absolute',
08              top: $(this).offset().top + $(this).height() + 'px',
09              left: $(this).offset().left + 'px',
10              zIndex:1000
11          });
12      submenu.stop().slideDown(300);        //停止下级菜单其他动画并使其下拉
13      submenu.mouseleave(function(){
                            //添加下级菜单的鼠标移出事件，让下级菜单向上收起
14              $(this).slideUp(300);
15                  });
16    });
17  });
18  </script>
```

最后效果如图 15.1 和图 15.2 所示。

15.1.2　下拉级联菜单

继续上面的下拉菜单,在原有下拉菜单的基础上添加第二级子菜单,第二级子菜单横向显示。此种下拉菜单的实现原理与上面的菜单类似:获取到顶层菜单后模拟顶层菜单的鼠标悬停与离开事件,并设置下层菜单的可见状态,效果如图 15.3 和图 15.4 所示。

图 15.3　多级下拉菜单加载

图 15.4　多级下拉菜单展开

其中,应用到的 jQuery 函数有 ready()、css()、hover()、find()、show()和 jQuery 属性 first。

1. 功能实现

【范例 15-2】　多级下拉菜单的实现步骤如下:

(1)将所有子菜单隐藏。

(2)设定主菜单项及各级子菜单项的模仿悬停事件。

(3)在模仿悬停事件中设定鼠标悬停则显示下级菜单,如果鼠标离开则收回菜单。

为了使页面效果美观,在 HTML 文件中加入 CSS 样式设定,需要设定一些元素的样式,如 ul、ul li、ul li a 等。具体 CSS 代码请参考光盘内容。

2. 代码实现

在页面中加入无序列表作为菜单主体:

```
01  <ul id="mainmanu"><!--最上层菜单-->
02      <li><a href="#">1 HTML</a></li>
03      <li><a href="#">2 CSS</a></li>
04      <li><a href="#">3 Javascript </a>
05      <ul><!--一级子菜单-->
06          <li><a href="#">3.1 jQuery</a>
07          <ul><!--二级子菜单-->
08              <li><a href="#">3.1.1 Download</a></li>
09              <li><a href="#">3.1.2 Tutorial</a></li>
10          </ul>
11          </li>
12          <li><a href="#">3.2 Mootools</a></li>
13          <li><a href="#">3.3 Prototype</a></li>
```

```
14        </ul>
15      </li>
16  </ul>
```

把 jQuery 库引入进来：

```
<script src="jslib/jquery-1.6.min.js" type="text/javascript"></script>
```

然后，添加 JavaScript 代码，完整代码如下，文件是 15-2.html。

```
01  <script type="text/javascript">
02  $(document).ready(function(){
03      $(" # mainmanu ul ").css({display: "none"});           //隐藏各级菜单
04      $(" # mainmanu li ").hover(function(){//为第一级菜单加入模仿鼠标悬停事件
05          $(this).find('ul:first').css({visibility: "visible"})
            .show(400);              //鼠标悬停则显示下级菜单
06          },function(){
07          $(this).find('ul:first').css({visibility: "hidden"});
                                      //鼠标离开则收起下级菜单
08          });
09  });
10  </script>
```

在上面代码中不容易理解的是第 4 行代码，它表示为所有菜单项设定鼠标悬停事件，不只是最上层菜单，请读者注意这一点，具体实现效果如图 15.3 和图 15.4 所示。

15.1.3　横向伸缩菜单

前面所见到的菜单都是横向下拉菜单，这里认识一下纵向排列横向伸缩的菜单。横向伸缩菜单动画感更强，而且对于页面布局有它自己的优点。

这种菜单的实现原理是：设定每个上层菜单项的鼠标悬停与离开事件，并在对应的鼠标悬停事件中加宽这一行的宽度，将本来无法看到的菜单内容显示出来，当鼠标离开时重新将这一行宽度设成初始值，给用户一种菜单收缩的感觉。

其中，使用到的 jQuery 函数有 ready()、mouseover()、mouseout()、stop()、animate()。

1．功能实现

【范例 15-3】 纵向排列菜单横向伸缩效果实现步骤如下：

（1）设定菜单项的鼠标悬停事件，在事件中停止动画队列里的其他动画，并将鼠标所在行动画伸展。

（2）设定菜单项的鼠标离开事件，在事件中停止动画队列里的其他动画，并将鼠标所在行动画收缩。

为了使页面效果美观，在 HTML 文件中加入 CSS 样式设定，需要设定一些元素的样式，如 ul、ul li、ul li a 等等。具体 CSS 代码请参考光盘内容。

2．代码的实现

在页面中加入无序列表作为菜单主体：

```
01  <div id="menudiv">
02  <ul>
03      <li><a href="#"><img src="img/home.png" alt="" width="50" height=
        "50" border="0"/></a>
```

```
04          Home</li>
05   <li><a href="#"><img src="img/portfolio.png" alt="" width="50" height=
     "50" border="0"/></a>
06          Portfolio</li>
07   <li><a href="#"><img src="img/about.png" alt="" width="50" height=
     "50" border="0"/></a>
08          About</li>
09   <li><a href="#"><img src="img/contact.png" alt="" width="50" height=
     "50" border="0"/></a>
10          Contact</li>
11   </ul>
12   </div>
```

把 jQuery 库引入进来：

```
<script src="jslib/jquery-1.6.min.js" type="text/javascript"></script>
```

然后，添加 JavaScript 代码，完整代码如下，文件是 15-3.html。

```
01   <script type="text/javascript">
02   $(document).ready(function(){
03     $("li").mouseover(function(){          //设置鼠标悬停事件
04        $(this).stop().animate({
05     width: "152px", }, 500 );
06     });
07     $("li").mouseout(function(){           //设置鼠标离开事件
08        $(this).stop().animate({
09          width: "52px",}, 500 );
10     });
11   });
12   </script>
```

最后效果图如图 15.5 和图 15.6 所示。

图 15.5　纵向菜单加载　　　　　图 15.6　纵向排列菜单横向伸缩

15.2　第三方菜单插件

　　本节将介绍 6 个菜单插件。当然 jQuery 的菜单并不只有目前所介绍的 6 个，这里只是介绍几种比较有代表性的菜单插件。我们所介绍的这些插件都是开源插件，所以读者在使用时可以从本书所给网址直接下载或者利用配套光盘上的插件。

15.2.1　jQuery 级联菜单插件

这种菜单插件与前面介绍的多级菜单很类似。它的实现原理也是通过设定模仿悬停事件，并设定了淡入淡出来实现级联菜单的效果。在这个菜单插件中主要利用了 jQuery 的 find()、parent()和 children()函数来定位元素。hover()事件是整个插件的核心事件，它实现了动态效果。fadeIn()和 fadeout()函数实现了动画过程中淡入淡出的效果。关于插件的具体代码可以参考光盘内容。

【范例 15-4】 下面介绍如何使用插件及插件效果。在页面中加入无序列表作为菜单主体，具体 HTML 代码参考光盘内容。在 HTML 文件的<head></head>中加入如下代码：

```
01  <link rel="stylesheet" type="text/css" href="CSS/jquerycssmenu.css" />
02  <script type="text/javascript" src="../jslib/jquery-1.6.js"></script>
03  <script  type="text/javascript"  src="jQueryCode/jquerycssmenu.js">
</script>
```

其中，第 1 行代码是设定了菜单的样式，第 2 行代码是加入了 jQuery 库文件，第 3 行代码是调用插件文件。具体实现效果如图 15.7 和图 15.8 所示。本插件英文介绍网址为 http://www.dynamicdrive.com/style/csslibrary/item/jquery_multi_level_css_menu_horizontal_blue/。

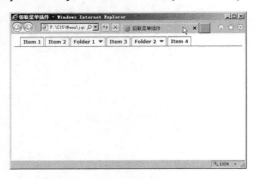

图 15.7　级联菜单插件应用一

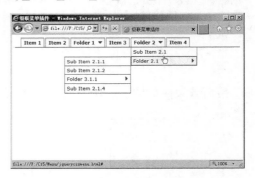

图 15.8　级联菜单插件应用二

15.2.2　SuperFish 菜单插件

本插件的作者是 Joel Birch，本插件英文介绍网址为 http://users.tpg.com.au/j_birch/plugins/superfish/#examples。SuperFish 菜单插件支持水平/垂直方向。这种菜单的实现原理也是通过设定模仿悬停事件。hover()事件是整个插件的核心事件，它实现了动态效果。removeClass()和 addClass()函数通过修改菜单项样式实现了菜单的显示与隐藏的效果。关于插件的具体代码可以参考光盘内容。

【范例 15-5】 下面介绍如何使用插件及插件效果。在页面中加入无序列表作为菜单主体，具体 HTML 代码参考光盘内容。在 HTML 文件的<head></head>中加入如下代码：

```
01  <link  rel="stylesheet"  type="text/css"  href="css/superfish.css"
media="screen">
02  <script type="text/javascript" src="../jslib/jquery-1.6.js"></script>
03  <script type="text/javascript" src="jQueryCode/hoverIntent.js">
```

```
         </script>
04  <script type="text/javascript" src="jQueryCode/superfish.js"></script>
05  <script type="text/javascript">
06      jQuery(function(){
07          jQuery('ul.sf-menu').superfish();
08      });
09  </script>
```

在上述代码中，第 1 行加入了 CSS 样式定义，第 2 行引入 jQuery 库文件，第 3~4 行加入了 SuperFish 菜单插件的文件，第 6~7 行初始化插件，将要处理的菜单部分 ul.sf-menu 交给插件，实现效果如图 15.9 和图 15.10 所示。

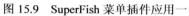

图 15.9　SuperFish 菜单插件应用一

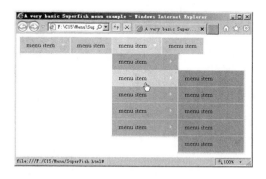

图 15.10　SuperFish 菜单插件应用二

这个插件可以有多种形态的菜单样式，如果需要导航条样式菜单，只需要将前面的代码修改成：

```
01  <link rel="stylesheet" type="text/css" href="css/superfish.css"
    media="screen">
02    <link rel="stylesheet" type="text/css" href="CSS/superfish-navbar
    .css" media="screen">
03  <script type="text/javascript" src="../jslib/jquery-1.6.js"></script>
04  <script type="text/javascript" src="jQueryCode/hoverIntent.js"></script>
05  <script type="text/javascript" src="jQueryCode/superfish.js"></script>
06  <script type="text/javascript">
07  $(document).ready(function(){
08          $("ul.sf-menu").superfish({
09              pathClass: 'current'
10          });
11      });
12  </script>
```

导航条样式菜单如图 15.11 和图 15.12 所示。

图 15.11　SuperFish 菜单插件应用三

图 15.12　SuperFish 菜单插件应用四

15.2.3　折叠菜单插件

这种菜单插件与前两种菜单插件不同，前面的菜单插件是通过模仿鼠标悬停事件产生菜单动态效果，这里的折叠菜单则是通过鼠标的单击触发事件产生菜单的折叠与展开效果。关于插件的具体代码可以参考光盘内容。

【范例 15-6】下面介绍如何使用插件及插件效果。在页面中加入无序列表作为菜单主体，具体 HTML 代码参考光盘内容。在 HTML 文件的<head></head>中加入如下代码：

```
01  <script type="text/javascript" src="../jslib/jquery-1.6.js"></script>
02  <script type="text/javascript" src="jQueryCode/ddaccordion.js"></script>
03  <script type="text/javascript">
04  ddaccordion.init({
05      headerclass: "expandable",           //主菜单样式类名 expandable
06      contentclass: "categoryitems",        //子菜单样式类名 categoryitems
07      revealtype: "click",
08      //转换内容样式当鼠标单击或者鼠标悬停事件发生，合法值："click"、"clickgo"、
        或者"mouseover"
09      mouseoverdelay: 200,
              //如果 revealtype="mouseover"，设置鼠标的悬停延迟时间，单位为毫秒
10      collapseprev: true,            //是否折叠先前打开的内容
11      defaultexpanded: [0],          //设置默认打开的内容索引值
12      onemustopen: false,            //指定是否至少有一个主菜单应该被展开
13      animatedefault: false,         //是否有默认的子菜单被激活展开
14      persiststate: true,            //在浏览器会话过程中是否持续展开状态
15      toggleclass: ["", "openheader"],
16      //两个样式类被指定当主菜单被触发产生折叠或者展开,语法形式:["class1","class2"]
17      togglehtml: ["prefix", "", ""],
18      //在主菜单上附加的 HTML 代码当主菜单折叠或者展开时，语法形式: ["position",
        "html1", "html2"]
19      animatespeed: "fast",//激活速度：以毫秒为单位,或者指定"fast"、"normal"、
        或 "slow"
20      oninit:function(headers, expandedindices){ //自定义初始化代码
21      },
22      onopenclose:function(header, index, state, isuseractivated){
23      //自定义运行代码当菜单折叠或者展开时
24      }
25  })
26  </script>
```

在上述代码中，第 4~24 行是菜单插件初始化代码。效果如图 15.13 和图 15.14 所示。本插件英文介绍网址为 http://www.dynamicdrive.com/dynamicindex17/ddaccordionmenu.htm。

图 15.13　折叠菜单插件应用一

图 15.14　折叠菜单插件应用二

15.2.4　滚动动态列表菜单

这个菜单插件基于 JSON 数据，JSON 数据是与后台进行数据交互的一种轻量型数据交换格式。本书不对 JSON 作过多介绍，感兴趣的读者可以查看资料。这个菜单插件的原理是将 JSON 数据转换成网页中的列表，并在菜单上部的数字指示区域加入了鼠标的单击事件。关于插件的具体代码可以参考光盘内容。

【范例 15-7】下面介绍如何使用插件及插件效果。在页面中加入无序列表作为菜单主体，具体 HTML 代码参考光盘内容。在 HTML 文件的<head></head>中加入如下代码：

```
01  <script src="../jslib/jquery-1.6.js"></script>
02  <script src="jQueryCode/jaws.js"></script>
03  <script>
04      $(function() {
05          new Jaws({container: '#jawsHolder',//为菜单插件指定网页容器元素
06          title: 'latest news',              //出现在菜单顶部的标题内容
07          jsonFile: 'json.json',             //提供给菜单插件的 JSON 数据文件的路径
08          itemsPerFold: 4,                   //每屏所能显示的菜单项数量
09          doNumbers: true});                 //如果为真则列表项被项目编号
10      });
11  </script>
```

在上述代码中，第 5～9 行是菜单插件初始化代码，效果如图 15.15 所示。本插件英文介绍网址为 http://www.mitya.co.uk/scripts/Jaws-news-ticker-and-mini-accordion-139?iframe=true&width=100%&height=100%。

图 15.15　滚动动态列表菜单应用

15.2.5　滑动效果菜单

这个菜单插件所要实现的功能是创建一个类似于 Flash 动画效果的动态菜单。实现原理是：利用在每一个菜单项上绑定鼠标的悬停与离开事件，并自定义在这两个事件中触发的动画效果，在动画效果中修改菜单的 CSS 样式。关于插件的具体代码可以参考光盘内容。

【范例 15-8】下面介绍如何使用插件及插件效果。具体 HTML 代码参考光盘内容。

在 HTML 文件的<head></head>中加入如下代码：

```
01  <link rel="stylesheet" href="css/main.css" type="text/css" />
02  <script type="text/javascript" src="../jslib/jquery-1.6.js" ></script>
03  <script type="text/javascript" src="jQueryCode/jquery-bp.js" ></script>
04  <script type="text/javascript" src="jQueryCode/navigation.js" ></script>
```

在上述代码中，第 3 行是一个修正了 jQuery 对于自定义动画关于背景位置的样式使用的 Bug 插件；第 4 行是我们使用的导航菜单插件。读者会发现在代码中并没有 JavaScript 代码，这是因为这个菜单插件已经把元素选择工作都放在了插件代码中，这样便于使用。但是，这样也有它的不足之处，不够灵活，当我们想重新定制自己的菜单内容时就需要修改插件原文件。这个菜单插件的效果如图 15.16 和图 15.17 所示。本插件英文介绍网址为 http://net.tutsplus.com/tutorials/javascript-ajax/create-a-cool-animated-navigation-with-css-and-jquery/。

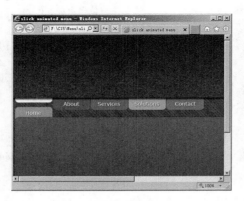

图 15.16　滑动菜单应用一

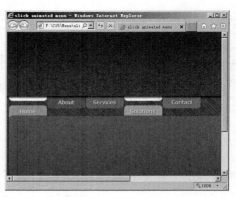

图 15.17　滑动菜单应用二

15.2.6　仿 Mac 的停靠菜单插件

【范例 15-9】　这个菜单的动态效果是模仿 Mac 系统效果。它的实现原理也是应用了菜单项的鼠标悬停与离开事件，并修改了菜单项的 CSS 样式设定。关于插件的具体代码可以参考光盘内容。下面介绍如何使用插件及插件效果，具体 HTML 代码参考光盘内容。在 HTML 文件的<head></head>中加入如下代码：

```
01  <script type="text/javascript" src="../jslib/jquery-1.6.js"></script>
02  <script type="text/javascript" src="jQueryCode/interface.js"></script>
03  <link href="CSS/style.css" rel="stylesheet" type="text/css" />
04  <script type="text/javascript">
05  $(document).ready(
06      function()
07      {
08          $('#dock').Fisheye(                    //Fisheye 组件初始化
09              {
10                  maxWidth: 50,                  //菜单项最大宽度
11                  items: 'a',                    //菜单项元素标记
12                  itemsText: 'span',             //菜单项文本元素标记
13                  container: '.dock-container',  //菜单容器
```

```
14                          itemWidth: 40,                    //菜单项宽度
15                          proximity: 90,                    //接近宽度
16                          halign : 'center'                 //水平对齐方式
17                  }
18              )
19          $('#dock2').Fisheye(
20              {
21                          maxWidth: 60,
22                          items: 'a',
23                          itemsText: 'span',
24                          container: '.dock-container2',
25                          itemWidth: 40,
26                          proximity: 80,
27                          alignment : 'left',
28                          valign: 'bottom',
29                          halign : 'center'
30                  }
31              )
32      }
33  );
34  </script>
```

具体效果如图 15.18 和图 15.19 所示。本插件英文介绍网址为 http://ndesign-studio.com/blog /css-dock-menu。

图 15.18　仿 Mac 效果菜单插件应用一

图 15.19　仿 Mac 效果菜单插件应用二

15.3　TreeView 设计

在实现网站导航效果中除了可以使用菜单效果外,还可以使用树形视图来完成。以下使用 TreeView 来代替树形视图。TreeView 一般是被布置在页面的侧边栏位置,并可折叠收缩。主要需要 HTML 中的<div>标记和<ul><li>配合使用,再加上 jQuery 实现动态效果。这一节用几个例子来展示 TreeView 形式的网站导航功能。

15.3.1　普通 TreeView

在此介绍最简单的一种 TreeView 效果实现,它的原理是大部分 TreeView 实现的基础。

它的工作原理是：通过设定上层节点中特定元素的鼠标单击触发事件，对下层子节点进行显示样式更改，效果如图 15.20 和图 15.21 所示。

图 15.20 普通 TreeView 折叠效果一   图 15.21 普通 TreeView 展开效果二

其中，应用到的 jQuery 函数有：ready()、children()、toggle()、parent()、next()、hide() 和 show()。

1．功能实现

【范例 15-10】 普通 TreeView 实现步骤如下：

（1）获取需要响应鼠标单击事件的上层节点元素对象。

（2）对鼠标单击事件进行加工，修改子节点样式。

为了使页面效果美观，在 HTML 文件中加入 CSS 样式设定，需要设定一些元素的样式，如 ul、ul li、ul li a 等等。

2．代码的实现

具体 CSS 代码请参考光盘内容。在页面中加入无序列表作为菜单主体：

```
01  <ul>
02      <li class="pe_u_thumb_list"><img src="img/listicon.jpg" /><a
        href="#">CSS</a></li>
03          <ul>
04              <li><a href="#">级联样式单</a></li>
05              <li><a href="#">统一设定标记元素样式</a></li>
06          </ul>
07      <li class="pe_u_thumb_list"><img src="img/listicon.jpg" /><a href=
        "#">Javascript</a></li>
08          <ul>
09              <li><a href="#">网页前端脚本语言</a></li>
10              <li><a href="#">对事件响应实现网页动态效果</a></li>
11          </ul>
12  </ul>
```

把 jQuery 库引入进来：

```
<script src="jslib/jquery-1.6.min.js" type="text/javascript"></script>
```

然后，添加 JavaScript 代码，完整代码如下，文件是 15-4.html。

```
01  <script language="javascript">
02      $(document).ready(function(){
```

```
03              $(".pe_u_thumb_list").children("img").toggle(function(){
04          //对父节点中的图片元素设定触发事件
05              $(this).parent().next("ul").hide();
                              //鼠标单击图片奇数次时隐藏下层节点
06          },function(){
07              $(this).parent().next("ul").show();
                              //鼠标单击偶数次时展开下层节点
08          });
09      });
10  </script>
```

最后效果如图 15.20 和图 15.21 所示。

15.3.2　加入淡入淡出效果的 TreeView

在此介绍类似于上面普通 TreeView 中加入淡入淡出效果的实现。它的工作原理是：通过设定父节点中特定元素的鼠标单击触发事件，对子节点进行显示样式更改，效果如图 15.22 和图 15.23 所示。

图 15.22　淡入淡出效果 TreeView 加载　　　图 15.23　淡入淡出效果 TreeView 展开

其中，应用到的 jQuery 函数有 ready()、click()、nextAll()和 toggle()。

1．jQuery的nextAll()函数——查找后续元素

该函数查找当前匹配元素的所有同辈元素。其语法如下：

```
nextAll([expr])
```

注意：expr 参数可选，字符串过滤表达式，过滤符合条件的后续同辈元素。

2．功能实现

【范例 15-11】　淡入淡出 TreeView 实现步骤如下：
（1）取得需要显示的节点对象，并在其上定义单击事件。
（2）在单击事件中取得下层节点即后续标记元素对象，并在其上加入切换显示状态动画。

为了使页面效果美观，在 HTML 文件中加入 CSS 样式设定，需要设定一些元素的样式，如 ul、ul li、ul li a 等等。

3．代码的实现

具体 CSS 代码请参考光盘内容。在页面中加入无序列表作为菜单主体，代码如下：

```
01  <ul>
02    <a href="#"><strong>产品信息维护</strong></a>
03    <li><img src="img/listicon.jpg" /><a href="#">查看产品信息</a></li>
04    <li><img src="img/listicon.jpg" /><a href="#">新产品添加</a></li>
05    <li><img src="img/listicon.jpg" /><a href="#">原有产品信息修改</a>
      </li>
06    <li><img src="img/listicon.jpg" /><a href="#">删除产品信息</a></li>
07  </ul>
08  <ul>
09    <a href="#"><strong>销售商信息维护</strong></a>
10    <li><img src="img/listicon.jpg" /><a href="#">查看销售商信息</a></li>
11    <li><img src="img/listicon.jpg" /><a href="#">添加销售商信息</a></li>
12    <li><img src="img/listicon.jpg" /><a href="#">修改销售商信息</a></li>
13    <li><img src="img/listicon.jpg" /><a href="#">删除销售商信息</a></li>
14  </ul>
```

把 jQuery 库引入进来：

```
<script src="jslib/jquery-1.6.min.js" type="text/javascript"></script>
```

然后，添加 JavaScript 代码，完整代码如下，文件是 15-5.html。

```
01  <script language="javascript">
02    $(document).ready(function() {
03    var main = $("ul > a");              //取得代表 TreeView 父节点的元素对象
04      main.click(function() {            //为父节点加入单击事件
05    var sub = $(this);
06    var item = sub.nextAll("li");//取得代表 TreeView 所有子节点的元素对象
07    item.toggle("slow");                 //修改子节点的显示状态
08        });
09  });
10  </script>
```

最后效果如图 15.22 和图 15.23 所示。

上面讲解的两个例子只是 TreeView 雏形，并没有加入节点间的连接线、多形态节点等功能。在下一节 TreeView 插件中会见到这些功能。

15.4　第三方 TreeView 插件

本节将主要介绍 jQuery 中的 TreeView 插件。以 jQuery.TreeView 为代表的插件可以展现多种形态和功能。在这里主要讲解静态数据生成 TreeView 的过程。本插件英文插件网址为 http://bassistance.de/jquery-plugins/jquery-plugin-treeview/。

1．插件特点

（1）支持静态的树，即一次性将全部数据加载到客户端。

（2）支持异步树，即一次只加载一级或若干级节点，子节点可以异步加载数据。

（3）支持 Checkbox 树（静态/异步），用于选择（如选择组织机构、选择数据字典项）。

（4）支持节点级联。

（5）能够承载大数据量。

2．参数说明

（1）animated：动画效果。

（2）collapsed：初始状态，true 为折叠，false 为展开。

（3）unique：同一层的节点只允许同时打开一个，true/false。

（4）persist：目录树状态保存，location 为不保存，cookie 为保存目录树状态在 cookie 文件中。

（5）cookieId：保存目录树状态的 cookie 名称。

（6）control：控制目录树展开与折叠的元素表示。

（7）toggle：目录树中节点触发事件回调函数。

（8）add：添加节点事件。

（9）remove：删除节点事件。

下面来看一下目录树效果，如图 15.24、图 15.25、图 15.26、图 15.27 所示。

图 15.24　目录树默认配置效果

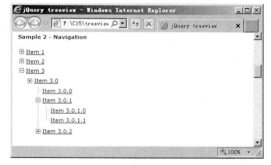

图 15.25　目录树同级展开唯一节点效果

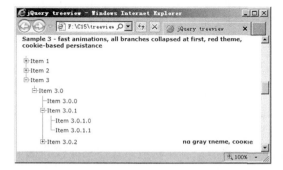

图 15.26　快速动画利用 cookie
存储状态目录树效果

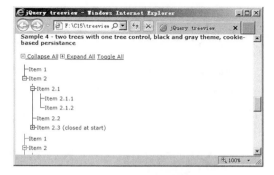

图 15.27　利用控制元素控制不同目录
树展开与折叠效果

上面的几幅图例都是 jQuery 目录树官方网站给出的示例，参考它的源码可看到这个插件的使用方法。其中 HTML 和 CSS 以及完整的 JavaScript 代码可以参考光盘内容。

图 15.26 示例是使用了目录树最基本的使用方法，没有加入任何参数形成的效果。JavaScript 代码如下：

```
01  // first example
02  $("#browser").treeview();
```

代码中利用 jQuery 选择器选中需要加载的目录树标识#browser，并调用插件初始化函数 treeview()。因为没有给出任何使用参数，所以此目录树中各层节点的展开与折叠是不统一的，并且刷新页面后，目录树又恢复到页面最初加载完成后的状态。

⌨注意：此目录树的 HTML 中 class="closed"这个部分，这个类的指定表示该节点下的所有子节点都折叠起来，和插件中对于样式的定义枚举值相符。

图 15.27 示例是使用了目录树的 3 个参数：存储状态、折叠、是否唯一节点展开。JavaScript 代码如下：

```
01  // second example
02  $("#navigation").treeview({
03      persist: "location",
04      collapsed: true,
05      unique: true
06  });
```

代码中使用了上述 3 个参数，故页面初次加载完成后所有节点都是折叠的。如果想展开节点会发现在同一级中的兄弟节点中有且只有一个可以处于展开状态。并且，刷新页面后，此目录树又恢复到初始状态。

图 15.26 与图 15.25 相比使用了 cookie 存储目录树状态，并加入了快速动画以及节点触发事件效果。JavaScript 代码如下：

```
01  // third example
02  $("#red").treeview({
03      animated: "fast",
04      collapsed: true,
05      unique: true,
06      persist: "cookie",
07      toggle: function() {
08          alert("Node was toggled");
09      }
10  });
```

代码中使用了目录树的 5 个参数。第一个参数即快速动画效果，第二和第三个参数同上一个例子相同，第四个参数使用了 cookie 存储目录树状态，所以当我们试图刷新页面后，可以看到目录树没有发生改变，第五个参数指定了节点触发事件，这里我们只是简单地调用了 JavaScript 的 alert()函数呈现一个消息对话框。

图 15.27 示例除了指定目录树的存储配置外还利用了控制器功能。JavaScript 代码如下：

```
01  // fourth example
02  $("#black, #gray").treeview({
03      control: "#treecontrol",
04      persist: "cookie",
05      cookieId: "treeview-black"
06  });
```

代码中使用了 control 这个参数，并指定了能同时控制两个不同目录树展开与折叠的元素标识#treecontrol，也可以叫它控制器。我们可以单击控制器来同时控制两个目录树完全展开与完全折叠。当我们试图刷新页面时，目录树状态不发生改变。

【**范例 15-12**】 下面，再来介绍目录树添加与删除节点的例子。这个例子需要用到 add 和 remove 这两个事件参数来指定如何添加和删除节点，效果如图 15.28 所示。

图 15.28　添加和删除目录树节点

实现添加和删除目录树节点的 JavaScript 功能代码如下：

```
01      <script type="text/javascript">
02        $(function() {
03          $("#browser").treeview();
04          $("#add").click(function() {
05            var branches = $("<li><span class='folder'>New Sublist
               </span><ul>" +
06              "<li><span class='file'>Item1</span></li>" +
07              "<li><span class='file'>Item2</span></li></ul>
               </li>").appendTo("#browser");
08            // branches 在整个目录树的最后添加一个有两个子节点的节点
09            $("#browser").treeview({
10              add: branches
11            }); //调用目录树的 add 事件参数改变目录树状态
12            branches = $("<li class='closed'><span class='folder'>
               New
13  Sublist</span><ul><li><span class='file'>Item1</span></li><li><span
14  class='file'>Item2</span></li></ul></li>").prependTo("#folder21");
15            //在#folder21 位置之前添加一个有两个子节点的节点
16            $("#browser").treeview({
17              add: branches
18            }); //调用目录树的 add 事件参数改变目录树状态
19          });
20          $("#browser").bind("contextmenu", function(event) {
                                          //绑定右键菜单事件
21            if ($(event.target).is("li") || $(event.target)
               .parents("li").length) {
22  //判断是否是可删除节点
23              $("#browser").treeview({
24                remove: $(event.target).parents("li").filter
                 (":first")                 //删除节点
25              });
```

```
26                    return false;
27                }
28           });
29       })
30    </script>
```

上述代码利用了目录树中的 add 事件参数添加了两个节点，remove 事件参数响应右键单击删除节点。

15.5 小 结

本章主要介绍了利用 jQuery 控制网站导航特效。其中，主要是菜单导航、目录树的基本实现原理和菜单插件以及目录树插件的使用方法，难点是如何自己构建菜单和目录树。本章第 2 节和第 3 节使用了很多 jQuery 插件，如果读者自己开发，可能写代码和调试都需要很长的时间，所以可以借鉴网络上很多流行的插件，拿来为我所用，当然不要作为商业用途，自己练习即可。

15.6 习 题

一、实践题

1. 用任意插件实现这个功能：鼠标单击菜单时，让菜单呈现折叠与展开效果。

【提示】这个功能可以通过 JavaScript、CSS、jQuery 等很多技术实现，这里可以参考 15.2.3 小节。

2. 模仿苹果电脑的停靠菜单。

【提示】这里可以参考第 15.2.6 小节。

3. 用两种技术实现网页中的 TreeView 设计。

【提示】一种可以是普通的 JavaScript 技术实现；一种可以参考 15.3.1 小节。

第 16 章　设　计　表　格

表格是网页中内容布局的一个主要工具。传统的 HTML 表格属性和 CSS 样式设定虽然可以起到美化表格的效果，但是动态变化效果不理想。本章我们利用 jQuery 对表格的动态效果进行加工。

本章涉及到的知识点有：
- ❏ 简单的表格设计
- ❏ 用 jQuery 控制表格
- ❏ 设置表格的分页
- ❏ 推荐表格常用的插件

16.1　表格基本设计

在表格基本设计中包括表格边框样式的变换、表格单元格的合并、表格行和列的动态添加与删除、行的上下移动等。下面就详细地讲解一下这些是如何设计的。

16.1.1　表格边框样式的变换

利用 jQuery 变换表格边框样式主要是对表格边框的颜色、样式和像素大小进行变换，这种变换主要是实现表格的高亮效果，突出表格在页面上的显示效果。实现原理主要是利用 jQuery 的元素样式设定函数动态修改边框。其中要使用到的 jQuery 函数有 ready()、mouseover()、mouseout()和 css()。

1．功能实现

【范例 16-1】　表格边框样式的变换步骤如下：
（1）设定表格的鼠标悬停和离开事件。
（2）在两个事件中分别设定表格边框的不同样式。

2．实例操作步骤

首先，创建一个包含 1 行 1 列表格的静态页面：

```
01    <table>
02        <tr>
03            <td>
04                jQuery 对表格边框控制
05            </td>
```

```
06        </tr>
07    </table>
```

把 jQuery 库引入进来：

```
<script src="jslib/jquery-1.16.min.js" type="text/javascript"></script>
```

然后，添加 JavaScript 代码：

```
01  <script type="text/ecmascript">
02      $(document).ready(function() {
03          $("table").mouseover(function(){          //表格区域的鼠标悬停事件
04              $(this).css("border", "dotted black 3px");      });
05              //更改表格边框样式（黑色，3 个像素，点状）
06          $("table").mouseout(function(){          //表格区域的鼠标离开事件
07              $(this).css("border", "inset red 5px");      });
08              //更改表格边框样式（红色，5 个像素，内嵌）
09      });
10  </script>
```

代码文件是 16-1.html，效果如图 16.1 和图 16.2 所示。

图 16.1　鼠标停在表格上的边框样式　　　图 16.2　鼠标离开表格的边框样式

16.1.2　表格单元格的合并

当相邻行或列中出现内容相同时，我们需要合并单元格。合并单元格后，表格内容更清晰，便于用户了解信息。

表格的众多属性中有 rowspan 和 colspan 两个属性。这两个属性的主要作用就是纵向行合并和横向列合并。但是，这两个属性只能以静态形式合并单元格，如果需要根据动态产生数据，动态合并单元格的时候，就需要利用 jQuery 来操作以上两个属性。在这里讨论如何合并文本内容相同的单元格。这种合并适合表格数据动态分类时使用，避免出现不必要的表格嵌套。

表格单元格合并的实现原理是：通过遍历每行中限定个数的单元格，比较其中内容。如果内容相同则动态进行合并，如果找不到相同内容的单元格则放弃合并。其中，使用到的 jQuery 函数有 ready()、each()、text()、hide()、attr() 和 eq、nth-child 属性。

1．jQuery的hide()函数——隐藏元素

该函数隐藏显示的元素。其语法形式如下：

```
hide()
hide(speed,[callback])
```

<img src="bell_icon" /> 注意：第一种形式是无动画效果的隐藏元素，第二种加入了动画效果。如果选择的元素是隐藏的，则不会改变任何内容。

2．jQuery的attr()函数——设置元素属性

该函数为匹配的元素设置或取得属性值。其语法形式如下：

```
语法形式一：attr(name)
语法形式二：attr(properties)
语法形式三：attr(key,value)
语法形式四：attr(key,fn)
```

<img src="bell_icon" /> 注意：第一种语法形式获取 name 参数指定的属性值，如果元素没有相应属性则返回 undefine；第二种语法形式将一个"名/值"形式的对象设置为所有匹配元素的属性；第三种语法形式为所有匹配的元素设置一个属性值；第四种语法形式为所有匹配的元素设置一个计算值。

3．jQuery的nth-child属性——获取子元素

该属性匹配所有父元素下第 N 个子元素或奇偶子元素。其语法形式如下：

```
:nth-child(expr)
```

<img src="bell_icon" /> 注意：它将为每个父元素匹配子元素，并且索引号从 1 开始。

4．功能实现

【范例 16-2】　jQuery 对表格进行合并的实现步骤如下：
（1）获得所有行指定索引的列集合，并遍历这个集合。
（2）取得上一行的文本同下面的行进行比对，如果相同则合并。
首先，创建一个 4 行 4 列的表格，代码如下：

```
01  <table border="1" id="colstb">
02      <tr>
03          <td>jQuery</td>
04          <td>jQuery</td>
05          <td>Javascript</td>
06          <td>XML</td>
07      </tr>
08      <tr>
09          <td>jQuery</td>
10          <td>jQuery</td>
11          <td>Javascript</td>
12          <td>XML</td>
13      </tr>
14      <tr>
15          <td>jQuery1</td>
16          <td>jQuery</td>
17          <td>Javascript</td>
18          <td>XML</td>
19      </tr>
```

```
20        <tr>
21           <td>jQuery</td>
22           <td>jQuery</td>
23           <td>Javascript</td>
24           <td>XML</td>
25        </tr>
26     </table>
```

把 jQuery 库引入进来：

```
<script src="jslib/jquery-1.16.min.js" type="text/javascript"></script>
```

然后，添加 JavaScript 代码：

```
01  function trowspan(tbl,col){
02          var tdfst = "";
03      var compare="";
04      var tdcur = "";
05      var nums = 1;
06      tdarr = $(tbl + " tr td:nth-child(" + col + ")");
                                              //获取所有行指定列的集合
07      tdarr.each(function(i){               //遍历集合
08       if(i==0){                            //获取首行对象
09           tdfst = $(this);
10           compare=tdfst.text();
11       }else{
12           tdcur = $(this);
13           if(compare==tdcur.text()){       //比较文本内容，相同则进行合并
14             nums++;
15             tdcur.hide();                  //隐藏相同内容的单元格
16             tdfst.attr("rowSpan",nums);    //设定合并后的行跨度属性
17           }else{   //不同则记录新行的内容
18             tdfst = $(this);
19             compare=tdfst.text();
20             nums=1;
21           }
22       }
23     });
24  }
```

代码文件是 16-2.html，效果如图 16.3 所示。

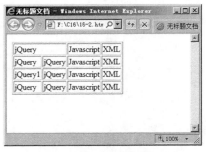

图 16.3　表格动态行合并

jQuery 对表格进行列合并的实现步骤如下：

（1）获取指定行，在指定行上遍历每个单元格的文本内容。

（2）如果前后单元格文本内容相同则合并。

创建表格代码与上面相同。把 jQuery 库引入进来：

```
<script src="jslib/jquery-1.16.min.js" type="text/javascript"></script>
```

然后，添加 JavaScript 代码：

```
01  function tcolspan(tbl,row){
02      var tdfst = "";
03      var compare="";
04      var tdcur = "";
05      var nums = 1;
06      $(tbl + " tr:eq(" + row + ")").children().each(function(i){
                                        //遍历选定行的所有单元格
07          if(i==0){                   //获取首列对象
08              tdfst = $(this);
09              compare =tdfst.text();
10          }else{
11              tdcur = $(this);
12              if(compare==tdcur.text()){   //比较文本内容，相同则进行合并
13                  nums++;
14                  tdcur.hide();            //隐藏相同内容的单元格
15                  tdfst.attr("colSpan",nums); //设定合并后的列跨度属性
16              }else{                      //不同则记录新列的内容
17                  tdfst = $(this);
18                  compare=tdfst.text()
19                  nums = 1;
20              }
21          }
22      });
23
24  }
```

效果如图 16.4 所示。

图 16.4　表格动态列合并

16.1.3　表格行列的添加与删除

【范例 16-3】下面来介绍通过 jQuery 向表格动态添加行和列。它的实现原理很简单：
将原有表格看成单元格或者行的集合，对集合进行增删操作就实现了行列的添加和删除。
其中，要用到的 jQuery 函数有 append()、appendTo()、clone()和 remove()。

1. jQuery函数clone()——复制元素

该函数克隆匹配的 DOM 元素并且选中克隆的副本。其语法形式如下：

语法形式一：clone()

语法形式二：clone(true)

🔲**注意：** 第二种语法形式表示，不仅复制元素本身，元素上的事件也一同被复制。在把 DOM 元素中的副本添加到其他位置时适宜使用此函数。

2．实现步骤

（1）调用 jQuery 的 remove()函数可以直接删除行或者列。

（2）调用 jQuery 的 clone()函数复制要添加的行，再使用 appendTo()函数向表的尾部加入新行。

（3）调用 jQuery 的 append()函数添加列。

首先，创建一个 2 行 2 列的简单表格，并加入添加或者删除行列的处理按钮，代码如下：

```
01 <table border="1">
02 <tr>
03   <td>JQuery</td>
04   <td>JQuery</td>
05 </tr>
06 <tr>
07   <td>JQuery</td>
08   <td>JQuery</td>
09 </tr>
10 </table>
11 <input type="button" name="button" id="button" value="加列" onclick=
   "AddCol();" />
12 <input type="button" name="button" id="button" value="加行" onclick=
   "AddRow();" />
13 <input type="button" name="button" id="button" value="减列" onclick=
   "RemoveCol();" />
14 <input type="button" name="button" id="button" value="减行" onclick=
   "RemoveRow();" />
```

把 jQuery 库引入进来：

```
<script src="jslib/jquery-1.16.min.js" type="text/javascript"></script>
```

然后，添加 JavaScript 代码：

```
01 <script type="text/javascript">
02 function RemoveRow()
03 {
04     $("tr:last").remove();                              //移除行
05 }
06 function RemoveCol()
07 {
08     $("tr td:last-child").remove();                     //移除列
09 }
10 function AddRow()
11 {
12     $("tr:first").clone().appendTo("table:first");      //复制并添加行
13 }
14 function AddCol()
15 {
16     $("tr").append("<td>JQuery</td>");                  //添加列
```

```
17   }
18   </script>
```

文件是 16-3.html，效果如图 16.5、图 16.6 和图 16.7 所示。

图 16.5　初始表格

图 16.6　表格动态添加行和列

图 16.7　表格动态删除一列

16.1.4　jQuery 控制表格行的上下移动

现在来研究通过 jQuery 动态调整行的上下位置，实现客户端手动排序表格行。这种操作适合用户用手动排序要求的情况。它的实现原理是：通过选定行与插入参考行在表格中的上下位置进行比较，并重新插入合适的位置。其中，要使用到的 jQuery 函数有 ready()、click()、each()、addClass()、parent()、children()、text()、position()、insertAfter()、insertBefore()和 removeClass()。

1．jQuery函数insertAfter()——向后插入元素

该函数把所有匹配的元素插入到另一个匹配的元素后面。其语法形式如下：

```
InsertAfter(content)
```

⚠注意：参数 content 用于匹配元素的 jQuery 表达式，表示插入的参考位置。

2．jQuery函数insertBefore()——向前插入元素

该函数把所有匹配的元素插入到另一个匹配的元素前面。其语法形式如下：

```
InsertBefore(content)
```

⚠️ 注意：参数 content 用于匹配元素的 jQuery 表达式，表示插入的参考位置。

3．jQuery函数removeClass()——删除元素类

该函数从所有匹配的元素中删除全部或者指定的类。其语法形式如下：

```
语法形式一：removeClass([class])
语法形式二：removeClass(function(index,class))
```

⚠️ 注意：function()此函数必须返回一个或多个空格分隔的 class 名。接受两个参数：index
参数为对象在这个集合中的索引值，class 参数为这个对象原先的 class 属性值。
class 参数表示一个或多个要删除的 CSS 类名，请用空格分开。

4．功能实现

【范例 16-4】　jQuery 动态移动行的实现步骤如下：

（1）设定表格中每个单元格的单击事件，在事件中首先定位单元格所在的行。

（2）判定单击次数，标志出需要变换位置的行或者插入参考位置行。

（3）如果两行不是同一行，则选定行；如果在参考行的上面则插入参考行下面。反之，插入参考行上面。

首先，创建一个 5 行 3 列的表格，代码如下：

```
01  <table style="width:60%;">
02      <tr>
03          <td>1</td>
04          <td>jQuery</td>
05          <td>Javascript</td>
06      </tr>
07      <tr>
08          <td>2</td>
09          <td>.Net</td>
10          <td>C#</td>
11      </tr>
12      <tr>
13          <td>3</td>
14          <td>J2EE</td>
15          <td>Java</td>
16      </tr>
17      <tr>
18          <td>4</td>
19          <td>PHP</td>
20          <td> </td>
21      </tr>
22      <tr>
23          <td>5</td>
24          <td>Perl</td>
25          <td> </td>
26      </tr>
27  </table>
```

把 jQuery 库引入进来：

```
<script src="jslib/jquery-1.16.min.js" type="text/javascript"></script>
```

然后，添加 JavaScript 代码：

```
01  $(document).ready(function(){
02      var destRow=undefined,curtRow,chgRow=undefined, clickcount = 0;
03      $('table td').each(function(){            //遍历每一个单元格
04          var currentTd = $(this);
05          currentTd.click(function(){           //为单元格设定单击事件
06              clickcount = clickcount + 1;     //单击次数加 1
07              var currentRow = currentTd.parent('tr');
08              if(clickcount % 2 === 1){//如果单击奇数次则更改选定行样式
09                  chgRow = currentRow;
10                  chgRow.addClass('bgColor');
11              }
12              else{
13                  destRow = currentRow;
14              }
15              if(chgRow !== undefined && destRow !== undefined){
16                  if(chgRow.position().top < destRow.position().top){
17                      //判定选定行与参考行位置的上下关系
18                          chgRow.insertAfter(destRow);
                                                  //在目的行下插入行
19                  }
20                  else if (chgRow.position().top > destRow
                        .position().top){
21                          chgRow.insertBefore(destRow);
                                                  //在目的行上插入行
22                  }
23                  destRow = undefined;         //重新初始化变量
24                  i = 0;
25                  chgRow.removeClass('bgColor');
26                  chgRow = undefined;
27              }
28          });
29      });
30  });
```

文件是 16-4.html，效果如图 16.8、图 16.9 和图 16.10 所示。

图 16.8　表格行动态移动

图 16.9　选定要插入的行

图 16.10　动态插入结束后的结果

16.2　表格内容动态排序

本节介绍表格内容动态排序。这个应用是充分利用了客户端的闲置处理能力，减轻服务器端处理负载。它的实现原理是：将原有表格转换成二维数组，并通过列的选定及升序或降序的选择，比较选定列中每行单元格的内容对原数组本身重新排序，再把数组转成表格。其中，要使用到的 jQuery 函数有 ready()、each()、clich()、siblings()、find()、eq()、get()、children()、text()、append() 和 JavaScript 函数 sort()。

1．jQuery函数siblings()——同级元素集合

该函数取得一个包含匹配的元素集合中每一个元素的所有唯一同辈元素的集合。其语法形式如下：

```
siblings([expr])
```

🔔注意：expr 参数表示筛选同辈元素的表达式。

2．jQuery函数eq()——筛选元素

该函数获取第 N 个元素。其语法形式如下：

```
eq(index)
```

🔔注意：这个元素的位置是从 0 算起。

3．功能实现

【范例 16-5】　表格动态排序的实现步骤：
（1）设定每个表头单元格的单击事件。
（2）在单击事件中取出行数组，对数组排序。
（3）将排序好的数组重新填入表格。
首先，创建一个 5 行 3 列的表格，代码如下：

```
01  <table border="1">
02      <thead>
03          <tr>
04              <th> 编号 </th><th> 语言 </th><th> 
                课时 </th>
05          </tr>
06      </thead>
07      <tbody>
08          <tr>
09              <td>c001</td><td>C#</td><td>80</td>
10          </tr>
11          <tr>
12              <td>c002</td><td>Java</td><td>70</td>
13          </tr>
14          <tr>
15              <td>c003</td><td>PHP</td><td>60</td>
16          </tr>
```

```
17          <tr>
18              <td>c004</td><td>Perl</td><td>50</td>
19          </tr>
20      </tbody>
21  </table>
```

把 jQuery 库引入进来：

```
<script src="jslib/jquery-1.16.min.js" type="text/javascript"></script>
```

然后，添加 JavaScript 代码：

```
01  <script type="text/javascript">
02  $().ready(function(){
03      var sort_direction=1;              //排序标志，1 为升序，-1 为降序
04      $('th').each(function(i){
05          $(this).click(function(){      //表头单元格单击事件
06              if(sort_direction==1)
07              {
08                  sort_direction = -1;
09              }
10              else
11              {
12                  sort_direction = 1;
13              }
14              var trarr = $('table').find('tbody > tr').get();
                                               //获取行数组
15              trarr.sort(function(a, b){     //数组排序
16                  var col1 = $(a).children('td').eq(i)
                        .text().toUpperCase();
17                  var col2 = $(b).children('td').eq(i)
                        .text().toUpperCase();
18                  return (col1 < col2) ? -sort_direction :
                        (col1 > col2) ? sort_direction : 0;
19                  //返回-1 表示 a>b，返回 1 表示 a<b，否则为 0
20              });
21              $.each(trarr,function(i, row){
                                     //将排序好的数组重新填回表格
22                  $('tbody').append(row);
23              });
24
25          });
26      });
27  });
28  </script>
```

文件是 16-5.html，效果如图 16.11 和图 16.12 所示。

图 16.11　表格中"课时"降序排序　　　图 16.12　单击"课时"后升序排序

16.3　设置分页

【范例 16-6】　当我们在表格中显示的数据量比较多时，通常情况下一屏不能完全显示。但是，如果要用户频繁地拖拉滚动条上下翻看又会影响使用效果。因此，我们可以使用 jQuery 对表格应用分页效果。它的实现原理是：将表格所有的行都默认加载，然后根据当前页的起始行数和结束行数显示当前页的行，其他行进行隐藏。其中，使用到的 jQuery 函数有 ready()、bind()、find()、hide()、slice()、show()、trigger()、appendTo()、append()、insertAfter() 和 JavaScript 函数 Math.ceil()。

1．jQuery函数slice()——元素子集

该函数选取一个匹配的元素子集。其语法形式如下：

```
slice(start,[end])
```

注意：start 参数表示选取子集的位置，元素从 0 开始编号。end 为可选参数，表示结束选取的位置，如果不指定则到末尾。

2．功能实现

（1）设定起始页位置和每页大小。
（2）绑定自定义的分页事件，在事件中隐藏当前页不需要显示的行。
（3）为表格添加页链接。
（4）绑定链接的单击事件，在事件中触发表格分页事件。
首先，创建一个和上节相同的表格（代码见上节），把 jQuery 库引入进来：

```
<script src="jslib/jquery-1.16.min.js" type="text/javascript"></script>
```

然后，添加 JavaScript 代码：

```
01  $(document).ready(function()
02  {
03      var $table = $('table');
04      var currentPage = 0;                  //当前页索引
05      var pageSize = 2;                      //每页行数（不包括表头）
06      $table.bind('paging', function()      //绑定分页事件
07      {
08          //隐藏所有的行，取出当前页的行显示
09          $table.find('tbody tr').hide()
10              .slice(currentPage * pageSize, (currentPage + 1) * pageSize)
                .show();
11      });
12      var sumRows = $table.find('tbody tr').length;      //记录总行数
13      var sumPages = Math.ceil(sumRows/pageSize);        //总页数
14      var $pager = $('<div class="page"></div>');        //分页 div
15      for( var pageindex = 0; pageindex < sumPages; pageindex++ )
16      {
```

```
17              //为分页标签加上链接
18              $('<a href="#" ><span>'+ (pageindex+1) +'</span></a>')
19                  .bind("click", { "newPage": pageindex }, function(event)
20                  {
21                      currentPage = event.data["newPage"];
22                      $table.trigger("paging");
23                  })
24                  .appendTo($pager);
25              $pager.append(" ");
26          }
27          $pager.insertAfter($table);        //分页 div 插入 table 末尾
28          $table.trigger("paging");          //触发分页事件
29      });
30  </script>
```

文件是 16-6.html，效果如图 16.13 所示。

图 16.13　表格动态分页

16.4　表格行条纹效果

表格的行条文效果是对表格最常用也最容易掌握的技术。它实现原理很简单，区分出表格的奇数行与偶数行，为不同的行设置不同的背景色。其中，要用到的 jQuery 函数 addClass() 和属性 nth-child()。

【**范例 16-7**】　先要取出表格中所有的偶数行，为其加上不同的背景色。操作步骤如下：首先，创建一个表格，此表格的具体代码参考光盘内容。把 jQuery 库引入进来：

```
<script src="jslib/jquery-1.16.min.js" type="text/javascript"></script>
```

然后，添加 JavaScript 代码：

```
01  <script type="text/javascript">
02      $(document).ready(function() {
03          $("table tr:nth-child(even)").addClass("striped");
                                        //为偶数行设定样式类
04          $("tr").mouseover(function() {
05              $(this).addClass("over");
06          }).mouseout(function() {
07              $(this).removeClass("over");
08          })
09      })
10  </script>
```

在上面的代码中加入了鼠标的悬停与离开事件，主要是为了让表格看起来更生动，效果如图 16.14 所示，文件是 16-7.html。

图 16.14 表格行条文效果

16.5 表格的折叠和展开

表格的折叠与展开是表格动态显示内容的一种常用方式，它适用于表格中某些行具有大数据量，而页面加载后又不希望马上显示的情况。表格的折叠与扩展的实现原理是：利用对表格行的显示样式的设定来实现表格的折叠与展开，显示即展开，隐藏即折叠。其中，要使用到的 jQuery 函数有 ready()、toggle() 和 css()。

【范例 16-8】 表格的折叠与展开的实现步骤：

（1）设定标题行的触发事件函数。

（2）在触发事件函数中根据鼠标单击次数更改描述行的显示样式。

首先，创建一个 4 行 1 列的表格：

```
01 <table border="1">
02 <tr class="titletr" id="one"><td>jQuery</td></tr>
03 <tr id="descone" style="display:none"><td>
04  jQuery 是一个 JavaScript 库，它有助于简化 JavaScript 以及 Asynchronous
    JavaScript + XML (Ajax) 编程。
05 </td>
06 </tr>
07 <tr class="titletr" id="two"><td>Javascript</td></tr>
08 <tr id="desctwo" style="display:none"><td>
09 JavaScript 是一种基于对象和事件驱动的客户端脚本语言。 JavaScript 最初的设计是为
    了检验 HTML 表单输入的正确性
10 </td>
11 </tr>
12 </table>
```

把 jQuery 库引入进来：

```
<script src="jslib/jquery-1.16.min.js" type="text/javascript"></script>
```

然后，添加 JavaScript 代码：

```
01 <script type="text/javascript">
02 $(document).ready(function(){
03 $('.titletr').toggle(function(){              //标题行鼠标单击事件
04    $('#desc'+this.id).css("display","block");   //显示描述行
```

```
05        },function(){
06          $('#desc'+this.id).css("display","none");        //隐藏描述行
07      });
08    });
09  </script>
```

文件是 16-8.html，效果如图 16.15 和图 16.16 所示。

图 16.15　表格行折叠

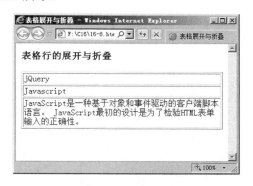

图 16.16　表格行的展开

16.6　表格动态内容筛选

在客户端，有时候用户需要能够分类筛选查看表格中的内容，按照传统的 Web 应用，这种功能需要服务器的支持才能实现。现在，有了 jQuery 就可以直接在客户端完成动态表格内容的筛选，而不必再依靠服务器。它的实现原理是：将表格中所有全部内容隐藏，然后通过用户的筛选条件过滤出需要的内容重新显示。其中，要用到的 jQuery 函数有 ready()、keyup()、hide()、filter()、val()和 show()。

1．jQuery函数keyup()——键盘释放

该函数触发每一个匹配元素的键盘释放事件。其语法形式如下：

语法形式一：keyup(fn)
语法形式二：keyup()

🔔注意：第一种语法形式为每一个匹配的元素绑定一个键盘释放事件；第二种语法形式触发每一个匹配元素的键盘释放事件。

2．jQuery函数filter()——筛选元素

该函数筛选出匹配元素的集合。其语法形式如下：

语法形式一：filter(expr)
语法形式二：filter(fn)

🔔注意：第一种语法形式中，expr 参数是筛选表达式；第二种语法形式中，fn 函数参数返回每一个元素是否匹配的结果，并删除不匹配的元素。

3．功能实现

【范例 16-9】　表格动态内容筛选实现步骤：

（1）在筛选条件的文本框中加入键盘释放事件，在键盘事件中隐藏所有表格内容。

（2）筛选符合表达式的表格内容并显示。

首先，创建一个表格，具体代码参考光盘内容。把 jQuery 库引入进来：

```
<script src="jslib/jquery-1.16.min.js" type="text/javascript"></script>
```

然后，添加 JavaScript 代码：

```
01 <script type="text/javascript">
02 $(function(){
03     $("#condition").keyup(function(){          //键盘释放事件
04       $("table tbody tr")
05               .hide()                          //隐藏所有内容
06               .filter(":contains('"+( $(this).val() )+"')")
                                                  //筛选符合表达式的元素
07               .show();                         //显示筛选后的内容
08     }).keyup();                                //触发键盘释放事件
09 })
10 </script>
```

文件是 16-9.html，效果如图 16.17 和图 16.18 所示。

图 16.17　表格动态筛选加载　　　　　图 16.18　表格动态筛选效果

16.7　可编辑表格

单纯的显示内容的表格看起来相对死板。有时候用户需要对表格的内容进行动态编辑，这个时候就需要利用 jQuery 来修改单元格的状态，适应用户编辑操作。它的实现原理是：利用鼠标单击修改单元格状态，从普通文本显示状态转成输入状态，即用文本框代替原来的文本。当用户输入完成或者取消后，单元格再恢复普通文本状态。其中，要使用到的 jQuery 函数有 ready()、click()、children()、html()、css()、width()、val()、appendTo()、trigger() 和 keyup()。

1．jQuery函数html()——操作元素的HTML内容

该函数获取或者设置匹配元素的 HTML 内容。其语法形式如下：

语法形式一：`html()`
语法形式二：`html(val)`
语法形式三：`html(function(index,html))`

🔔注意：第一种语法形式从匹配的元素中取出 HTML 内容；第二种语法形式将参数 val 中的内容填入匹配元素，作为它的 HTML 内容；第三种语法形式将 function()函数返回的 HTML 内容填入匹配的元素中，index 为元素在集合中的索引位置，html 参数为原来的 HTML 内容。

2．jQuery函数val()——元素的值

该函数获取或者设置匹配元素的当前值。其语法形式如下：

语法形式一：`val()`
语法形式二：`val(value)`
语法形式三：`val(function(index,value))`
语法形式四：`val(array)`

🔔注意：第一种语法形式获取匹配元素的当前值；第二种语法形式为匹配元素设置参数 value 所代表的值；第三种语法形式为匹配元素设置函数 function 返回的值，index 为元素在集合中的位置，value 为原来的值；第四种语法形式主要为选择性输入元素赋值，如 check、select、radio 等。

3．功能实现

【范例 16-10】　可编辑表格的实现步骤：
（1）设定单元格的单击事件，判定被单击单元格是否已经是可编辑状态。
（2）取出单元格原有内容，向单元格中加入文本框，并把原有内容显示在文本框中。
（3）当用户编辑完成或者取消编辑，将文本框值取出，删除文本框，将值在单元格中显示。

首先，创建一个表格，具体 HTML 代码参考光盘内容。把 jQuery 库引入进来：

```
<script src="jslib/jquery-1.16.min.js" type="text/javascript"></script>
```

然后，添加 JavaScript 代码：

```
01  <script type="text/javascript">
02    $(document).ready(function(){
03    $("tbody td").click(function(){              //单元格单击事件
04      var altertd = $(this);
05      if(altertd.children("input").length>0){//判断单元格是否是编辑状态
06      return false;
07    }
08      var htmlcontent = altertd.html();          //取出单元格原有内容
09      altertd.html("");                          //清空单元格内容
10      var textbox = $("<input type='text'
11        />").css("border-width","1").css("background-color",
          "gray").width(altertd.width())
12          .val(htmlcontent).appendTo (altertd);
```

```
13                    //将文本框加入单元格并显示原有内容
14            textbox.trigger("focus").trigger("select");
15            textbox.click(function(){
16                return false;
17            });
18            textbox.keyup(function(event){
19                var keycode = event.which;
20                if(keycode == 13){      //用户按回车键表示编辑完成，单元格刷新内容
21                    var inputtext = $(this).val();
22                    altertd.html(inputtext);
23                }
24                if(keycode == 27){//用户按 Esc 键表示放弃编辑，单元格恢复原始内容
25                    altertd.html(htmlcontent);
26                }
27            });
28        });
29    });
30    </script>
```

文件是 16-10.html，效果如图 16.19、图 16.20 和图 16.21 所示。

图 16.19　可编辑表格初始状态

图 16.20　可编辑表格编辑状态

图 16.21　可编辑表格编辑完成

16.8　表　格　插　件

本节介绍 3 个表格插件，它们都具有丰富的表格操作功能，方便我们使用。有了这些插件，可以节省为了达到表格效果而花费大量的时间来自己编写 jQuery 代码。

16.8.1　jExpand 表格插件

这个插件利用 CSS 和 jQuery 扩展了表格的收缩与展开功能。它的实现原理和前面讲到的收缩与展开表格是相同的。它的英文网址是：http://www.jankoatwarpspeed.com/post/2009/07/20/Expand-table-rows-with-jQuery-jExpand-plugin.aspx。

这个插件的效果如图 16.22 所示。

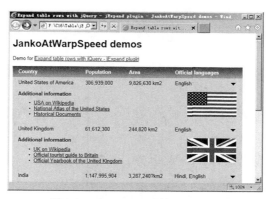

图 16.22　jExpand 表格插件应用

下面介绍如何使用这个插件。我们可以说这个插件是最简单的一个插件。具体代码参考光盘内容，这里我们只说明如何调用。调用代码如下：

```
01  <script type="text/javascript">
02    $(document).ready(function(){
03        $("#report").jExpand();    //#report，使用插件的表格 ID
04    });
05  </script>
```

这个插件不需要任何初始化参数，只需要指明在哪个表格上使用这个插件就可以了。

16.8.2　Table Pagination 表格分页插件

【范例 16-11】　这是一个带工具栏的可以做分页操作的表格插件。它的实现原理同上面介绍的表格分页原理相同，也是隐藏当前页不需要显示的行，它的实现效果如图 16.23 所示。

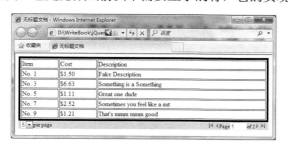

图 16.23　带工具栏的表格分页插件

接下来介绍这个插件的使用方法。具体代码请参考光盘内容，这里主要说明插件如何初始化的代码，如下所示：

```
01 <script type="text/javascript">
02  $(function(){
03     $('tbody tr:odd', $('#menuTable')).hide();
04         var options = {                          //插件初始化参数对象
05           currPage : 2,                          //当前页
06           ignoreRows : $('tbody tr:odd', $('#menuTable')),//忽视显示的行
07           optionsForRows : [2,3,5],              //每页可以显示行数的集合
08           rowsPerPage : 5,                       //每页的行数
09           firstArrow : (new Image()).src="./img/firstBlue.gif",
                                                    //第一页图标
10           prevArrow : (new Image()).src="./img/prevBlue.gif",
                                                    //前一页图标
11           lastArrow : (new Image()).src="./img/lastBlue.gif",
                                                    //最后一页图标
12           nextArrow : (new Image()).src="./img/nextBlue.gif"
                                                    //下一页图标
13         }
14         $('#menuTable').tablePagination(options);//利用参数对象初始化插件
15  });
16 </script>
```

利用上面的初始化代码我们可以得到如图 16.24 的结果。

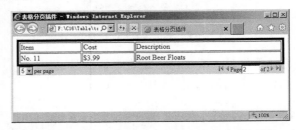

图 16.24　参数设定的带工具栏的表格分页插件

16.8.3　Spreadsheet Web 电子表格

【范例 16-12】 这个插件实现了在浏览器中模仿 Excel 形式的电子表格，它的效果如图 16.25 所示。

图 16.25　Web 电子表格

这个插件的调用方式代码如下：

```
01    <script type="text/javascript">
02        $(function()
03        {
04        $("#hn").spreadsheet({fullscreen:true});
                                  //设置插件全屏显示，即填充整个浏览器窗口
05        $("#hn").spreadsheet("setWidth","b",200); //设置列名为 b 的列的列宽
06        $("#hn").spreadsheet("setHeight","2",30); //设置第 2 行的行高
07        $("#hn").spreadsheet("setValue","c5","foo");  //设置 c5 单元格内容
08        $("#hn").spreadsheet("setStyle","c5","font-style","italic");
                                  //设置 c5 单元格字体
09        $("#hn").spreadsheet("addName","b2:c3","newRange");
                                  //为表格区域加上名称
10        });
11    </script>
```

上面介绍的 3 个表格插件相对都比较简单。在实际使用插件的过程中还有一些功能更强大、使用更复杂的表格插件。例如，DataTables 和 Flexigrid 等插件，这些插件的强大功能需要服务器提供数据源，因为本书主要讲解前台设计部分，所以，对于复杂表格插件不作讲解，读者可以自行研究。

16.9　小　　　结

本章主要介绍了利用 jQuery 控制表格特效。其中，主要是表格分页、合并单元格、表格的折叠与展开、动态内容筛选、表格的可编辑性的基本实现原理和简单表格插件的使用方法。重点是表格分页、合并单元格、动态内容筛选和表格的可编辑性。难点是如何自己构建综合效果的表格，即将本章所介绍的内容作用在同一张表格上。

16.10　习　　　题

一、实践题

1．使用 HTML 实现一个简单的表格。

【提示】回顾一下前面学过的 HTML 标签知识。

2．利用 jQuery 控制表格行的上下移动。

【提示】使用 jQuery 函数 ready()、click()、each()、addClass()、parent()、children()、text()、position()、insertAfter()、insertBefore()和 removeClass()等。

3．将上述表格做成一个可以编辑的表格。

【提示】参考 16.7 节。

第 17 章 设 计 表 单

在本章中所要讨论的内容是 jQuery 对于表单元素的控制。表单是交互式网页的主要工具，用户通过表单登入信息，并提交给服务器，然后由服务器返回结果。但是，传统的表单过于呆板，功能单一。因此，可以使用 jQuery 增强表单功能，美化表单元素。

本章主要涉及的知识点有：

❑ 表单基本操作

❑ 表单验证框架

❑ 表单特效

❑ 表单插件

17.1 表单基本操作

表单最简单的操作就是提交功能。本节利用 jQuery 来扩展表单一些常用的简单操作，如清空、重置、表单元素的赋值与取值等。

17.1.1 表单清空

在某些网站上会看到表单的底部除了正常的"提交"按钮和"重置"按钮以外还有一个"清空"按钮。这个清空按钮不像提交和重置按钮一样已经完善了功能，它实际上是一个普通按钮，清空功能需要我们自己来完成。下面就来研究清空按钮所要实现的功能。

它的原理是：获取表单中所有元素，除了按钮和隐藏元素，利用 jQuery 的赋值函数为每一个元素赋一个空内容。其中，需要使用到的 jQuery 函数有 not()、val()、removeAttr() 和 jQuery 选择器:input、:button、:submit、:reset、:hidden。

1. jQuery函数not()——删除元素

该函数删除与制定表达式匹配的元素。其语法形式如下：

```
not(expr)
```

🔔注意：expr 参数可以为一个表达式、一个元素或者一组元素。

2. jQuery选择器

关于 jQuery 中代表表单元素的选择器参见表 17.1。

表 17.1　jQuery表单元素选择器

选　择　器	语　法	说　　明
:input	:input	匹配所有 input、textarea、select 和 button 元素
:button	:button	匹配所有按钮
:submit	:submit	匹配所有提交按钮
:reset	:reset	匹配所有重置按钮
:hidden	:hidden	匹配所有隐藏元素

3. 功能实现

【范例 17-1】　表单清空的实现步骤：

（1）取得所有表单元素。

（2）删除按钮和隐藏元素。

（3）为表单元素设置空内容，去除选择性元素的选中属性值。

首先，需要创建一个表单，具体 HTML 代码参考光盘内容。把 jQuery 库引入进来：

```
<script src="jslib/jquery.js" type="text/javascript"></script>
```

然后，添加 JavaScript 代码：

```
01  <script type="text/javascript">
02      $(function(){
03          $("#empty").click(function(){
04
    $(':input','#form1').not(':button, :submit, :reset, :hidden').val('')
05          .removeAttr("checked").removeAttr("selected");
                                    //清空表单中用户输入的内容
06          });
07      });
08  </script>
```

上述代码中，第 4～5 行代码是实现清空表单功能的。val(' ')表示清除所有文本框的值，也包括文本区域，removeAttr()函数的调用是清除 radio、checkbox 和 select 的选择效果。代码文件是 17-1.html。当向表单填入内容后，效果如图 17.1 所示。

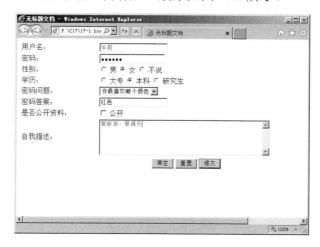

图 17.1　表单填写内容

当单击"清空"按钮后，表单效果如图 17.2 所示。

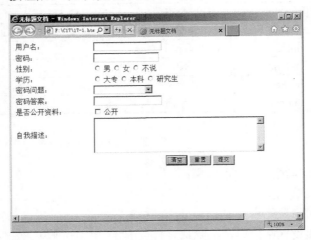

图 17.2　清空表单

17.1.2　重置表单

虽然，在表单元素中有实现重置表单元素功能的重置按钮。但是，为了能够更灵活地操作表单重置动作，我们还是可以用 jQuery 来实现表单重置操作。在实际实现中，jQuery 本身的函数是没有能够操作重置表单的。所以，我们还是需要 DOM 中的 reset()方法来实现，表单的初始状态如图 17.3 所示。

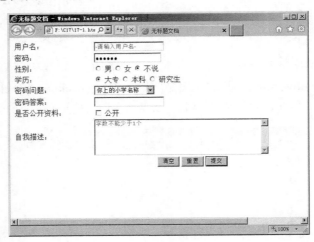

图 17.3　表单默认值

在 HTML 文件头部加入如下代码：

```
01  $("#init").click(function(){
02      $("#form1")[0].reset();        //重置表单内容
03  });
```

其中，"#init"是添加实现重置功能的按钮 ID，$("#form1")[0]表示表单对象，通过这个对象调用 reset()方法重置表单。

17.1.3 表单元素的赋值与取值

表单元素的赋值与取值在 JavaScript 的 DOM 中就可以实现。但是，使用 jQuery 会更便捷。我们可以通过 jQuery 对表单元素的值在客户端进行加工，而且不用页面刷新，实现用户友好的界面。这个功能主要是通过 jQuery 的 val()函数和表单元素的选择器来实现。

1. 表单元素取值实现

【范例 17-2】 在上面创建的表单基础上，添加一个文本区域来显示获取到的表单元素中用户输入的内容和一个触发获取表单内容的按钮。具体 HTML 代码参考光盘内容，功能实现代码如下：

```
01  $("#getresult").click(function(){
02      var content="";
03      content+="username:"+$("#username").val()+";";//获取用户名内容
04      content+="password:"+$("#pwd").val()+";";      //获取密码内容
05      content+="sex:"+$("input[@name=sex][@checked]").val()+";";
                                                       //获取性别选择内容
06      content+="grade:"+$("input[@name=grade][@checked]")
        .val()+";";                                    //获取学历选择内容
07      if($("#question").val()==0)                    //获取密码问题选择及答案内容
08      content+="你上的小学名称:"+$("#answer").val()+";";
09      else if($("#question").val()==1)
10      content+="你母亲的生日:"+$("#answer").val()+";";
11      else if($("#question").val()==2)
12      content+="你最喜欢哪个颜色:"+$("#answer").val()+";";
13      if($("#public").attr("checked"))
14      content+="公开资料"+";";                        //获取是否公开资料选择内容
15      content+="自我描述:"+$("#desc").attr("value");
                                                       //获取自我描述文本域内容
16      $("#result").attr("value",content);//显示
17  });
```

实现效果如图 17.4 所示。

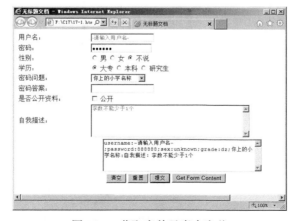

图 17.4　获取表单元素内容值

上面的代码的第 7～12 行显逻辑稍微有些复杂，可以对其进行简化修改，代码如下：

```
content+=$("select[@name=question] option[@selected]").text()+":"+$
("#answer").val();
```

我们不再用判断下拉选择框的取值，并根据取值取下拉框中的文本，而是直接获取选中文本。这样操作简化了程序代码的复杂性。

2．表单元素赋值实现

【范例 17-3】　还是以上面的表单为例，并在页面中加入一个自动填写表单的按钮。利用 jQuery 为表单元素赋值。赋值功能实现代码如下：

```
01  $("#write").click(function(){
02      $("#username").attr('value','admin');              //填写用户名内容
03      $("#pwd").attr('value','admin');                   //填写密码
04      $("input[@name=sex]").get(1).checked=true;         //设置性别为"女"
05      $("input[@name=grade]").get(1).checked=true;       //设置学历为"本科"
06      $("#question").attr('value',0);                    //设置密码提示问题为第一个
07      $("#answer").attr('value','aaaa');                 //填写密码提示答案
08      $("#public").attr('checked',true);                 //设置资料可以公开
09      $("#desc").attr('value','我的自我描述');           //填写自我描述
10  });
```

当单击填写表单按钮后，执行上述代码，效果如图 17.5 所示。

图 17.5　自动填写表单

17.2　表单验证框架

jQeury 表单验证框架 Validate 是 jQuery 的一个著名插件，它在客户端发挥了很大的表单元素验证功能。现在分 4 个步骤介绍这个验证框架：基本验证功能、API 使用方法、自定义验证方法和其他常用表单元素的验证方式。

17.2.1　基本验证功能

现在的验证功能件基本上都具有两个功能：默认校验规则和默认提示信息。

1. 默认校验规则

Validate 具有自己的校验规则，如表 17.2 所示。

表 17.2　Validate校验规则

校验规则	取　　值	功　　能
required	true/false	表示验证必填字段
remote	服务器端处理程序	表示通过 AJAX 调用处理程序验证输入值
email	true/false	表示验证电子邮件标准格式
url	true/false	表示验证网址格式
date	true/false	表示验证日期格式
dateISO	true/false	表示验证（ISO）日期格式
number	true/false	表示验证数字格式
digits	true/false	表示验证整数
creditcard	true/false	表示验证信用卡格式
equalTo	另一个网页元素 ID 值	表示验证两个元素内容是否相同
accept	true/false	表示验证拥有合法后缀名的字符串
maxlength	整型	表示最大长度
minlength	整型	表示最小长度，它和上面的最大长度在判断中文时，单个汉字算一个字符
rangelength	两个整型值的组合	表示输入长度范围
range	数字	表示输入值范围
max	数字	表示输入值的最大值
min	数字	表示输入值的最小值

2. 默认提示信息

这个验证框架为每种验证都提供了相应的验证消息，如表 17.3 所示。

表 17.3　默认验证消息

验　证　规　则	默　认　消　息
required	This field is required.
remote	Please fix this field.
email	Please enter a valid email address.
url	Please enter a valid URL.
date	Please enter a valid date.
dateISO	Please enter a valid date (ISO).
number	Please enter a valid number.
digits	Please enter only digits
creditcard	Please enter a valid credit card number.
equalTo	Please enter the same value again.
accept	Please enter a value with a valid extension.
maxlength	$.validator.format("Please enter no more than {0} characters.")
minlength	$.validator.format("Please enter at least {0} characters.")
rangelength	$.validator.format("Please enter a value between {0} and {1} characters long.")
range	$.validator.format("Please enter a value between {0} and {1}.")
max	$.validator.format("Please enter a value less than or equal to {0}.")
min	$.validator.format("Please enter a value greater than or equal to {0}.")

表中{0}和{1}分别表示设定验证规则时预先给出的比较参数。不幸的是，这些验证消息全是英文的。万幸的是，我们可以自己修改这些验证消息，把它们变成中文的。下面对前一节的表单进行修改，增加上验证功能。HTML 代码请参考光盘内容。

【范例 17-4】首先，需要创建一个 JavaScript 文件，用来显示中文的验证消息。代码如下：

```
01  jQuery.extend(jQuery.validator.messages, {
02      required: "必选字段",
03  remote: "请修正该字段",
04  email: "请输入正确格式的电子邮件",
05  url: "请输入合法的网址",
06  date: "请输入合法的日期",
07  dateISO: "请输入合法的日期 (ISO).",
08  number: "请输入合法的数字",
09  digits: "只能输入整数",
10  creditcard: "请输入合法的信用卡号",
11  equalTo: "请再次输入相同的值",
12  accept: "请输入拥有合法后缀名的字符串",
13  maxlength: jQuery.validator.format("请输入一个长度最多是 {0} 的字符串"),
14  minlength: jQuery.validator.format("请输入一个长度最少是 {0} 的字符串"),
15  rangelength: jQuery.validator.format("请输入一个长度介于 {0} 和 {1} 之间
    的字符串"),
16  range: jQuery.validator.format("请输入一个介于 {0} 和 {1} 之间的值"),
17  max: jQuery.validator.format("请输入一个最大为 {0} 的值"),
18  min: jQuery.validator.format("请输入一个最小为 {0} 的值")
19  });
```

将上面的代码保存为一个 JavaScript 文件后和其他 jQuery 文件关联到 HTML 中：

```
01  <script type="text/javascript" src="../jslib/jquery.js"></script>
02  <script type="text/javascript" src="JS/jquery.validate.js"></script>
                                        //验证框架文件
03  <script type="text/javascript" src="JS/jquery.metadata.js"></script>
                                        //元数据插件文件
04  <script type="text/javascript" src="JS/MyValidateMessage.js">
    </script>                            //自定义的验证消息文件
```

最后，只需要加上简单的功能实现代码：

```
01  <script type="text/javascript">
02  $(function(){
03      $("#form1").validate();//调用验证框架
04  });
05  </script>
```

验证过程和效果如图 17.6 和图 17.7 所示。

17.2.2　API 使用方法

在这一部分里主要研究在使用验证框架时如何将校验规则组合写在代码中，以及几种常见方法和注意的问题。

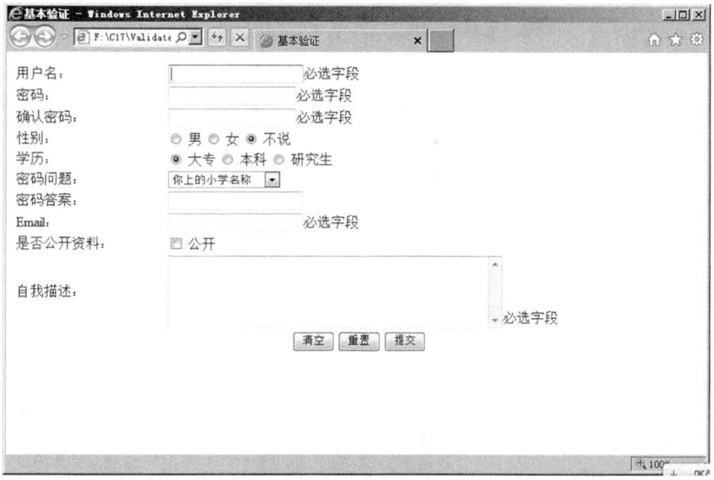

图 17.6　必填字段的验证

图 17.7　输入长度范围的验证

1．在代码中编写校验规则

【范例 17-5】　在前面的那个基本验证的例子中，把验证规则写在了 HTML 标记中。这里看一下，可以把校验规则写在 JavaScript 代码中。代码如下：

```
01  <script type="text/javascript">
02      $(function(){
03          $("#form1").validate({
04              rules:{
05                  //用户名字段为必填并限制长度为 4~16 个字符
06                  username:{required:true,rangelength:[4,16]},
07                  pwd:{required:true,minlength:6},
                            //密码字段为必填并限制长度最小 6 个字符
08              //确认密码字段为必填并限制长度最小 6 个字符，且与密码字段内容要相同
09                  confirmpwd:{required:true,minlength:6,equalTo:'#pwd'},
```

```
10              email:{email:true,required:true},
                            //电子邮件字段必填并需符合电子邮件格式
11              //自我描述字段必填并限制长度为 1~20 个字符
12              desc:{required:true,rangelength:[1,20]}
13          }
14      });
15  });
16  </script>
```

上述代码中只给出了规则指定部分，并没有给出验证消息文本。验证消息文本还沿用上面那个例子中的文件 MyValidateMessage.js。在规则设定部分（5-12 行）分成两个部分：前一部分是需要验证元素 ID，如 username、pwd、confirmpwd、email 和 desc，后面花括号中是规则指定部分，效果如图 17.8 所示。

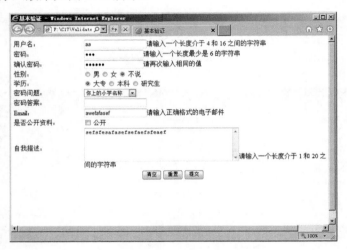

图 17.8　Validate 验证效果

【范例 17-6】　如果想针对当前页面制定验证消息信息，可以在规则定义的下面添加验证消息的指定。例如：

```
01  <script type="text/javascript">
02      $(function(){
03          $("#form1").validate({
04              rules:{
05                  username:{required:true,rangelength:[4,16]},
06                  pwd:{required:true,minlength:6},
07                  confirmpwd:{required:true,minlength:6,equalTo:'#pwd'},
08                  email:{email:true,required:true},
09                  desc:{required:true,rangelength:[1,20]}
10              },
11              //下面代码设定错误消息
12              messages: {
13              username:{required:"请输入用户名",rangelength:jQuery.validator
14              .format("用户名长度介于{0} 和 {1} 之间的字符串")},
15              email: {
16              required: "请输入 Email 地址",
17              email: "请输入正确的 email 地址"
18              },
19              pwd: {
```

```
20             required: "请输入密码",
21             minlength: jQuery.format("密码不能小于{0}个字符")
22          },
23          confirmpwd: {
24             required: "请输入确认密码",
25             minlength: "确认密码不能小于 5 个字符",
26             equalTo: "两次输入密码不一致"
27          },
28          desc:{required:"请输入自我描述",rangelength:jQuery.validator
29          .format("自我描述长度介于{0} 和 {1} 之间的字符串")}
30          }
31       });
32    });
33 </script>
```

上述代码中 messages 部分就是我们为当前页面指定的验证消息。

2．验证框架的提交操作

验证框架有自己的提交处理操作，可以在这个操作里添加自己定制的内容。例如，如下代码：

```
01 submitHandler:function(form){
02    alert("submitted");
03     form.submit();                         //表单提交
04    }
```

要实现上面这段代码的功能需要在 HTML 中的提交按钮上不能出现值为 submit 的 ID 和 Name，并且触发提交必须是利用提交按钮而不应该是普通按钮。另外，在上述代码中不要写成$(form).submit()。实现效果如图 17.9 所示。

图 17.9　添加表单提交附加功能

3．验证框架添加表单的调试效果

前台设计页面在利用验证框架的时候，需要调试验证框架。但是，验证框架的效果需要提交表单操作，这样会携带一些非法数据提交给服务器，对于服务器处理程序会造成不良影响。验证框架为了解决这种缺陷，特别提供了调试模式。在验证框架的调试模式中，可以检验验证框架的验证效果而不会提交表单。验证框架设定调试模式有两种方法：单一表单调试和多个表单调试。

【范例 17-7】　单一表单调试设定代码如下：

```
01 <script type="text/javascript">
02 $(function(){
03     $("#form1").validate({
04         debug:true  //表单调试功能设定
05     });
06 });
07 </script>
```

第 4 行代码就是设定 ID 为 form1 的表单为调试模式。效果和图 17.6 相同，但是，会发现页面无刷新，也就是没有真正的提交操作。在页面中有多个表单的情况下，可以用另一种设定形式，代码如下：

```
01 <script type="text/javascript">
02 $(function(){
03     $.validator.setDefaults({
04         debug: true
05     });
06     $("#form1").validate({
07     });
08 });
09 </script>
```

第 3～5 行主要是设定多个表单的调试状态。

4．表单元素忽视验证设定

当不是所有的表单元素都需要验证的时候，可以使用表单元素的忽视验证设定。我们把前面的对于用户名的验证设定改成如下内容：

```
required:true,rangelength:[4,16],ignore:".ignore"
```

再次对页面进行验证操作时会发现用户名这个部分不再有验证信息，效果如图 17.10 所示。

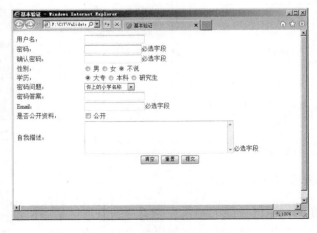

图 17.10　忽视表单元素验证

5. 验证信息的显示位置

从前面的例子看到验证的错误信息都是紧跟在表单旁边的。那么如果想要更改验证信息的显示位置，可以通过元素的验证信息位置属性来设定显示位置。

【范例 17-8】 首先，来看 errorPlacement 这个属性，它可以统一设定所有验证信息的显示位置。例如，在表单的下面加入一个 DIV，并设定 ID 为 summary。现在，需要将所有验证信息都显示在这个层中。JavaScript 代码如下：

```
01  <script type="text/javascript">
02      $(function(){
03          $.validator.setDefaults({
04              debug: true
05          });
06          $("#form1").validate({
07          errorPlacement: function(error, element) {
08              //element.after(error);
09              error.appendTo($("#summary")); //设定验证信息的显示位置
10          },
11          rules:{
12              username:{required:true,rangelength:[4,16]},
13              pwd:{required:true,minlength:6},
14              confirmpwd:{required:true,minlength:6,equalTo:'#pwd'},
15              email:{email:true,required:true},
16              desc:{required:true,rangelength:[1,20]}
17          },
18          messages: {
19          username:{required:"请输入用户名<br/>",rangelength:jQuery
20          .validator.format("用户名长度介于 {0} 和 {1} 之间的字符串
                "<br/>)},
21
22          email: {
23          required: "请输入 Email 地址<br/>",
24          email: "请输入正确的 email 地址<br/>"
25          },
26          pwd: {
27          required: "请输入密码<br/>",
28          minlength: jQuery.format("密码不能小于{0}个字符<br/>")
29          },
30          confirmpwd: {
31          required: "请输入确认密码<br/>",
32          minlength: "确认密码不能小于 5 个字符<br/>",
33          equalTo: "两次输入密码不一致<br/>"
34          },
35          desc:{required:"请输入自我描述<br/>",rangelength:jQuery.validator
36          .format("自我描述长度介于{0} 和 {1} 之间的字符串<br/>")}
37          }
38          });
39      });
40  </script>
```

上面代码第 7～10 行是验证框架的默认信息显示位置。第 9 行是修改后的显示位置设定，并且为了美观，我们在每一个显示消息的最后都要加上回车换行标记，效果如图 17.11 所示。

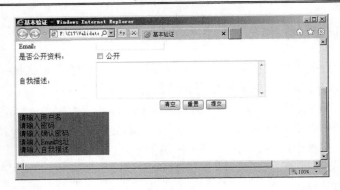

图 17.11　验证消息综合

除了上面所说的 errorPlacement 属性可以设定验证消息的显示位置外，还有其他几个属性也可以设定：

（1）errorClass：指定错误提示的 css 类名，可以自定义错误提示的样式，默认为 error。

（2）errorElement：指定用什么标签标记错误，默认的是 label，可以改成 em。

（3）errorContainer：显示或者隐藏验证信息，可以自动实现有错误信息出现时把容器属性变为显示，无错误时隐藏。

（4）errorLabelContainer：把错误信息统一放在一个容器里。

（5）wrapper：指定用什么标签再把上边的 errorELement 包起来。

（6）success：要验证的元素通过验证后的动作，如果跟一个字符串，会当作一个 css 类；也可跟一个函数。

将下面两行代码替换掉上面代码的第 7~10 行：

```
errorLabelContainer: $("#summary"),
    wrapper: "li",
```

得到的效果如图 17.12 所示，这里加入了 CSS 样式设定，具体 CSS 代码参考光盘内容。

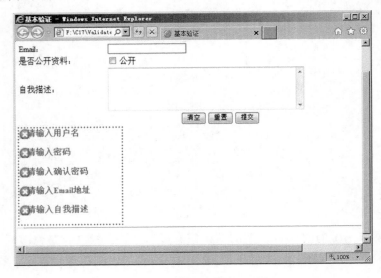

图 17.12　设定特殊样式的验证信息显示

如果只是错误信息，则显示页面还不是很友好，所以这里再添加一个验证合格的样式设定。我们将下面这段代码加在验证信息位置指定的后面：

```
success: function(label) {
    label.html(" ").addClass("checked").text("OK!");
},
```

效果如图 17.13 所示。

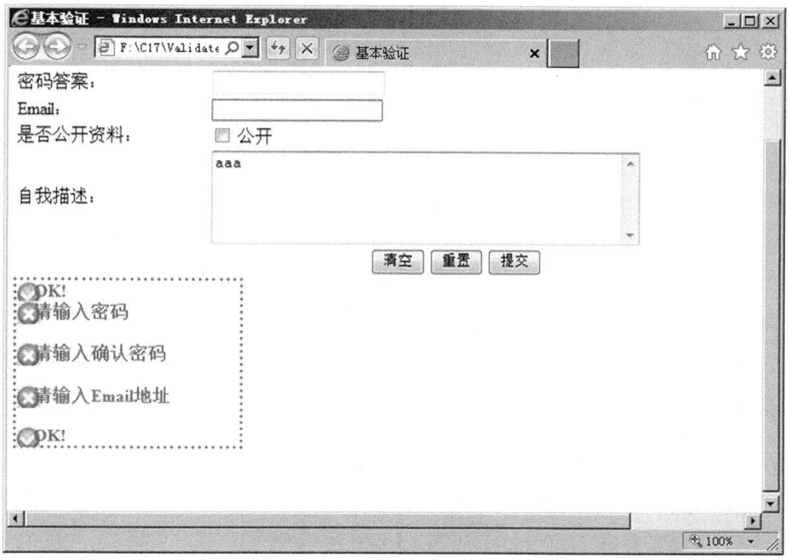

图 17.13　添加验证成功信息

17.2.3　自定义验证方法

Validate 框架的验证方法虽然很丰富，但是用户需要填写的内容信息种类较多。为了能够满足各种各样的验证，框架进行了用户扩展，允许自定义验证方法。自定义验证方法需要用到 addMethod() 方法。我们用下面这段代码来说明如何使用这个方法注册自定义验证方法。

```
01   jQuery.validator.addMethod("isZipCode", function(value, element) {
                         //自定义验证邮编
02       var tel = /^[0-9]{6}$/;
03       return this.optional(element) || (tel.test(value));
04   }, "请正确填写您的邮政编码");
```

这个自定义验证方法是比较简单的邮政编码验证。第 1 行调用了 addMethod() 方法，第 1 个参数是方法名称，第 2 个参数是验证操作，第 3 个参数是验证信息。这段代码可以独立成一个 JavaScript 文件，也可以写在 ready() 函数的前面来使用。在 rules 中加上如下代码：

```
zip:{required:true,isZipCode:true},
```

效果如图 17.14 所示。

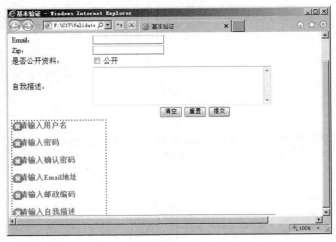

图 17.14　自定义邮政编码验证

17.2.4　radio、checkbox、select 的验证

1. radio的验证

对于 radio 的验证，只适用 required 的验证功能，表示必须选择其中之一。因为在 rules 中判定对哪个元素施加验证是通过元素的 name 属性，而 radio 的 name 属性恰恰表示一组 radio 元素。所以，可以看成对一组同组的 radio 元素施加验证。例如，我们对性别选择施加验证，在 rules 中添加如下代码：

```
sex:{required:true}
```

在 messages 中添加如下代码：

```
sex:{required:"请选择性别"}
```

效果如图 17.15 所示。

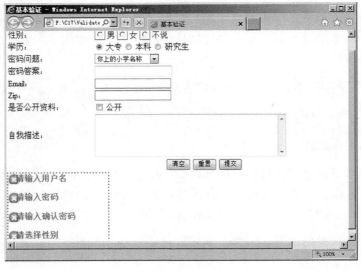

图 17.15　对 radio 元素验证

2．checkbox的验证

对于 checkbox 的验证可以使用 required、maxlength、minlength 和 rangelength 这 4 个验证规则。其中，required 表示必选验证，maxlength 表示同组最多选择几个，minlength 表示同组最少选择几个，rangelength 表示同组中可选个数的范围。

我们在原有表单中加入一个爱好选择，所有的 checkbox 的 name 属性为 fun，表示同一组。HTML 代码参考光盘内容。然后，对爱好里面的 checkbox 施加验证，这里使用 required 和 rangelength 两个验证规则。在 rules 中添加如下代码：

```
fun:{required:true,rangelength:[2,3]}
```

在 messages 中添加验证消息设定：

```
fun:{required:"请选择爱好",rangelength:jQuery.validator.format("至少选择{0}
个爱好,至多选择{1}个爱好<br/>")}
```

效果如图 17.16 所示。

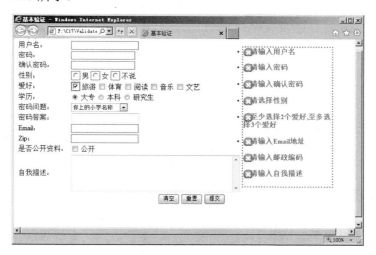

图 17.16　对 checkbox 元素验证

3．select的验证

对于 select 元素的验证和 checkbox 类似。因为 select 的选择有两种形式，当 select 为单选形式时，对其只能使用 required 验证；当 select 为多选的时候，可以使用 required、maxlength、minlength 和 rangelength 这 4 个验证规则。在这个表单中我们加上一个可以多选的 select 元素，然后在这个元素上施加 required 和 rangelength 验证。在 rules 中添加如下代码：

```
city:{required:true,rangelength:[2,3]}
```

在 messages 中添加验证消息设定：

```
city:{required:"请选择城市",rangelength:jQuery.validator.format("至少选择
{0}个城市,至多选择{1}个城市<br/>")}
```

效果如图 17.17 所示。

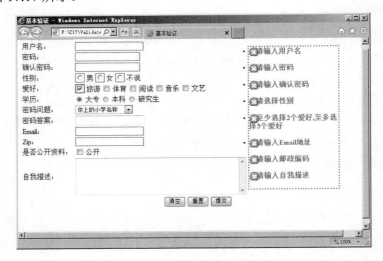

图 17.17　对 select 元素验证

17.3　表　单　特　效

我们常用的表单元素包括文本输入框、单选、复选按钮和按钮等。jQuery UI 提供的特效插件很多，可以直接利用。本节主要使用几个例子说明 jQuery 如何对它们使用特效的基本原理。

17.3.1　文本输入框特效

在这里我们针对文本输入框讲解两个特效：获取焦点后文本框内部样式改变和利用文本框模拟 select 效果。对于 Google 自动提示的特效是需要后台服务器支持的，本书主要讲解前台设计部分。所以，我们不对 Google 自动提示的特效进行讲解。

1. 获取焦点后文本框内部样式改变

这种特效和我们前面讲解的特效的实现原理类似，通过获取文本框的焦点获取状态，修改文本框的样式设定，效果如图 17.18 和图 17.19 所示。

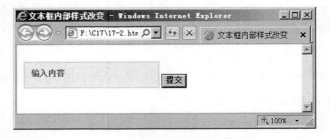

图 17.18　文本框失去焦点样式

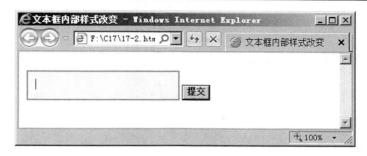

图 17.19　文本框得到焦点样式

其中使用到的 jQuery 函数有 ready()、focus()、removeClass()、addClass()、blur() 和 select()，如表 17.4 所示。

表 17.4　函数说明

函数名	语 法 形 式	使 用 说 明
focus()	语法形式一：focus() 语法形式二：focus(fn)	第一种语法形式触发匹配元素的得到焦点事件；第二种语法形式在匹配元素的得到焦点事件中绑定一个处理函数
blur()	语法形式一：blur() 语法形式二：blur(fn)	第一种语法形式触发匹配元素的失去焦点事件；第二种语法形式在匹配元素的失去焦点事件中绑定一个处理函数
select()	语法形式一：select() 语法形式二：select(fn)	第一种语法形式触发匹配元素的选中事件；第二种语法形式在匹配元素的选中事件中绑定一个处理函数

2．功能实现

【范例 17-9】　文本框内部样式改变实现步骤：

（1）设定文本框的得到焦点事件与失去焦点事件。

（2）在两个事件中修改文本框样式。

（3）在两个事件中修改文本框的值。

具体 HTML 代码可以参考光盘内容，文件是 17-2.html，这里我们主要研究 JavaScript 代码，如下所示

```
01  <script type="text/javascript">
02      $(document).ready(function() {
03          $('input[type="text"]').addClass("blurField");
                                        //设定文本框加载后的状态
04          $('input[type="text"]').focus(function() { //文本框得到焦点
05              $(this).removeClass("blurField").addClass("focusField");
                                        //修改样式
06              if (this.value == this.defaultValue){    //设定内容值
07              this.value = '';
08              }
09              if(this.value != this.defaultValue){
10              this.select();  //选定文本框
11              }
12          });
13          $('input[type="text"]').blur(function() {  //文本框失去焦点
14              $(this).removeClass("focusField").addClass("blurField");
                                        //修改样式
15              if ($.trim(this.value) == ''){          //设定内容值
```

```
16                  this.value = (this.defaultValue ? this.defaultValue : '');
17              }
18          });
19      });
20  </script>
```

上面代码第 6 行的 defaultValue 代表文本框的默认值，也就是定义文本框时赋给 value 属性的值。

3．文本框模拟select效果

这里讲解利用文本框模拟 select 效果。其原理是利用层的显示与隐藏，将按钮层加载到文本框的右侧来控制下拉内容现实，将内容层加载到文本框的下面实现下拉效果。其中，使用到的 jQuery 函数有 ready()、css()、position()、width()、height()、after()、hide()、attr()、append()、mouseover()、mouseout()、mousedown()、mouseup()、show()、get()、val()和 html()，效果如图 17.20 和图 17.21 所示。

图 17.20　下拉框加载

图 17.21　下拉框展开

4．功能实现

【范例 17-10】　文本框模拟下拉框的实现步骤：

（1）在文本框右边添加图片层，模拟按钮。

（2）在文本框下方添加内容，模拟下拉内容并隐藏。

（3）为图片层添加鼠标的悬停、离开、按下、抬起事件，在事件中修改内容层的显示与隐藏，更改图片样式。

（4）为内容层添加鼠标悬停事件，更改项目层的样式。

（5）为整个页面添加鼠标抬起事件，更改文本框内容。

具体实现功能的 JavaScript 代码如下，文件是 17-3.html。

```
01      <script type="text/javascript" language="JavaScript">
02          $(document).ready(function(){
03              //定义一个图片层，并配置样式（位置、定位点坐标、大小、背景图片），追
                  加到文本框后面
04              $DIV = $('<div></div>').css('position', 'absolute').css
                  ('left',
05                $('#content').position().left + $('#content').width() - 10
                  + 'px').css('top', $('#content').position().top + 2 +
06                'px').css('background',
07                  'transparent url(img/choice.gif) no-repeat top left').css
```

```
08               ('height', '16px')
                 .css('width', '15px');
09           $('#content').after($DIV);
10           //定义一个内容层，并配置样式（位置、定位点坐标、宽度），先将其隐藏
11           $SELECT = $('<div></div>').css('position', 'absolute').css
             ('border',
12             '1px solid #000000').css('left', $('#content').position().left
13             + 'px').css('top', $('#content').position().top + $
             ('#content').height() + 5
14             + 'px').css('width', $('#content').width()-12 + 'px');
15           $('#content').after($SELECT);
16           $SELECT.hide();
17           //定义 5 个项目层，并配置样式（宽度），添加 name、value 属性，加入内容层
18           for (var i = 0; i <= 5; i++) {
19               $OPTION = $('<div class="item">option' + i + '</div>')
                 .attr('name'
20                 , 'option').attr('value', 'value' + i).css('width',
                   $SELECT.width());
21               $SELECT.append($OPTION);
22           };
23           //内容层的鼠标移入移出样式
24           $SELECT.mouseover(function(event){
25               if ($(event.target).attr('name') == 'option') {
26                   //移入时背景色变深，字色变灰
27                   $(event.target).css('background-color', '#000077')
                     .css('color', 'gray');
28               }
29           });
30          //项目层鼠标移出事件
31           $(".item").each(function(){
32               $(this).mouseout(function(){
33                   $(this).css('background-color', 'white').css
                     ('color', '#000000');
34               });
35           });
36          //鼠标进入修改背景图位置
37           $DIV.mouseover(function(){
38               $DIV.css('background-position', ' 0% -16px');
39           });
40          //鼠标移出修改背景图位置
41           $DIV.mouseout(function(){
42               $DIV.css('background-position', ' 0% -0px');
43           });
44          //按下鼠标修改背景图位置
45           $DIV.mousedown(function(){
46               $DIV.css('background-position', ' 0% -32px');
47           });
48          //释放鼠标修改背景图位置
49           $DIV.mouseup(function(){
50               $DIV.css('background-position', ' 0% -16px');
51               $SELECT.show();
52           });
53          //通过单击位置，判断弹出的显示
54           $(document).mouseup(function(event){
55              //如果是图片层或内容层，则依然显示内容层
```

```
56              if (event.target == $SELECT.get(0) || event.target ==
                $DIV.get(0)) {
57                  $SELECT.show();
58              }
59              else {
60                  //如果是项目层，则改变文本框的值
61                  if ($(event.target).attr('name') == 'option') {
62                      $('#content').val($(event.target).html());
63                  }
64              //如果是其他位置，则将内容层隐藏
65                  if ($SELECT.css('display') == 'block') {
66                      $SELECT.hide();
67                  }
68              }
69          });
70      });
71  </script>
```

17.3.2　单选、复选按钮特效

【范例 17-11】　单选和复选按钮的特效原理也是基于鼠标的单击事件来实现效果的，并在单击事件中修改样式，将不同的图片在单击前后进行替换。其中，要使用到的 jQuery 函数有 ready()、addClass()、removeClass()、children()、attr()和 siblings()。其功能实现如下：

（1）设定单选和复选按钮的单击事件。

（2）在单击事件中更改 CSS 样式，更换图片。

实现功能的 JavaScript 代码如下：

```
01      <script type="text/javascript">
02      $( function () {
03          //单选
04          $(".fr").click(
05              function () {
06                  $(this).addClass("checked").removeClass("unchecked")
                    .siblings(".checked")
07                      .removeClass("checked").addClass("unchecked");
                                        //更改单选按钮被单击时的样式
08              }
09          );
10          //复选
11          $(".fck").toggle(
12              function () {
13                  $(this).addClass("right");
14                  $(this).children("input").attr("right", "checked");
15              },
16              function () {
17                  $(this).removeClass("right");
18                  $(this).children("input").removeAttr("checked");
19              }
20          );
21      });
22  </script>
```

上述代码通过更改不同的 CSS 样式类，实现按钮在不同状态下的图片效果。具体 CSS

代码和 HTML 代码参考光盘内容（文件是 17-4.html），效果如图 17.22 所示。

图 17.22 单选、复选按钮特效

17.3.3 按钮特效

【范例 17-12】 在这里做一个图片在按钮上出现并能够跳跃有动感的效果。它的实现原理是利用在 jQuery 中动态修改图片的位置，并利用 jQuery 的动画效果在修改后的位置上产生跳跃的动感。其中，使用到的 jQuery 函数有 ready()、css()、position()、hover() 和 animate()。其功能实现如下：

（1）通过 css() 函数修改图片位置，将图片覆盖在按钮的左边。

（2）设定按钮的鼠标悬停与离开事件。

（3）在事件中利用 animate() 实现图片的跳跃动画效果。

实现功能的 JavaScript 的代码如下，文件是 17-5.html。

```
01    <script type="text/javascript">
02      $(document).ready(function(){
03    $("img").css('position','absolute').css('top',$(".button")
      .position().top-4+"px")
04    .css('left',$(".button").position().left-12+"px").css
      ('border',"none");                    //设定图片相对于按钮的位置
05      var topvalue=$(".button").position().top;
                                            //取得按钮跳跃的水平相对位置
06    $(".button").hover(function(){  //鼠标悬停与离开时图片动画跳跃 4 次
07              $("img")
08              .animate({top:topvalue-11+"px"}, 200).animate({top:
                topvalue-4+"px"}, 200)
09              .animate({top:topvalue-9+"px"}, 200).animate({top:
                topvalue-4+"px"}, 200)
10              .animate({top:topvalue-7+"px"}, 100).animate({top:
                topvalue-4+"px"}, 100)
11              .animate({top:topvalue-6+"px"}, 100).animate({top:
                topvalue-4+"px"}, 100);
12          });
13      });
14    </script>
```

静态效果如图 17.23 所示，动态的跳跃效果请读者自己测试。

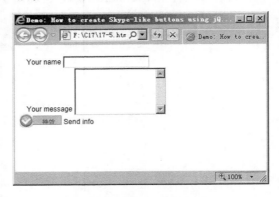

图 17.23　带跳跃图片的按钮

17.4　表 单 插 件

在本章的第 2 节介绍了 Validate 校验框架。其实，校验框架也是 jQuery 的插件之一，只不过它的侧重点不在美化效果上而是在数据的检查上。这里，介绍两个表单插件，主要实现表单的美化效果。当然，它们也有一定的校验功能。

17.4.1　Validation 插件

我们介绍的这个插件是一个验证插件。它的英文介绍网址是：https://github.com/ablomen/Validation。这个插件的特点如下：

（1）容易使用。

（2）易扩展。

（3）自定义验证规则和输出信息。

（4）使用样式指定用户行为。

（5）使用 jQuery1.3.2 和 jQuery1.4 框架。

（6）可以加入 Ajax 功能，对表单内外的元素都可以验证。

这个插件的核心方法是 validate()。目前，它具有的验证属性如表 17.5 所示。

表 17.5　Validation验证属性

属 性 名 称	说　　明	默　认　值
required_class	必填元素验证的样式类	validate_required
error_attribute	错误信息属性	title
error_output	每个字段的默认输出类型	{text:"class", email:"class", select:"class", textarea:"class", other:"append"}
error_class	不合法元素的样式类	validate_invalid
error_append_char	当不合法元素出现时，在其后出现的标示符号	*

续表

属 性 名 称	说　明	默　认　值
error_append_class	修饰不合法表示符的样式类型	error_append_class
error_parent_class	不合法元素父元素的样式类型	error_parent_class
types	待验证元素验证后返回类型列表	{text:validate_text,　email:validate_email, checkbox:validate_checkbox, radio:validate_radio, select:validate_select, textarea:validate_text}
output	输出功能实现模块	{class:output_class,　inline:output_inline, append:output_append,　alert:output_alert, parent:output_parent}

下面用几个例子来说明这个插件的使用。

1．基本验证

【范例 17-13】　本例使用了这个验证框架的所有默认值，简单调用默认框架的核心函数进行验证。

首先，创建一个表单，HTML 代码如下：

```
01 <form id="form1" method="post" action="">
02 <table>
03 <tr>
04     <th>Normal input</th>
05     <td><input name="foo" type="text" class="validate_required"/></td>
06 </tr>
07 <tr>
08     <th>Normal select</th>
09     <td>
10         <select name="foo" class="validate_required">
11             <option value="">Please select something</option>
13             <option>Something</option>
14         </select>
15     </td>
16 </tr>
17 <tr>
18     <th>Normal checkbox</th>
19     <td><input name="foo" type="checkbox" class="validate_required"/>
    please check me</td>
20 </tr>
21 <tr>
22     <th>Normal radiobox</th>
23     <td>
24         <input name="foo" type="radio" value="foo" class="validate_
        required"/> check me
25         <input name="foo" type="radio" value="bar" class="validate_
        required"/> or me
26     </td>
27 </tr>
28 <tr>
29     <th>Normal textarea</th>
30     <td><textarea name="foo" class="validate_required"></textarea></td>
31 </tr>
32 <tr>
33     <td></td>
34     <td><input type="submit" value="Submit"/></td>
35 </tr>
```

```
36</table>
37</form>
```

在上面的代码中我们看到需要验证的元素都加了验证样式类。其中，第 5、10、19、24、25 和 30 行都是用了 validate_required 这个样式类。再来看一下它的 CSS 样式设定内容：

```
01 <style type="text/css">
02 th, td{
03     padding:    5px;
04 }
05 input, textarea, select{
06     border:     1px solid #000;
07 }
08 .validate_required{
09     border-left:    3px solid red;
10 }
11 .validate_invalid{
12     border-left:    3px solid red;
13     border-color:   red;
14     color:      red;
15 }
16 .validate_invalid_append{
17     color:      red;
18 }
19 .validate_invalid_parent{
20     background:     red;
21 }
22 </style>
```

其中，第 2～7 行是表单元素的基本样式设定；第 8～10 行是必填验证元素的样式设定；第 11～15 行是验证操作后不合法元素的样式设定；第 16～18 行是添加的非法元素标识符号的样式设定；第 19～21 行是不合法元素父元素的样式设定。

对上述表单进行验证前需要先加入 jQuery 库和插件文件：

```
<script                                type="text/javascript"
src="../../jslib/jquery-1.4.min.js"></script>
<script type="text/javascript" src="JS/validation.js"></script>
```

验证的功能代码：

```
01 <script type="text/javascript">
02  $(function(){
03      $("#form1").validate();
04  });
05 </script>
```

代码相对简单，容易掌握。不需要进行任何属性设定，效果如图 17.24 所示。

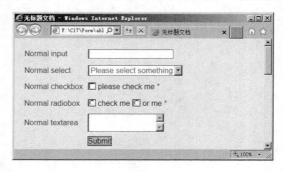

图 17.24　Validation 基本验证效果

2. 改变验证信息输出

我们看到了基本验证效果。下面看一下如何改变验证消息的输出形式。可以对非法元素更改不同的样式设定，同时可以用填出提示信息的形式输出验证消息。

【范例 17-14】 样式设定还是沿用上面的代码，但是需要新建一个表单：

```
01 <form id="form2" method="post" action=" ">
02 <table>
03  <tr>
04      <th>Class error</th>
05      <td><input name="foo" type="text" class="validate_required validate_
        error_class"/></td>
06  </tr>
07  <tr>
08      <th>Inline error</th>
09      <td><input name="foo" type="text" class="validate_required validate_
        error_inline" title="Please enter some text"/></td>
10  </tr>
11  <tr>
12      <th>Append error</th>
13      <td><input    name="foo"    type="text"    class="validate_required
validate_error_append"/></td>
14  </tr>
15  <tr>
16      <th>Parent error</th>
17      <td><input name="foo" type="text" class="validate_required validate_
        error_parent" title="Please enter some text"/></td>
18  </tr>
19  <tr>
20      <th>Alert error</th>
21      <td><input name="foo" type="text" class="validate_required
        validate_error_alert" title="Please enter some text"/></td>
22  </tr>
23  <tr>
24      <td></td>
25      <td><input type="submit" value="Submit"/></td>
26  </tr>
27</table>
28</form>
```

上面的代码第 5、9、13、17 和 21 行都对验证元素指定了验证样式和不同于上面例子中的错误输出样式。调用验证功能的 JavaScript 代码同上例一样，效果如图 17.25 所示。

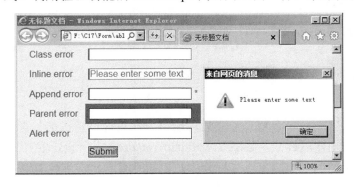

图 17.25 改变验证消息输出效果

3. 改变验证消息输出通过JavaScript

【范例 17-15】 刚才的例子是通过在 HTML 中添加不同的 CSS 类改变验证消息输出。这里将这个功能加在 JavaScript 代码中。使用 HTML 新建一个表单，如下所示：

```
01 <form id="form3" method="post" action="./demo.html">
02 <table>
03 <tr>
04     <th>Text</th>
05     <td><input name="foo" type="text" class="validate_required"/></td>
06 </tr>
07 <tr>
08     <th>Select</th>
09     <td>
10         <select name="foo" class="validate_required">
11             <option value="">Please select something</option>
12             <option>Something</option>
13         </select>
14     </td>
15 </tr>
16 <tr>
17     <th>Checkbox</th>
18     <td><input name="foo" type="checkbox" class="validate_required"
        title="please check me"/> please check me</td>
19 </tr>
20 <tr>
21     <th>Textarea</th>
22     <td><textarea name="foo" class="validate_required" title="please
        enter text in the textarea"></textarea></td>
23 </tr>
24 <tr>
25     <td></td>
26     <td><input type="submit" value="Submit"/></td>
27 </tr>
28</table>
29</form>
```

我们在对这个表单的验证消息输出进行设定时，JavaScript 代码应该如下：

```
01 $("#form3").validate({
02     error_output:    {
03     text:            "inline",
04     select:          "append",
05     other:           "parent",
06     textarea:        "alert"
07     }
08 });
```

这段代码中，第 2 行表示要对验证消息输出属性进行设定；第 3 行表示对单行文本框的验证消息输出使用内联样式，也就是 validate_required 类所设定的样式；第 4 行表示对下拉框的验证消息中的表示符号进行样式设定；第 5 行表示对非单行文本框、非下拉框和非文本区域的其他元素的验证消息输出的样式设定；第 6 行表示对文本框的验证消息设定，弹出 JavaScript 信息提示框，效果如图 17.26 所示。

图 17.26　通过 JavaScript 代码改变验证消息输出

4．添加自定义验证功能

【**范例 17-16**】　Validation 这个框架还为我们提供了自定义验证功能。使用这个功能可以指定验证消息的输出形式，验证规则如何实现，验证功能返回值类型等。

首先，创建一个简单的表单：

```
01 <form id="form4" method="post" action="./demo.html">
02 <table>
03  <tr>
04    <th>Please enter one's and zero's only</th>
05    <td><input name="foo" type="text" class="validate_required validate
      _type_binary"/></td>
06  </tr>
07  <tr>
08    <td></td>
09    <td><input type="submit" value="Submit"/></td>
10  </tr>
11 </table>
12 </form>
```

在第 5 行中，除了指定这个元素是必填字段外还指定了二进制验证，即布尔值验证。在 JavaScript 代码中我们需要为这种验证类型加上消息输出样式，加上验证功能的实现，验证功能实现后返回结果应为布尔类型，表示验证是否通过。具体代码如下：

```
01  $("#form4").validate({
02     // Define the type of validation to use
03     error_output:   {
04        binary:          "append"
05     },
06     // Define the validation function
07     types:           {
08        binary:      function (element, object) {
09           var valid    =    true,
10              pattern     =   /[^0|1]/;
11
12           if (pattern.exec(element.el.val()) || element.el.val()
           .length < 1) {
13              valid     =    false;
14           }
15
16           return valid;
17        }
18     }
19  });
```

以上代码第 3~5 行设定验证消息输出形式为标示符号标志验证结果；第 7~18 行是自定义验证功能，验证返回类型为布尔类型，验证文本框的输入内容使用了正则表达式进行匹配，只能输入 0 或者 1，输入错误返回假，效果如图 17.27 所示。

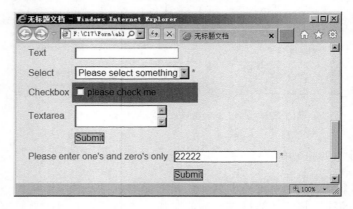

图 17.27　自定义验证功能

5. 自定义输出功能

【**范例 17-17**】　在前面的例子中，虽然我们可以修改验证消息的不同表现形式。但是，终究还是在使用 Validation 的自身输出功能。其实，我们可以对验证消息输出进行自己加工。有特色的验证消息输出，更能被用户所接受。

首先，创建一个简单的表单：

```
01 <form id="form5" method="post" action="./demo.html">
02 <table>
03  <tr>
04     <th>Enter text please</th>
05     <td><input name="foo" type="text" class="validate_required"/></td>
06  </tr>
07  <tr>
08     <td></td>
09     <td><input type="submit" value="Submit"/></td>
10  </tr>
11 </table>
12 </form>
```

自定义的输出功能加在 JavaScript 代码部分：

```
01 $("#form5").validate({
02     // Define the type of error output to use
03     error_output:    {
04        text:            "fadeInOut"
05     },
06     // Define the output function
07     output:          {
08        fadeInOut:  function (element, object) {
09
10            var i,
11            fadeIn  =    function(i){
12              element.el.fadeIn(100, function(){
13                 i++;
14                 if(i < 20){
```

```
15                              fadeOut(i);
16                          }
17                      });
18              },
19              fadeOut =   function(i){
20                  element.el.fadeOut(100, function(){
21                      i++;
22                      if(i < 20){
23                          fadeIn(i);
24                      }
25                  });
26              };
27              fadeOut(0);
28
29          }
30      }
31  });
```

以上代码第 3～5 行定义了自定义输出的函数名以及对应哪一个表单元素（文本框）使用此输出；第 7～30 行定义了输出功能的实现，这里使用了 jQuery 的淡入淡出效果，使文本框闪烁来表示验证错误。它的效果因为是动态形式，所以这里我们不给出效果图，请读者使用光盘中的代码自行测试效果。

6. 对独立于表单的元素进行验证

【范例 17-18】 前面所有的验证都是在表单范围内对元素进行验证。而且，读者会发现只有输入正确的元素内容后，表单才会发生提交动作，否则页面只显示验证消息，表单并没有提交。我们也可以对不存在于表单内部的元素进行验证。

首先，创建一个单行文本框：

```
01 <input type="text" class="validate_required validateMePlease"/>
02 <a href="#" class="clickMeToValidate">click here to validate</a>
```

在 JavaScript 代码部分，利用超链接的单击事件触发对文本框的验证：

```
01  $(".clickMeToValidate").click(function(){
02      if ($(".validateMePlease").validate() ){
03          alert("Yay I'm valid");
04      }
05      return(false);
06  });
```

具体效果如图 17.28 所示。

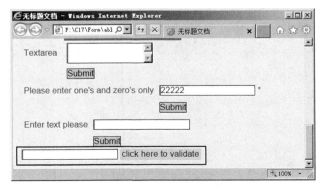

图 17.28 表单外元素验证

17.4.2　JQF1 插件

【范例 17-19】 这个插件为表单的元素提供了新颖的外观样式，它的英文网址是：http://plugins.jquery.com/project/JQF1。首先，在 HTML 的头部分把相关的 JavaScript 文件及 CSS 样式文件引用进来：

```
<script type="text/javascript" src="JS/jquery.js"></script>
<script type="text/javascript" src="JS/jq.jqf1.js"></script>
<script type="text/javascript" src="JS/jqf1.english.js"></script>
<link href="css/jqf1.css" rel="stylesheet" type="text/css" />
```

添加 JavaScript 调用插件的代码：

```
01 <script type="text/javascript">
02  $(document).ready(function(){
03      $('.ul').jqf1();
04      $('#divRadioExample').jqf1();
05  });
06 </script>
```

可以看到代码很简单，只需要调用插件的核心函数就可以了，所有的样式操作都由插件来完成。效果如图 17.29 和图 17.30 所示。

图 17.29　JQF1 插件效果一

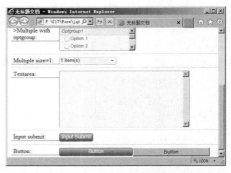

图 17.30　JQF1 插件效果二

17.5　小　　结

本章对表单的特效进行了讲解。主要内容包括表单元素的基本特效的实现和表单元素插件的使用。重点部分是表单验证框架的使用，同时这一部分也是本章的难点，我们对验证框架进行了较深入的讲解。

17.6　习　　题

一、实践题

1．用 JavaScript 实现一个表单的验证。

【提示】利用本书前 10 章的知识。

2．用 jQuery 实现一个表单输入框的特效。

【提示】参考 17.3.1 小节。

3．了解一下 JQF1 插件，然后将本书给的例子翻译成一个注册页面。

【提示】参考 17.4.2 小节。

第 18 章　设 计 图 片

不管是静态网页还是动态网页，图片都是传达信息的主要载体。很少会有用户能耐下心来阅读长篇大论的说明文章。但是，如果用图片配合文字就很容易被用户所接受。如果图片有各种各样的动态效果的话，就更能吸引用户。本章主要讲解通过 jQuery 来实现图片特效。

本章主要涉及到的知识点有：
- ❑ 学习图片切换
- ❑ 掌握图片的各种特效
- ❑ 学习图片插件

18.1　图 片 切 换

jQuery 对于图片的应用最常见的就是实现图片切换效果。图片切换能够节省网页空间，给用户呈现动态效果，网页上一般在表现图片新闻时使用此技术。图片切换的原理是利用 jQuery 的淡入或者自定义动画将待显示的图片覆盖掉现在正在显示的图片。

18.1.1　利用淡入效果实现图片切换

图片切换效果中淡入切换是最简单一种切换效果。图片切换的原理是利用 jQuery 的淡入函数将待显示的图片替换掉现在正在显示的图片。其中，使用到的 jQuery 函数有 ready()、mouseover()、addClass()、siblings()、removeClass()、fadeIn()和 attr()。

【范例 18-1】　图片淡入切换效果实现步骤：

（1）为图片中的编号添加鼠标悬停事件。

（2）在事件中将鼠标停在的标号设定为活动状态，其他标号都为非活动状态。

（3）在图片区域将标号所对应的图片用淡入效果替换掉原有图片。

首先，利用 HTML 创建两个列表，一个是图片列表，一个是图片标号列表，代码如下。其中还有 CSS 样式设定代码参考光盘内容。

```
01 <div id="content">
02 <ul class="imgarea">
03     <li ><a href="#"><img src="img/bj_0.jpg" width="573" height="257" />
    </a></li>
04     <li ><a href="#"><img src="img/bj_0.jpg" width="573" height="257" />
    </a></li>
05     <li ><a href="#"><img src="img/bj_0.jpg" width="573" height="257" />
    </a></li>
```

```
06    <li ><a href="#"><img src="img/bj_0.jpg" width="573" height="257" />
      </a></li>
07  </ul>
08  <ul id="imgID">
09    <li id="bj_0" class="active">按钮 1</li>
10    <li id="bj_1">按钮 2</li>
11    <li id="bj_2">按钮 3</li>
12    <li id="bj_3">按钮 4</li>
13  </ul>
14  </div>
```

然后，引入 jQuery 库文件：

```
<script type="text/javascript" src="jslib/jquery-1.4.min.js"></script>
```

最后加入 JavaScript 功能代码：

```
01  <script type="text/javascript">
02   $(function(){
03      $('#imgID li').mouseover(function(){    //标号列表项鼠标悬停事件
04          $("#"+this.id).addClass("active").siblings().removeClass
            ("active");                          //将对应的标号设置为激活
05          $('.imgarea li img').fadeIn(4000).attr("src","img/"+
            (this.id)+".jpg");                   //根据标号淡入图片
06          });
07   });
08  </script>
```

文件是 18-1.html，效果如图 18.1 所示。

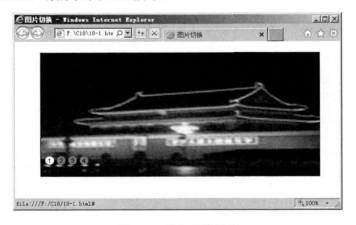

图 18.1　淡入切换图片

18.1.2　利用自定义动画切换图片

图片切换效果中自定义动画切换是比较简单的一种切换效果。图片切换的原理是利用 jQuery 的自定义动画函数将整个图片列表在仅可显示一幅图片的区域内调整底端的位置，每次调整一幅图片的高度，这样就可以在该区域内不断更换图片了。

其中，使用到的 jQuery 函数有 ready()、mouseover()、index()、hover()、eq()、trigger()、height()、animate()、removeClass()、addClass()和 JavaScript 函数 clearInterval()与 setInterval()。

【范例 18-2】　实现的步骤如下：

（1）设定图片标号的鼠标悬停事件。

（2）在事件中利用自定义动画函数调整显示图片，并修改对应标号样式。

（3）为图片显示区域设定鼠标悬停事件。

（4）当鼠标停在该区域，清除图片切换动画定时器。

（5）当鼠标离开该区域，重启图片切换动画，每隔 2 秒换一张图片。

首先，利用 HTML 创建两个列表，一个是图片列表，一个是标号列表，代码如下。其中还有 CSS 样式设定代码参考光盘内容。

```
01 <div class="content">
02 <div class="main" >
03   <ul class="imgarea" >
04     <li><a href="#"><img src="img/bj_0.jpg" /></a></li>
05     <li><a href="#"><img src="img/bj_1.jpg"/></a></li>
06     <li><a href="#"><img src="img/bj_2.jpg"/></a></li>
07     <li><a href="#"><img src="img/bj_3.jpg"/></a></li>
08   </ul>
09   <ul class="imgID" >
10     <li>1</li>
11     <li>2</li>
12     <li>3</li>
13   <li>4</li>
14   </ul>
15 </div>
16</div>
```

然后，引入 jQuery 库文件：

```
<script type="text/javascript" src="jslib/jquery-1.4.min.js"></script>
```

最后加入 JavaScript 功能代码：

```
01 <script type="text/javascript">
02  $(function(){
03      var index = 0;
04      var timer;
05      $(".imgID li").mouseover(function(){          //图片标号的鼠标悬停事件
06          index =  $(".imgID li").index(this);   //获取图片标号的索引值
07          animateImg(index);                     //显示与索引值匹配的图片
08      }).eq(0).mouseover();
09      $('.main').hover(function(){               //图片显示区域的鼠标悬停事件
10              clearInterval(timer);              //清除定时器
11          },function(){
12              timer = setInterval(function(){//设定定时器，循环显示每张图片
13                  animateImg(index)
14                  index++;
15                  if(index==$(".imgID > li").length){index=0;}
16              } , 2000);
17      }).trigger("mouseleave");
18  })
19  function animateImg(index){
20          var divh = $(".content .main").height();
21          $(".imgarea").stop(true,false).animate({top: -divh*index},
          1000);
22          //利用动画效果调整图片列表行高
23          $(".imgID li").removeClass("active")
```

```
24                    .eq(index).addClass("active");        //更改图片标号样式
25   }
26</script>
```

文件是 18-2.html，效果如图 18.2 所示。

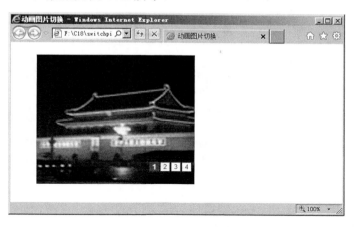

图 18.2　利用自定义动画切换图片

18.2　图片滚动

图片滚动效果大体分为垂直滚动和水平滚动两种。上一节第二种图片切换其实就是一种垂直循环滚动效果。在这里介绍水平滚动效果。

【范例 18-3】 它的实现原理是利用 jQuery 的 scrollLeft()函数不断修改水平滚动条的偏移量，使图片相对原有位置发生偏移，产生滚动效果。jQuery 还有一个函数 scrollTop()，它的作用是垂直滚动。其中，使用到的 jQuery 函数有 ready()、html()、scrollLeft()、width()、hover()和 Javascript 函数 clearInterval()与 setInterval()。

1．jQuery的函数scrollLeft()——水平滚动

该函数返回或设置匹配元素的滚动条的水平位置。其语法形式如下：

```
语法形式一：scrollLeft()
语法形式二：scrollLeft(position)
```

注意：第一种语法形式返回元素在滚动条的当前位置；第二种语法形式通过参数 position 设定元素的滚动条位置。

2．功能实现

（1）构建滚动区域，也就是定义滚动条的距离。
（2）设定滚动区域的鼠标悬停与离开事件。
（3）利用 jQuery 的 scrollLeft()函数实现滚动效果。

首先，通过 HTML 将滚动区域和图片创建出来：

```
01   <div id="scrollarea" style="overflow: hidden; width: 500px;">
02       <table border="0" align="center">
03           <tr>
04               <td id="area1" valign="top" bgcolor="ffffff">
05                   <table border="0" cellspacing="0" cellpadding="0">
06                       <tr align="center">
07                           <td>
08                               <a href="#" target="_blank">
09                               <img src="img/bj_0.jpg" width="335" alt="第一张
                                   图" height="260"></a>
10                           </td>
11                           <td>
12                               <a href="#" target="_blank">
13                               <img src="img/bj_1.jpg" width="335" alt="第二张图
                                   " height="260"></a>
14                           </td>
15                           <td>
16                               <a href="#" target="_blank">
17                           <img src="img/bj_2.jpg" width="335" alt="第三张图"
                               height="260"></a>
18                           </td>
19                           <td>
20                               <a href="#" target="_blank">
21                           <img src="img/bj_3.jpg" width="335" alt="第四张图"
                               height="260"></a>
22                           </td>
23                       </tr>
24                   </table>
25               </td>
26               <td id="area2" valign="top">
27               </td>
28           </tr>
29       </table>
30   </div>
```

然后，引入 jQuery 库文件：

```
<script type="text/javascript" src="jslib/ jquery-1.6.js "></script>
```

最后加入 JavaScript 功能代码：

```
01   <script type="text/javascript">
02   var timer;
03   $("#area2").html($("#area1").html());          //构建滚动区域
04   function imgMarquee(){
05       if($("#scrollarea").scrollLeft()>=$("#area1").width())
                                                    //判定滚动条长度是否超长
06           $("#scrollarea").scrollLeft(0);        //如果超长则不变化
07       else{
08           $("#scrollarea").scrollLeft($("#scrollarea").scrollLeft()+5);
                                                    //变化滚动条偏移位置
09       }
10   }
11   $("#scrollarea").hover(function(){             //滚动区域的鼠标悬停事件
12       clearInterval(timer);                      //停止滚动
13   },
14   function(){
```

```
15              timer=setInterval(imgMarquee,10);                      //连续滚动
16    });
17    </script>
```

文件是 18-3.html，效果如图 18.3 所示，这里只是静态效果，具体滚动效果请读者运行光盘中的代码来查看。

图 18.3 水平滚动图片

18.3 图片动态弹出

图片的弹出在很多商业网站上都使用到，它的主要作用是动态展示产品外观。因为产品图片大小不一，全部图片放在同一个页面中显示出来是一件很困难的事情。所以，我们可以先将图片隐藏起来，等用户需要显示的时候再动态弹出。

【范例 18-4】 它的实现原理很简单，利用层的隐藏与显示，将待显示的图片放在层上。如果层被隐藏则图片不可见，当某个事件触发显示了层，则图片就有了弹出效果。其中，使用到的 jQuery 函数有 ready()、click()、css()、height()、width()、hide()和 show()。

1. 功能实现

（1）设定页面中触发图片的弹出事件，这里使用了一个超链接的单击事件。
（2）在事件中设定图片所在层需要显示的位置，大小根据图片自动调整。
（3）在图片上还有一个小的关闭样式的图片，设定它的单击事件。
（4）在事件中隐藏图片。

首先，通过 HTML 将滚动区域和图片创建出来，代码如下。样式设定的 CSS 代码请读者参考光盘内容。

```
01    <a   id="popup" href="#1">弹出图片</a>
02    <div id="imgarea">
03        <div class="biaoti"><a href="#1"><img id="close" src="img/wrong
          .png" border="0" alt="close"/></a></div>
04        <img src="img/bj_0.jpg" alt="aaa"/>
05    </div>
06    <div id="mask">
```

```
07  </div>
```

然后，引入 jQuery 库文件：

```
<script type="text/javascript" src="jslib/ jquery-1.6.js "></script>
```

最后加入 JavaScript 功能代码：

```
01  <script>
02    $(function(){
03      $("#popup").click(function(){                //触发图片弹出事件
04        $("#imgarea").css("top",($(window).height()-$
          ("#imgarea").height())/2+"px")
05        .css("left",($(window).width()-$("#imgarea").width())/2+
          "px").show();
06        //计算图片所在层在页面中的位置
07        $("#mask").css("width",$(window).width()+"px")
08        .css("height",$(window).height()+"px").css("opacity",
          "0.5").show();
09        //显示屏蔽页面其他内容的层
10      });
11      $("#close").click(function(){   //触发隐藏图片事件
12        $("#imgarea").hide();         //隐藏图片
13        $("#mask").hide();            //隐藏屏蔽层
14      });
15    });
16  </script>
```

文件是 18-4.html，效果如图 18.4 所示。

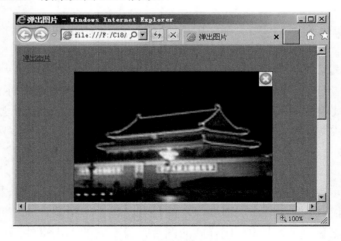

图 18.4　图片弹出效果

18.4　动态图文结合

【范例 18-5】 动态图文结合典型的应用就是图片上的文字提示功能，也就是当鼠标悬停在图片上时动态地出现文字提示效果。这种效果省去了在页面上出现大段文字描述，是一种友好的用户体验。它的实现原理是利用图片的鼠标悬停与离开事件，当鼠标悬停在图片上则跟随鼠标位置动态显示提示文字，当鼠标离开图片则提示文字所在的层隐藏。

其中，使用到的 jQuery 函数有 ready()、mouseover()、mouseout()、append()、fadeIn()、fadeout() 和 css()。图片动态文字提示实现步骤：

（1）通过 JavaScript 向页面中加入一个包含提示文字的隐藏层。

（2）设定图片的鼠标悬停和离开事件。

（3）在鼠标的悬停事件中显示层并根据鼠标位置定位。

（4）在鼠标离开事件中隐藏层。

首先，通过 HTML 将图片创建出来，样式设定的 CSS 代码请读者参考光盘内容。然后，引入 jQuery 库文件：

```
<script type="text/javascript" src="jslib/ jquery-1.6.js "></script>
```

最后加入 JavaScript 功能代码：

```
01  <script type="text/javascript">
02  $(document).ready(function(){
03      $("body").append("<div id='tips'>小破孩</div>");      //添加信息提示层
04      $("img").mouseout(function(){
05          $("#tips").fadeOut("fast");              //鼠标离开图片将层淡出
06      });
07      $("img").mousemove(function(e){              //鼠标进入图片淡入层并重新定位
08          $("#tips")
09          .css("top",(e.pageY - 5) + "px")
10          .css("left",(e.pageX + 5) + "px").fadeIn("slow");
11      });
12  });
13  </script>
```

文件是 18-5.html，效果如图 18.5 所示。

图 18.5　图片动态添加文字提示

18.5　图　片　剪　切

图片剪切主要是为了解决当若干个图片大小不一的情况下如何调整统一大小的问题。

图片剪切不是缩小图片大小，而是将图片的部分截取下来。它的工作原理是：将图片与显示区域大小进行对比，按照显示区域的大小截取相应大小比例的图片部分进行显示。其中，要使用到的 jQuery 函数有 ready()、parent()、height()、width()和 css()。

【范例 18-6】　图片剪切功能实现步骤：

（1）获取图片的大小和显示区域大小。

（2）比较图片与显示区域的大小，判断是否全部显示图片。

（3）根据比较结果将图片的部分区域在显示区域显示。

首先，通过 HTML 将图片创建出来，代码如下。样式设定的 CSS 代码请读者参考光盘内容。

```
01 <div class="part1" style="margin-top:20px;">
02  <ul>
03     <li><a href="#"><img src="img/img1.jpg" width="300" height="372"
        class="t-img"></a></li>
04     <li><a href="#"><img src="img/img3.jpg" width="497" height="306"
        class="t-img"></a></li>
05     <li><a href="#"><img src="img/img5.jpg" width="452" height="531"
        class="t-img"></a></li>
06     <li><a href="#"><img src="img/img6.jpg" width="428" height="319"
        class="t-img"></a></li>
07  </ul>
08 </div>
09 <div class="part2" style="margin-top:20px;">
10  <ul>
11     <li><a href="#"><img src="img/img1.jpg" width="300" height="372"
        class="t-img"></a></li>
12     <li><a href="#"><img src="img/img3.jpg" width="497" height="306"
        class="t-img"></a></li>
13     <li><a href="#"><img src="img/img5.jpg" width="452" height="531"
        class="t-img"></a></li>
14     <li><a href="#"><img src="img/img6.jpg" width="428" height="319"
        class="t-img"></a></li>
15  </ul>
16 </div>
17 <div class="part3" style="margin-top:20px;">
18  <ul>
19     <li><a href="#"><img src="img/img1.jpg" width="300" height="372"
        class="t-img"></a></li>
20     <li><a href="#"><img src="img/img3.jpg" width="497" height="306"
        class="t-img"></a></li>
21     <li><a href="#"><img src="img/img5.jpg" width="452" height="531"
        class="t-img"></a></li>
22     <li><a href="#"><img src="img/img6.jpg" width="428" height="319"
        class="t-img"></a></li>
23  </ul>
24 </div>
```

然后，引入 jQuery 库文件：

```
<script type="text/javascript" src="jslib/ jquery-1.6.js "></script>
```

最后加入 JavaScript 功能代码：

```
01 <script type="text/javascript">
02     $(function(){
03         $(".cutimg").each(function(){
04             if($(this).height()>$(this).parent().height() && $(this)
```

```
            .width()>$(this).parent().width())
05          //判断是否全部显示图片
06          {
07              //将图片的部分区域在显示区域显示
08              $(this).css("top",$(this).height()*($(this).parent()
                .height()/$(this).height())+"px");
09              $(this.css("left",$(this).width()*($(this).parent()
                .width()/$(this).width())+"px");
10          }
11      });
12   });
13  </script>
```

文件是 18-6.html，效果如图 18.6 所示。

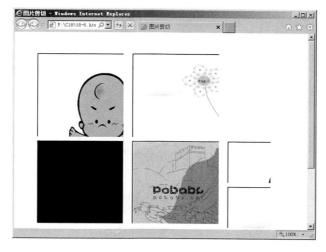

图 18.6　图片的裁剪

18.6　图　片　预　览

在类似淘宝的一些网站上会出现这么一种效果，页面加载完成后显示小图片。但将鼠标放在小图片上时会出现相应的大图片，鼠标从小图片上移开后大图也随之消失，这种效果叫图片预览。它的实现原理就是利用鼠标的悬停与移开事件，在鼠标悬停的时候将隐藏的大图片显示出来，并跟随鼠标在小图上移动，鼠标离开小图后，大图片继续隐藏。其中，使用到的 jQuery 函数有 ready()、hover()、appendTo()、fadeIn()、remove() 和 mouseover()。

【范例 18-7】　图片预览实现步骤：

（1）在小图片的鼠标悬停事件中，添加大图片元素，并设定大图片的位置距鼠标当前位置有一定偏移，大图片淡入。

（2）在小图片的鼠标离开事件中，移除大图片。

首先，利用 HTML 创建小图片，并添加 CSS 样式设定，具体代码请参考光盘内容。然后，引入 jQuery 库文件：

```
<script type="text/javascript" src="jslib/ jquery-1.6.js "></script>
```

最后加入 JavaScript 功能代码：

```
01  <script type="text/javascript">
02    $(function(){
03        ImgPreview();
04    });
05
06    var ImgPreview = function() {
07        $("#smallimg").hover(function(e) {        //鼠标悬停与离开事件
08            jQuery("<img class='preview' src='" + this.src + "' />")
                .appendTo("body");  //添加大图元素
09            $(".preview")                          //设定大图位置并淡入
10                .css("top", (e.pageY - 5) + "px")
11                .css("left", (e.pageX + 5) + "px")
12                .fadeIn("fast");
13        }, function() {
14            $(".preview").remove();                //移除大图
15        });
16        $("#smallimg").mousemove(function(e) {     //补充鼠标悬停事件
17            $(".preview")
18                .css("top", (e.pageY - 5) + "px")
19                .css("left", (e.pageX + 5) + "px")
20        });
21    };
22  </script>
```

文件是 18-7.html，效果如图 18.7 所示。

图 18.7　图片预览效果

18.7　图片局部平移

图片局部平移也是经常出现在一些商业性网站中的图片效果，如京东商城。这种效果主要是在原始图片较大，并且直接在页面显示会影响页面布局与美观，但用户对小图片又无法看清的情况下使用。它的实现原理是通过在小图片设定鼠标的悬停事件中获取鼠标的位置，并按照一定比例裁剪原大图片的部分内容，在固定的层上进行显示，当鼠标离开时层取消。其中，使用到的 jQuery 函数有 ready()、hover()、get()、attr()、after()、css()、width()、height()、show()、mouseover()、hide()、unbind()和 remove()。

【范例 18-8】　图片平移实现步骤：

（1）设定小图片的鼠标悬停与离开事件。

（2）在鼠标悬停事件中向页面添加显示图片局部内容的层，在层上加载大图片。

（3）在鼠标悬停事件中添加页面的鼠标移动事件，在这个事件中判断鼠标在大图片的位置并改变层对于滚动条的偏移量，已到达显示大图片不同位置的效果。

（4）在鼠标离开事件中撤销层的显示，并撤销页面的鼠标移动事件。

首先，利用 HTML 创建小图片，并添加 CSS 样式设定，具体代码请参考光盘内容（文件是 18-8.html）。

然后，引入 jQuery 库文件：

```
<script type="text/javascript" src="jslib/ jquery-1.6.js "></script>
```

最后加入 JavaScript 功能代码：

```
01  <script type="text/javascript">
02      $(function(){
03          $("img.smallimg").hover(function(){         //小图的鼠标悬停事件
04              var imageLeft = $(this).get(0).offsetLeft;
05              var imageTop = $(this).get(0).offsetTop;
06              var imageWidth = $(this).get(0).offsetWidth;
07              var imageHeight = $(this).get(0).offsetHeight;
08      //添加显示局部图的层
09      $(this).after("<div class='rawimage'><img class='rawimg' src=
        '"+$(this).attr("alt")+"'/></div>");
10              leftpos = imageLeft + imageWidth +10;
11              $("div.rawimage").css({ top: imageTop,left: leftpos });
12              $("div.rawimage").show();                //设定层位置并显示
13              $("body").mousemove(function(e){         //页面的鼠标移动事件
14                  var bigwidth = $(".rawimg").get(0).offsetWidth;
15                  var bigheight = $(".rawimg").get(0).offsetHeight;

16                  var scalex = Math.round(bigwidth/imageWidth) ;
17                  var scaley = Math.round(bigheight/imageHeight);
18                  scrolly = e.pageX - imageTop - ($("div.rawimage")
                    .height()*1/scaley)/2 ;
19                  $("div.rawimage").get(0).scrollTop = scrolly * scaley ;
                                            //纵向滚动大图到合适位置
20                  scrollx = e.pageY - imageLeft - ($("div.rawimage")
                    .width()*1/scalex)/2 ;
21                  $("div.rawimage").get(0).scrollLeft = (scrollx) * scalex ;
                                            //横向滚动大图到合适位置
22              //移动层显示图片的不同部分
23              });
24          },
25          function(){        //小图的鼠标离开事件，隐藏层，解除绑定页面鼠标移动事件
26              $("div.rawimage").hide();
27              $("body").unbind("mousemove");
```

```
28                    $("div.rawimage").remove();
29            });
30        });
31  </script>
```

在上面的代码中既使用了层的显示与隐藏，也使用到了层相对于滚动条的移动。显示大图片局部内容的层不宜过大，以原图的 1/4 左右比较适合，效果如图 18.8 所示。

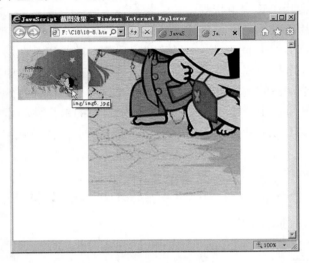

图 18.8　图片局部平移效果

18.8　图　片　插　件

前面讲解了部分通过 jQuery 实现的图片效果。因为图片是网页中的基本元素之一，所以关于它的插件也比较多。下面介绍 3 种关于图片的插件供读者参考。

18.8.1　MobilyNotes 插件

【范例 18-9】　MobilyNotes 是一个轻量级的 jQuery 插件（只有 2KB），可以堆叠的形式显示其图片集或者 HTML 内容集。这个插件的特点是

（1）循环显示内容。

（2）自动播放。

（3）自动产生按钮。

首先，使用 HTML 来创建页面，代码如下。CSS 代码和插件代码请参考光盘内容。

```
01  <div id="content">
02      <div class="wrap">
03          <div class="notes_img">
04              <div class="note">
05                  <img src="img/nature/img1.jpg" alt="" />
06              </div>
07              <div class="note">
```

```
08                    <img src="img/nature/img2.jpg" alt="" />
09              </div>
10              <div class="note">
11                    <img src="img/nature/img3.jpg" alt="" />
12              </div>
13              <div class="note">
14                    <img src="img/nature/img4.jpg" alt="" />
15              </div>
16              <div class="note">
17                    <img src="img/nature/img5.jpg" alt="" />
18              </div>
19        </div>
20      </div>
21  </div>
```

然后，引入 jQuery 库文件：

```
<script src="js/jquery.js" type="text/javascript"></script>
```

最后通过 JavaScript 功能代码讲解这个插件的使用：

```
01  $(function(){
02      $('.notes_img').mobilynotes({
03      init: 'rotate',                // 指定显示方式
04      positionMultiplier: 5,         // 显示图片个数
05      title: null,                   // 设置标题
06      showList: true,                // 创建无序列表
07      autoplay: true,                // 自动播放
08      interval: 4000                 // 自动播放间隔时间
09      });
10  });
```

上述代码中第 2 行是插件的调用函数；第 3 行设定了初始显示方式，rotate 表示显示时图片会有旋转，plain 表示图片正常显示；第 4 行表示循环显示图片的个数；第 5 行表示从元素中获取标题；第 6 行表示创建无需列表；第 7 行表示是否自动播放；第 8 行表示图片轮换的间隔时间，以毫秒为单位。经过上面的设置后，效果如图 18.9 所示。

图 18.9　MobilyNotes 循环播放图片

18.8.2　Fancybox 插件

Fancybox 是一个浮动展示放大图片的插件。它可以设定浮动层出现图片、HTML 内容和多媒体，也可以在同一个浮动层浏览多张图片，还可以设定浮动层出现的不同动画效果。

这个插件的特点是：

（1）可以显示多种元素，如图片、HTML 内容、多媒体和 AJAX 请求内容。

（2）自由定制 CSS 样式。

（3）相关项目分组和添加导航。

（4）可以添加鼠标滚轮相应功能。

（5）支持多种转换。

（6）具有完美的浮动层阴影。

插件相关参数如表 18.1 所示。

表 18.1　Fancybox参数

属性关键字	默认值	描　　述
padding	10	嵌入内容与 Fancybox 之间的空间距离
margin	20	Fancybox 与其他内容之间的空间距离
opacity	false	在弹性转换方式下内容的透明度是否改变
modal	false	当其为真的时候，overlayShow 设置为真，hideOnOverlayClick、'hideOnContentClick、enableEscapeButton、showCloseButton 设置为假
cyclic	false	图片是否循环显示，可以步进和后退
scrolling	auto	覆盖层是否具有滚动条，可以为 auto、yes 和 no
width	560	设置 iframe、swf 的宽度。如果禁止自动调整大小，则可以设置内容的宽度
height	340	设置 iframe、swf 的高度。如果禁止自动调整大小，则可以设置内容的高度
autoscale	true	调整 Fancybox 的大小正好适合可见区域
autoDimensions	true	自动为内容调整大小
centerOnScroll	false	FancyBox 居中
ajax		Ajax 选项
swf	{wmode: 'transparent'}	输出 swf 内容选项
hideOnOverlayClick	false	是否单击内容关闭 FancyBox
overlayShow	true	是否显示覆盖层
overlayOpacity	0.3	覆盖层的透明度，0~1
overlayColor	'#666'	覆盖层颜色
titleShow	true	标题
titlePosition	'outside'	标题位置，可以设置为 outside、inside 或者 over
titleFormat	null	标题格式，可以设置 HTML 内容、图片、导航功能

续表

属性关键字	默 认 值	描　　述
transitionIn, transitionOut	'fade'	转换类型，可以设置为 elastic、fade 或 none
speedIn, speedOut	300	淡入淡出或者弹入弹出的速度
changeSpeed	300	改变图片时重新设置大小的速度
changeFade	'fast'	改变图片时的速度
easingIn, easingOut	'swing'	弹出动画时的设置
showCloseButton	true	显示关闭按钮
showNavArrows	true	显示导航箭头
enableEscapeButton	true	按 Esc 键退出 FancyBox
type		指定内容类型，可以为 image、ajax、iframe、swf 或者 inline
href		指定内容资源
title		指定标题
content		指定内容
orig		设置对象弹出位置与大小
index		设定开始显示图片的索引号

插件相关函数如表 18.2 所示。

表 18.2　FancyBox的函数

方　　法	描　　述
$.fancybox.showActivity	显示加载动画
$.fancybox.hideActivity	隐藏加载动画
$.fancybox.next	显示下一个画廊图片
$.fancybox.prev	显示前一个画廊图片
$.fancybox.pos	显示画廊图片的索引值
$.fancybox.cancel	取消加载内容
$.fancybox.close	隐藏 FancyBox
$.fancybox.resize	自动调整 FancyBox 大小
$.fancybox.center	FancyBox 居中

【范例 18-10】　下面就利用实际的例子来看一下这个插件的基本使用情况。

首先，建立静态页面，具体的 HTML 代码请参考光盘内容。在 HTML 文件的头部分加入如下内容：

```
01  <script type="text/javascript" src="http://ajax.googleapis.com/ajax/
    libs/jquery/1.4/jquery.min.js"></script>
02  <script>
03      !window.jQuery && document.write('<script src="jquery-1.4.3.min
    .js"><\/script>');
04  </script>
05      //添加鼠标滚动相应文件
06  <script type="text/javascript" src="./fancybox/jquery.mousewheel-3.
    0.4.pack.js"></script>
07      //添加插件文件
08  <script type="text/javascript" src="./fancybox/jquery.fancybox-1.3.4
    .pack.js"></script>
09      //添加插件文件所需 CSS 文件
10  <link rel="stylesheet" type="text/css" href="./fancybox/jquery.fancy
    box-1.3.4.css" media="screen" />
11  <link rel="stylesheet" href="style.css" />
```

　　第 1～4 行是添加 jQuery 库文件代码；第 6 行是添加 jQuery 对鼠标滚轮事件支持的库文件；第 8 行是 FancyBox 的插件文件；第 10 行是 FancyBox 的 CSS 样式文件；第 11 行是当前页面的 CSS 样式文件。

　　下面，分析调用 FancyBox 的 JavaScript 功能代码：

```
01  <script type="text/javascript">
02      $(document).ready(function() {
03          /*
04          *   使用用例 1
05          */
06          $("a#example1").fancybox();  //默认初始化插件
07          $("a#example2").fancybox({  //不使用遮盖层，使用弹出弹入转换效果
08              'overlayShow'  : false,
09              'transitionIn' : 'elastic',
10              'transitionOut': 'elastic'
11          });
12          $("a#example3").fancybox({  //不使用转换特效
13              'transitionIn' : 'none',
14              'transitionOut': 'none'
15          });
16          $("a#example4").fancybox({  //不透明，无遮盖层，弹入效果，无弹出效果
17              'opacity'      : true,
18              'overlayShow'  : false,
19              'transitionIn' : 'elastic',
20              'transitionOut': 'none'
21          });
22          $("a#example5").fancybox();  //默认初始化插件
23          $("a#example6").fancybox({
                        //设定图片标题位置，遮盖层为黑色，不透明度为 0.9
24              'titlePosition'   : 'outside',
25              'overlayColor'    : '#000',
26              'overlayOpacity'  : 0.9
27          });
28          $("a#example7").fancybox({       //设定标题位置
29              'titlePosition' : 'inside'
30          });
31          $("a#example8").fancybox({       //设定标题位置
32              'titlePosition' : 'over'
33          })
34          $("a[rel=example_group]").fancybox({
                        //不使用弹性特效，设定标题位置，格式化标题显示内容
35              'transitionIn'    : 'none',
36              'transitionOut'   : 'none',
37              'titlePosition'   : 'over',
38              'titleFormat'     : function(title, currentArray,
                currentIndex, currentOpts) {
39                  return '<span id="fancybox-title-over">Image ' +
                    (currentIndex + 1) + ' / ' + currentArray.length +
                    (title.length ? '   ' + title : '') + '</span>';
```

```
40              }
41         });
42         /*
43          *   使用用例 2
44          */
45         $("#various1").fancybox({          //设定标题位置，不使用弹性特效
46              'titlePosition'    : 'inside',
47              'transitionIn'     : 'none',
48              'transitionOut'    : 'none'
49         });
50         $("#various2").fancybox();          //默认初始化插件
51         $("#various3").fancybox({
                                    //设定插件区域大小，不自动调整，不使用弹性特效
52              'width'            : '75%',
53              'height'           : '75%',
54              'autoScale'        : false,
55              'transitionIn'     : 'none',
56              'transitionOut'    : 'none',
57              'type'             : 'iframe'
58         });
59         $("#various4").fancybox({//无内边距空间，不自动调整大小，不使用弹性特效
60              'padding'          : 0,
61              'autoScale'        : false,
62              'transitionIn'     : 'none',
63              'transitionOut'    : 'none'
64         });
65     });
66 </script>
```

以上代码第 6 行是最简单的一种调用 FancyBox 的代码，FancyBox 的所有属性值均未指定，使用默认值，静态效果如图 18.10 所示；第 7～11 行指定了图片弹出弹入方式，并设定图片弹出后不使用遮盖层，静态效果如图 18.11 所示；第 12～15 行指定了图片转换时无特效，它的静态效果如图 18.10 所示；第 16～21 行指定了图片转换后改变透明效果，不显示遮盖层，只有弹出效果而无弹入效果，静态效果如图 18.11 所示；第 22 行设定和第 6 行相同，都使用默认属性值。

第 23～27 行指定了标题显示位置在图片外，遮盖层颜色和透明度，静态效果如图 18.12 所示；第 28～30 行指定了图片的标题位置在图片区域内，静态效果如图 18.13 所示；第 31～33 行，指定了标题浮动于图片上，静态效果如图 18.14 所示；第 34～41 行指定了多张图片以画廊形式出现，并设定每张图片的标题位置浮动在图片之上，并设定了标题样式的 HTML 格式，支持通过鼠标滚轮更换图片，静态效果如图 18.15 所示。

第 45～49 行指定内联页面中的部分文本、标题内置和无转换动画，静态效果如图 18.16 所示；第 50 行指定加载外部文件；第 51～58 行指定加载一个 iframe 元素，并指定了高和宽，不自动调整大小，无转换动画，静态效果如图 18.17 所示；第 59～64 行是对加载的 swf 文件指定无间隔，不自动调整，无转换动画效果，静态效果如图 18.18 所示。

图 18.10　使用默认属性值的图片展示

图 18.11　无遮盖层的图片展示

图 18.12　改变遮盖层样式的图片展示

图 18.13　标题内置图片展示

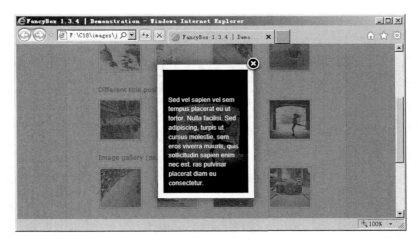

图 18.14　浮动标题的图片展示

图 18.15　画廊效果

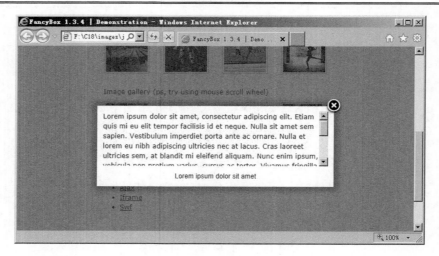

图 18.16　内联文本

图 18.17　iframe 的展示

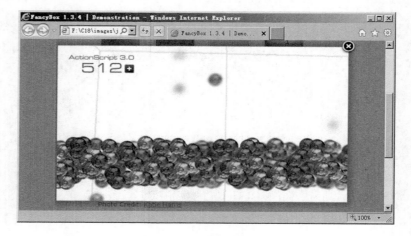

图 18.18　多媒体的展示

注意：因为有关内容可能涉及国外网站，所以有时候可能访问不到，出现访问地址没
找到的情况，这是因为中国的相关法律问题，所以读者不要惊讶，可以复制页面
下来，更改里面的地址链接即可。

18.8.3　desSlideshow 插件

这个插件是一个图片轮播展示插件，它支持自动轮播和手动选择。

【范例 18-11】　下面通过一个例子来讲解这个插件的使用。

首先，建立静态页面，HTML 代码和 CSS 样式代码参考光盘内容。在页面的头部添加
如下代码：

```
01  <link href="css/style.css" rel="stylesheet" type="text/css" />
02  <script src="../../../jslib/jquery-1.6.js"></script>
03  <script src="js/desSlideshow.js"></script>         //添加图片插件文件
```

具体使用这个插件的功能代码如下：

```
01  <script language="javascript" type="text/javascript">
02    $(function() {
03      $("#desSlideshow1").desSlideshow({
04          autoplay: 'enable',          //启用自动播放
05          slideshow_width: '800',       //滑动窗口宽
06          slideshow_height: '249',  //滑动窗口高
07          thumbnail_width: '200',       //提示栏宽度
08          time_Interval: '4000',        //图片切换时间间隔
09          directory: 'images/'      // 默认图片路径位置
10      });
11      $("#desSlideshow2").desSlideshow({
12          autoplay: 'disable',         //禁用自动播放
13          slideshow_width: '600',       //滑动窗口宽
14        slideshow_height: '249',        //滑动窗口高
15        thumbnail_width: '120',         //提示栏宽度
16        time_Interval: '4000',          //图片切换时间间隔
17        directory: 'images/'            //默认图片路径位置
18      });
19    });
20  </script>
```

上述代码中第 2～10 行是调用插件核心函数，在调用过程中使用到了一些相关属性。
Autoplay 表示是否自动轮播图片动画，slideshow_width 表示插件占用的宽度，
slideshow_height 表示插件占用的高度，thumbnail_width 表示图片右侧的提示栏宽度，
time_Interval 表示自动轮播时的动画间隔，directory 表示右侧提示栏中出现的图片的路径，
静态效果如图 18.19 和图 18.20 所示。

图 18.19　自动播放图片切换

图 18.20　手动切换图片

18.9　小　　结

本章对图片的特效进行了讲解。主要内容包括图片切换、图片滚动、图片动态弹出、动态图文结合、图片剪切、图片预览效果、图片局部平移、图片插件。重点部分是图片切换、图片动态弹出、图片预览与平移，这一部分也是本章的难点。截止到这里，本书对于 jQuery 的讲解也完了，其实理论知识要看 JavaScript 部分，而实践知识则重点看 jQuery 部分，它可以让你的工作效率更高。

18.10　习　　题

一、实践题

1．实现一个动画切换图片的效果。

【提示】不是使用 HTML 的广告轮换标签，而是用 jQuery 效果会更好。

2．在网页中注册时，经常需要上传头像，上传头像如果太大，还可以让用户自己剪切。自己来动手实现这个功能，包括上传、剪切和预览。

【提示】参考第 18.5 和 18.6 节。

3．设计 5 个图片，用 desSlideshow 插件实现浏览。

【提示】参考第 18.8.3 小节。